Urte Biallas

1.000 PRAXIS-TIPPS für Pferdebesitzer

Müller Rüschlikon

Einbandgestaltung: R2 I Ravenstein, Verden

Titelfoto: © Nadine Haase/stock.adobe.com
Foto auf der Umschlagrückseite: Archiv Urte Biallas

ISBN 978-3-275-02252-6

Postfach 103743, 70032 Stuttgart
Ein Unternehmen der Paul Pietsch Verlage GmbH & Co. KG

1. Auflage 2023

Sie finden uns im Internet unter www.mueller-rueschlikon-verlag.de

Gesamtleitung: Claudia König
Innengestaltung: Kerstin Diacont
Druck und Bindung: Graspo CZ, 76302 Zlin
Printed in Czech Republic

Hinweis zum Gender-Mainstreaming

Um eine leichte Erfassbarkeit der Inhalte in diesem Buch zu gewährleisten, habe ich, wo immer möglich, geschlechtsneutrale Bezeichnungen verwendet. Wo dies nicht möglich war, habe ich mich entweder auf die männliche oder die weibliche Form beschränkt, wobei gilt, dass sich alle personenbezogenen Formulierungen auf weibliche und männliche Personen gleichermaßen beziehen.

Einleitung

Das eigene Pferd – vom Traum zur Realität

Dieses Buch ist ein Ratgeber für Pferdebesitzer und solche, die es werden möchten. Egal, ob Sie sich den Traum vom eigenen Pferd bereits erfüllt haben, der Pferdekauf direkt bevorsteht oder für nächstes Jahr geplant ist oder ob Sie noch in der Für-und-Wider-Überlegungsphase stecken.

Für unser Pferd treffen wir sehr viele Entscheidungen. Kleine, unbedeutende wie die Halfterfarbe und große, lebensverändernde wie die Wahl des Stalles. Die erste und eine der wichtigsten ist, ob genau DIESES Pferd das richtige ist, um unser Leben (hoffentlich) für viele Jahre mit uns zu teilen. Wir entscheiden über die Reitweise oder sonstige Nutzung, die Ausrüstung, seine Ausbildung und das Trainingspensum, über seine Fütterung und Haltung. Das bedeutet eine große Verantwortung, da von vielen dieser Entscheidungen die Gesundheit und das Wohlbefinden unseres Pferdes maßgeblich abhängen.

Mein Reiterleben begann 1977 auf dem steinigen Weg, nach der Schule stundenlang beim Pferdehändler im Nachbarort zu helfen, um als Gegenleistung ein paar Minuten ohne Sattel auf unausgebildeten Ponys reiten zu dürfen. Später kamen ein paar mühsam zusammengesparte Reitstunden dazu, die von mehr oder weniger qualifizierten, immer strengen und manchmal zynischen Reitlehrern gegeben wurden. Als nach und nach mehrere meiner heißgeliebten Pflegepferde verkauft wurden und viele Tränen flossen, wuchs mein Traum, ein eigenes Pferd zu besitzen, fast ins Unermessliche.

Dieser Wunsch fiel in die trostlose Zeitspanne Ende der 1970er/Anfang der 1980er Jahre, als in Deutschland weniger Pferde lebten als jemals davor und danach. Vorbei die Zeit der bäuerlichen Arbeitspferde, als Transportmittel hatte sich statt des Pfer- defuhrwerkes längst das Auto durchgesetzt, die Kavallerie war Geschichte und in den modernen Wohngebieten war die Großtierhaltung streng verboten.

Das Pferd war zum Luxustier geworden. Die wenigen Pferde in meiner Umgebung gehörten fast alle wohlhabenden Unternehmern. Diese Warmblut-Turnierpferde waren zu für Otto-Normalmensch unbezahlbaren Preisen in einem Reitverein untergestellt, meistens in einem engen, dunklen Stall angebunden im Ständer. Dazu gab es eine Handvoll Privatleute mit eigenen Grundstücken, die ihre Ponys oder Pferde teilweise unter haarsträubenden oder sogar tierschutzrelevanten Bedingungen in düsteren Scheunen ohne jemals Auslauf oder ohne jede Hufpflege im knietiefen Matsch hielten.

Ursula Bruns und die Ponypost

Eine Gegenbewegung machte jedoch Hoffnung. Die engagierte Autorin und begeisterte Reiterin Ursula Bruns erfuhr schon in den 1950er Jahren von den überzähligen Islandponyfohlen in Island, die dort traditionell geschlachtet und gegessen wurden. Durch ihren Jugendroman ›Dick und Dalli und die Ponys‹, dem darauf basierenden Film ›Mädels vom Immenhof‹ von 1955 und den beiden Fortsetzungsfilmen, alles Kassenschlager mit Kultstatus bis heute, wurden die bis dahin in Deutschland fast unbekannten Isländer zu Publikumslieblingen und zum Wunschtraum vieler Kinder und Erwachsenen. Die ersten Islandpferde wurden importiert und von den enthusiastischen neuen Pferdemenschen robust und draußen oft im eigenen Garten gehalten, mit allen Problemen, die das mit sich bringt. Um diesen unerfahrenen Ponybesitzern eine Hilfestellung zu geben, gründete Ursula Bruns 1958 die Zeitschrift Pony-Post, die später in ›Freizeit im Sattel‹ umbenannt wurde.
Ursula Bruns[1] gehörte damit zu den Pionieren beim Thema Offenstallhaltung. Mit dem von ihr gegründeten ›Testzentrum Reken‹ und den dort entwickelten Konzepten hat sie das Freizeitreiten in Deutschland wesentlich geprägt.

Für mich wurde Ursula Bruns zum Vorbild, ganz besonders durch das Buch ›Heißgeliebte Islandpferde‹. Darin gibt es ein idyllisches Foto mit Islandponys, die sich am Kaffeetisch einer Familie im Garten ein Zuckerstück abholen. Ich möchte nicht pathetisch werden, aber das Buch und ganz besonders dieses Bild haben mein Pferdeleben geprägt und bestimmt. Genau so wollte ich das auch! Mein Ziel war und ist nicht primär Reiten als Sport oder Erfolge auf Turnieren, sondern einfach ›Leben mit Pferden‹.

Heißgeliebtes Pflegepferd Princess Anita xx

Bäuerliches Arbeitspferd ›Lotte‹ Anfang der 1940er Jahre in Ostpreußen mit Ernst und Paul Biallas

Wenn Träume in Erfüllung gehen – Ponys im Garten

1 https://www1.wdr.de/radio/wdr5/sendungen/erlebtegeschichten/ursulabruns100.html

Mein Pferdebesitzerdasein begann 1983 mit der 4-jährigen rohen Arabo-Haflinger-Stute Sirky. Wir waren beide jung und ungestüm und so verdanke ich Sirky nicht nur einiges Können und Wissen, sondern auch einige Reitunfälle. Der Durchbruch in unserer Beziehung kam durch regelmäßigen Unterricht bei der Reken-Reitlehrerin Barbara Heilmeyer. Sirky und ich lernten Bodenarbeit nach Linda Tellington-Jones und den Einstieg in die klassische Dressur, nicht als Selbstzweck, sondern für mehr Sicherheit und Freude im Umgang und beim Reiten. Als wir ein gutes Team geworden waren, musste Sirky leider wegen chronischer Gelenkprobleme 1995 in Rente gehen und starb 2000 an den Folgen ihres allergischen Asthmas.

1996 ging mit der ›besten Sída‹ mein Wunschtraum vom eigenen Isländer in Erfüllung. Sídas melancholischer Blick traf mich direkt ins Herz. Statt des geplanten deutsch gezogenen, großen, falben oder braunen Viergängers, kaufte ich also eine kleine, sensible und sehr ängstliche aus Island importierte Fuchstute, die prompt Sommerekzem entwickelte und mich als Naturtölter vor Herausforderungen im Gängesortieren stellte. Sída erfüllte mir alle Ponyträume, schwerpunktmäßig Geländereiten, tausende Wanderrittkilometer in ganz Deutschland, ein bisschen klassische Dressur und sogar Chiron-Springen, Schwimmen im See, Schlittenfahren, Teilnahme an Reiterrallyes. Meine geliebte Sída starb im Sommer 2020 mit 32 Jahren nach einer schweren Kolik mit Darmverschluss.

2012 zog das zweijährige im Naturpark Solling-Vogler wild aufgewachsene Exmoorpony Lavena ein. Mit ihr wollte ich mir einen weiteren Wunsch erfüllen – ein Wildpferd zähmen, das noch keine Erfahrungen mit Menschen gemacht hat – und gleichzeitig ein robustes Jungpferd einer nicht überzüchteten Rasse aus naturnaher Aufzucht als unkompliziertes Nachwuchs-Wanderreitpferd kaufen. Exmoorponys sind eine Rasse, die züchterisch vom Menschen kaum verändert wurde, weder auf Reitpferdepoints noch auf Gebrauchspferdeeigenschaften oder den berühmten ›will to please‹. So entpuppte sich Lavena als charakterstarker Überlebensinstinkt auf vier Beinen und lehrte mich einiges über Motivation, Frustrationstoleranz, Lernverhalten und positive Verstärkung. Leider hatte sie von Anfang an Hufprobleme (Schäden an den Hufbeinen durch fehlende Hufbearbeitung im Naturpark, später bei mir ein schwerer Reheschub

Sirky

Die beste Sída

Skjona

Lavena und ich als Statisten bei der Karl-May-Bühne in Burgrieden

und chronische Rehe durch EMS) und ist reiterlich nur begrenzt belastbar. Darum machen wir viel Bodenarbeit, Freiarbeit und Horse Agility und üben mit Begeisterung Zirkuskunststücke.

Im Sommer 2021 zog mit Rappscheckstute Skjona ein weiteres isländisches Traumpferd ein. Nach Sídas Tod 2020 wollte ich zu Lavena eigentlich kein zweites eigenes Pferd mehr. Skjona lief mir sozusagen zu und passte genau in das bis dahin unbewusst vorhandene große isländische Loch in meinem Herzen. Skjona ist Fünfgänger, sensibel, motiviert und flott unterwegs und eine sehr menschenbezogene Schmusemaus. Das Zusammenwachsen mit einem 13-jährigen, erwachsenen Pferd, einer selbstbewussten ehemaligen Zuchtstute, die bereits

Lavena

geritten wurde und einige gefestigte Gewohnheiten entwickelt hat, ist eine ganz andere Erfahrung als mit einem flexiblen, für alles offenen Jungpferd.

»Vertraue deiner Intuition«

Linda Tellington-Jones

Die Kombination aus diesen beiden so unterschiedlichen Ponys macht mich sehr glücklich, und so hoffe ich nun auf viele weitere Jahre mit wunderschönen Pferdeerlebnissen.

In fast 40 Jahren mit eigenen Pferden kann ich inzwischen auf gute 37 Jahre als Selbstversorger, davon viele Jahre in einer Haltergemeinschaft, zurückblicken. In der mir anvertrauten Herde lebten im Laufe der Zeit Pferde ganz unterschiedlicher Rassen, Arabo-Haflinger, verschiedene Ponymixe, Isländer, Exmoorpony, Fjord und Fjord-Reitponymix, Araber, Warmblut, Muli, Haflinger und Shetlandpony und einige andere.

2009 erfüllte sich ein weiterer Lebenstraum mit dem Kauf eines alten Bauernhauses mit Stall auf dem Land, zusammen mit meinem Mann Peter, mit dem ich seit 2011 verheiratet bin. Dort halte ich meine beiden eigenen Pferde, Exmoorpony Lavena und Islandstute Skjona und ein Pensionspferd, im Winterhalbjahr im Offenstall am Haus, im Sommerhalbjahr rund um die Uhr auf der Weide mit einem Weidezelt als Unterstand.

Im eigenen Stall ist es mir eine Herzensangelegenheit, laufend die Haltungsbedingungen zu optimieren und die Arbeitsabläufe zu erleichtern. Hier lassen sich meine Ideen gut umsetzen und werden nur limitiert von finanziellen und genehmigungsrechtlichen Gründen und manchmal durch zu wenig Platz, zum Beispiel für einen ganzjährigen Paddocktrail oder eine Führanlage.

Offenstall am Haus

Durch Freunde und Schüler, die ihre eigenen Pferde in Pensionsställen halten, sowie durch meine Kurse und Reitunterricht kenne ich viele Ställe mit ganz unterschiedlichen Haltungsbedingungen und ihre Auswirkungen auf die Pferde. Auch hier können oft schon kleine Veränderungen die Lebensqualität der Pferde verbessern.

Dieses Buch ist daher aus vielen Jahren Praxis entstanden. Wenn Sie mit dem Pferdekauf noch zögern, möchte ich Ihnen Mut machen, nach reiflicher Überlegung den Schritt zum eigenen Pferd zu wagen, auch wenn die Voraussetzungen vielleicht nicht perfekt erscheinen. Wenn Sie schon einen eigenen pferdigen Freund besitzen, finden Sie in diesem Buch viele Ideen, damit Sie die Haltung, die Gesundheitsvorsorge, den Umgang und die kostbare gemeinsame Zeit mit Ihrem Vierbeiner besser und entspannter gestalten können.
Grüßen Sie Ihr Pferd von mir
Ihre Urte Biallas

»Der Reiter ist dem Frieden
besonders verschworen.
Sein Dasein will Kraftentfaltung
ohne Grausamkeit,
will Mut und Tapferkeit ohne Haß,
will ein ständiges Ja
zur Schönheit der Natur;
und es ist sein brüderlicher,
geachteter Gefährte, das Pferd,
das ihn durch sein Dasein trägt.«
unbekannt

Pferdekauf

Pferde wecken Emotionen. Sie sind weit mehr als ein Sportpartner, für viele sind sie Freund, Familienmitglied, Lebensaufgabe oder gar Seelenverwandter. Früher oder später stellt sich daher bei fast jedem Reiter die Frage nach einem eigenen Pferd.

Eigene Pferde kommen mitunter unerwartet: Manche verlieben sich in ein Foto in einer Verkaufsanzeige, ›stolpern‹ eher zufällig über ein Pferd, das zum Verkauf steht oder gar aus schlechten Umständen gerettet werden könnte oder ihr Reitbeteiligungspferd beziehungsweise das Lieblingsschulpferd soll plötzlich verkauft werden.
Manche planen den Pferdekauf akribisch, prüfen sorgfältig sämtliche Verkaufsanzeigen im Umkreis von Hunderten oder gar Tausenden Kilometern und arbeiten eine Besichtigungsroute aus, bei der sie gleich 10 oder 20 potenzielle Kaufkandidaten anschauen und probereiten können.

Vor dem Kauf eines eigenen Pferdes sollten Sie jedoch gründlich prüfen: ›Passt diese anspruchsvolle Aufgabe in mein Leben?‹

Bin ich bereit für ein eigenes Pferd?

Bei der Frage nach dem nötigen Können und Wissen hört man oft: ›Ich reite seit 5, 10 oder mehr Jahren!‹ Das reicht aber nicht unbedingt, um reif für ein eigenes Pferd zu sein! Ein eigenes Pferd zu haben, bedeutet so viel mehr als schöne Stunden im Sattel zu verbringen.
Zuerst sollten schonungslos einige Fakten auf den Tisch kommen:

Was kostet ein Pferd?

Hier geht es nicht um den Kaufpreis. Es geht um die laufenden Kosten, die ein Pferdeleben lang auf uns als Besitzer zukommen. Was sollte in die

Ulrike und Muscat – 26 Jahre gemeinsam durch dick und dünn

Kalkulation für die Pferdehaltung einfließen und welche unerwarteten Ereignisse könnten das Budget belasten oder sogar sprengen?

Angelehnt an Forrest Gump kann ich nur sagen: ›A horse is like a box of chocolate – you never know what you get.‹ (Ein Pferd ist wie eine Schachtel Pralinen – du weißt niemals, was drin ist.)

Low-Budget-Pferdehaltung: (M)eine wahre Geschichte

Wir schreiben das Jahr 1983. Ich bin ein motiviertes 17 Jahre junges Pferdemädchen und habe bereits sechs Jahre Erfahrung bei der Versorgung von mehreren Pflegeponys und -pferden, einige Reitstunden und einen Jugendreitabzeichenkurs absolviert. Seit ich denken kann, hatte ich jeden übrigen Pfennig für ein eigenes Pferd gespart, nicht nur Taschengeld und Geldgeschenke, sondern auch von Ferienjobs und wöchentlichem Zeitschriftenaustragen.

Nun bin ich im ersten Jahr einer Berufsausbildung und verdiene sagenhafte 500 DM im Monat, von denen ich 100 DM an meine Eltern für Kost und Logis abgeben muss. Pferdepension für ein Pony in Isländergröße in einem einfachen Stall ohne Reitplatz – das Pony im Ständer angebunden, selbst ausmisten – kostet damals schon 200 DM im Monat. Da kommt das Angebot von Bekannten wie gerufen: Meine Freundin Alex und ich dürfen einen kleinen Unterstand mit einem Stückchen Koppel auf einem Bauplatz kostenlos nutzen gegen ›gelegentlich auf unsere zwei Kinder (6 und 9 Jahre) aufpassen, wenn wir abends ausgehen möchten‹.
Alex ›rettet‹ ihr Lieblingspony Flicka von einem Ponyhof und ich finde statt des eigentlich gewünschten Fjordis oder Isländers die 4-jährige Arabo-Haflingerstute Sirky bei einem Pferdehändler. Sie ist mager, hat krumme, zehenenge Vorderbeine und soll angeblich geritten und gefahren sein. In Wirklichkeit ist sie nicht mal halfterführig und von den vielen neuen Eindrücken so überfordert, dass sie Menschen und ihre Wünsche ignoriert und einfach überall durchbüffelt. Der Kaufpreis von damals 1.900 DM frisst das gesamte gesparte Geld auf.

Gut, dass ich schon früher zugegriffen hatte, als ein gebrauchter Sattel günstig zu verkaufen war. Auch Putzzeug und eine Trense sind vorhanden. Der Sattel passt gar nicht so schlecht, zumindest zeigt Sirky kein Unbehagen beim Satteln, er rutscht nicht und nach dem Reiten sind keine aufgerauten Stellen

im Fell zu sehen. Erst als die einzige vorhandene Satteldecke gewaschen werden muss und die behelfsmäßige Ersatzdecke eine Falte wirft, bekommt sie so schlimmen Satteldruck, dass die Stelle lange geschwollen und empfindlich ist und sich eine bleibende Narbe mit weißen Haaren entwickelt.

Es ist Sommer und die beiden Ponys leben erstmal vom Gras der Koppel. Als die Koppel abgegrast ist, dürfen wir einige Streuobstwiesen der Umgebung mit der Sense abmähen und das Gras verfüttern. Das bedeutet jeden Abend eine Stunde mähen und aufladen, zwei Schubkarren gestopft voll, damit es auch noch für die Morgenfütterung reicht.

Mein erster ›Ritt‹

Auch das Winterheu ist kostenlos gegen Mitarbeit bei einem Bauern. Im Sommerurlaub helfe ich bei der Getreideernte und danach stehe ich jeden Samstagmorgen ab 7 Uhr auf dem Bauernhof, um den Hühnerstall auszumisten, Kartoffeln zu roden, Jungvieh umzutreiben und was sonst noch an Arbeiten anfällt. Dafür liefert der Bauer einmal pro Monat die benötigten 30 Kleinballen Heu und ein paar Strohballen als Einstreu, weil in die winzige Lagerfläche in der Hütte nicht mehr hineinpassen. Mitten im Winter, als auf dem Hof kaum noch Arbeit anfällt, verkündet der Bauer, dass mein Guthaben aufgebraucht sei und das Heu nun den normalen Preis plus Zufuhr kosten sollte. Glücklicherweise finden wir einen Bauern im Dorf, bei dem wir täglich einen Kleinballen für günstige 1 DM abholen und auf dem Gepäckträger unserer Fahrräder zu den Ponys fahren können. Da es zum Stall kräftig bergauf geht, ist das ganz schön anstrengend. Der Versuch, einen Handwagen voller Heuballen angebunden an Alex' Mofa den Berg hochzuziehen, endet mit schwarzem Qualm aus dem Auspuff und einem Motorschaden.

Der Hufschmied kommt genau einmal zum Ausschneiden und verkündet lautstark, dass es sich für ihn wegen zwei Ponys nicht lohnen würde extra herzufahren und außerdem würde es ihm im Winter zu matschig werden. Also kaufe ich eine Hufraspel und bearbeite die Hufe von nun an selbst so gut ich kann.
Mit dem Regen im Herbst kommt der Matsch, tief und tiefer, bis die Ponys bis zum Karpalgelenk einsinken und die Gummistiefel stecken bleiben. Nach dem Futterwechsel von Gras zu Heu beginnt Sirky zu husten. Die Tierärztin behandelt auf eine Infektion mit Spritzen und Medikamenten zum Eingeben. Sirky frisst die Medikamente absolut nicht, egal mit welchem leckeren Futter vermischt. Die Nachbarn beschweren sich, weil Sirky die ganze Nacht hustet und sie in ihrer Nachtruhe stört. Mama näht eine Decke aus Stoffresten, damit Sirky nicht friert und der Postbote bringt die Rechnung des Tierarztes über 500 DM.

Derweil sind die Besitzer des kleinen Stalles im Glück: Nach Jahren des Angebundenseins als Eltern können sie jetzt mehrmals die Woche abends etwas gemeinsam unternehmen, weil sie uns jederzeit zur Kinderbetreuung buchen können. Die pubertäre 15-jährige Alex hat wenig Lust auf die verzogenen Gören und gleichzeitig selbst eine kooperative Mutter, die einfach öfter mal sagt, sie sei nicht da, wenn die Stallbesitzer anrufen, um einen Babysittertermin auszumachen. Also muss ich bis zu viermal pro Woche ran, um 19 Uhr die Kinder ins Bett

bringen und dort übernachten, weil die Eltern erst spät nachts nachhause kommen. Wenigstens erwache ich dann morgens um 5.30 Uhr im Nachbarhaus des Stalles, wenn die Morgenfütterung der Ponys ansteht.
Viel Zeit zum Reiten bleibt mir bei diesem Pensum nicht. Arabo-Haflinger Sirky ist jung und temperamentvoll und sehr gestresst, wenn sie alleine bleiben muss, weil Alex noch Schülerin ist und bereits nachmittags mit Flicka ausreiten geht. Sirky rennt den alten Holzzaun um, drei der morschen Pfosten brechen und nun heißt es Pony suchen gehen. Zum Glück ist sie nicht auf die Straße gerannt, sondern kann auf einer Wiese wieder eingefangen werden. Nächster Kauf vom mageren Lehrlingsgehalt: ein Elektrozaungerät namens ›Bullenschreck‹ und Elektrozaunmaterial.

Was heute das Internet für kostenlose Infos ist, war damals die Bibliothek. Ich verschlinge sämtliche Sachbücher über Pferde und vor allem die Zeitschrift ›Freizeit im Sattel‹. Dort finde ich schließlich den entscheidenden Tipp für Sirkys Husten: Stauballergie! Dagegen hilft es, das Heu mit einer Gießkanne nasszumachen. Und siehe da: Sirky geht es bald viel besser. Nasses Heu bleibt für Sirky jedoch ein Pferdeleben lang nötig, was tägliche Mehrarbeit bedeutet, die sich über die Jahre auf viele Stunden summiert.

Fazit meiner Geschichte: Unsere Haltung als Selbstversorger war unschlagbar günstig und für unsere damalige finanzielle Lage als Azubi und Schülerin mit Zusatzjobs ohne die finanzielle Unterstützung der Eltern die einzig machbare Lösung. Diese erste Zeit mit meinem eigenen Pferd habe ich trotz des erfüllten Traumes vor allem als unendlich anstrengend in Erinnerung. Es waren lange Tage, an denen die Arbeit nie zu enden schien. Für das wirkliche Zusammensein mit meiner Sirky und zum Reiten blieb nur sehr wenig Zeit. Ich möchte diese Erlebnisse nicht missen und bin stolz auf mein damaliges Durchhaltevermögen. Trotzdem würde ich niemanden in einer ähnlichen Situation zum Pferdekauf raten.

Was kann man daraus lernen?

Wer schreibt, der bleibt – mach's schriftlich!

Mündliche Absprachen sind dehnbar und nachher erinnert sich niemand mehr genau daran. Außerdem legt sich jeder seine eigene Interpretation zurecht. Die ›gelegentliche Kinderbetreuung‹ für die Stallbesitzer hieß für mich allerhöchstens einmal in der Woche und das durch Alex und mich geteilt, also vielleicht ein- oder zweimal im Monat pro Person. Die Eltern hatten jedoch Spaß an der neuen Freiheit und nutzten die unpräzise Vereinbarung unbeschwert aus. Dass es die meiste Zeit mich traf, war ihnen verständlicherweise völlig egal.
Mehrmals pro Woche nach einem Tag, der um 5.30 Uhr mit dem Füttern der Ponys begann, 8 Stunden Arbeit im Ausbildungsbetrieb, 20 km Fahrradstrecke und abendlichem Pferdeversorgen, bedeutete das ab 19 Uhr die Kinder ins Bett bringen, vorlesen und wenn sie endlich Ruhe gaben, über meinen Büchern für die Berufsschule einschlafen. Ich traute mich nicht, etwas dagegen zu sagen, da ich auf den kostenlosen Stall angewiesen war.

Geld macht nicht glücklich, aber es beruhigt

Damit kommen wir zum nächsten wichtigen Punkt: Finanziell sollte unbedingt etwas Luft da sein. Insbesondere die Tierarztkosten bei Krankheiten und Unfällen können zum Fass ohne Boden werden. Nach Abzug der laufenden Kosten sollten daher vom monatlichen Einkommen noch ein paar 100 Euro übrig sein und/oder mehrere Tausend Euro Rücklagen zur Verfügung stehen oder wohlgesonnene Eltern oder andere Personen im Notfall einspringen. Alternativ gibt es Krankenversicherungen, Operationskosten- und Lebensversicherungen für Pferde, die größere Batzen abfangen, dafür natürlich die laufenden Fixkosten erheblich erhöhen.

Ich hatte damals sehr viel Glück, dass Sirky keine weiteren ungeplanten Tierarztkosten verursachte und der Sattel einigermaßen passte. So konnte ich bis zum Ende meiner Berufsausbildung durchhalten und verdiente danach genug, um Rücklagen aufzubauen. Ein beim Interieur und Exterieur ›besseres‹ Pferd mit einer soliden Aufzucht und Grundausbildung mit höherem Kaufpreis hätte mir sehr wahrscheinlich einige Probleme und Unfälle erspart und mehr Freude und Erfolg beim Reiten geschenkt. Auch hier hätte sich also ein oder zwei Jahre länger Sparen gelohnt.

Laufende Kosten realistisch kalkulieren

Der Kaufpreis des Pferdes umgerechnet auf ein ganzes Pferdeleben ist meist der kleinste Teil der jährlichen Gesamtkosten, wenn man sich nicht gerade für ein Sportpferd für die höchsten Klassen oder ein Zuchtpferd mit bester Abstammung entscheidet. Daher lohnt es sich im Allgemeinen, ein paar Tausend Euro mehr für ein gesundes und wirklich passendes Pferd aus guter Aufzucht und Haltung auszugeben.

Beispielrechnung 1:
Kaufpreis solides Freizeitpferd 5 Jahre: 10.000 €
Nutzungs- und Lebensdauer: 20 Jahre
Monatlicher Anteil am Kaufpreis: ca. 42 €

Beispielrechnung 2:
Kaufpreis ›günstiges‹ Freizeitpferd 9 Jahre
mit unbekannter Vorgeschichte: 3.000 €
Nutzungsdauer: 4 Jahre, weitere Lebensdauer
mit vielen Krankheiten: 5 Jahre
Monatlicher Anteil am Kaufpreis
für die reitbaren 4 Jahre: ca. 63 €

Einmalige Investitionen, wie der Kauf eines neuen Sattels, eines Pferdeanhängers samt passendem Zugfahrzeug sowie Aufwendungen für die Pferdehaltung, die nicht nur bei Selbstversorgern anfallen, wie Elektrozaungerät und Zaunmaterial, Gummimatten für die Box usw. bleiben bei den Kalkulationen unberücksichtigt. Generell gilt: je länger die Nutzungsdauer, umso günstiger werden die Durchschnittskosten pro Jahr.

Die Selbstversorgung in einem eigenen oder gepachteten Stall erscheint auf den ersten Blick bei den jährlichen Gesamtkosten weit günstiger als der Einstellpreis in einem Vollpensionsstall. Doch der Vergleich ist schwierig, weil zuerst eine ganze Reihe

Keinen Blumentopf gewonnen, aber Spaß gehabt – Turnier mit Sirky 1985

Investitionen für Stall und Weide anstehen, die leicht in die Zehntausende gehen können. Auch hier gilt: Je länger man den eigenen oder gepachteten Stall nutzt, umso günstiger wird der Preis für die Investitionen auf den Monat umgerechnet. Andererseits halten viele Selbstversorger mindestens zwei Pferde, um nicht auf Einsteller oder Haltergemeinschaftspartner als Gesellschaft angewiesen zu sein, obwohl zum Reiten für ihre Ansprüche eins ausreichen würde.

Auch die eigene Arbeitszeit sollte man nicht unterschätzen. Erscheint Ihnen die Arbeit rund um die Pferdeversorgung als Hobby, entspannender Ausgleich zum Bürojob und nicht zuletzt als Fitnesstraining, sieht das zunächst nach einer Win-win-Situation aus. Für die Zeiten, wo Sie Ihre Pferde nicht selbst versorgen können oder wollen, sollten Sie jedoch eine oder noch besser mehrere Aushilfen in der Warteschleife haben und auch Kosten dafür einkalkulieren. Bei Krankheit, Urlaub oder längerer beruflicher Abwesenheit ohne Vertretung aus der Familie oder dem Freundeskreis, kann die Pferdeversorgung durch eine bezahlte Aushilfe ein großes Loch ins Budget reißen.

Vertretung auf Gegenseitigkeit mit befreundeten Pferdebesitzern kann eine gute Lösung, aber auch ganz schön anstrengend sein, wenn man neben der

Gut eingearbeitete Aushilfen sind Gold wert

eigenen täglichen Arbeit noch die Zeit und Kraft für weitere Pferdeversorgung aufbringen muss. Überlegen Sie genau, ob und wie lange am Stück Sie das zusätzlich zum normalen Alltag durchhalten können oder wollen und ob Sie die Verantwortung für fremde Tiere tragen möchten.

Manche Kosten sind nur schwer der Pferdehaltung zuzurechnen. Das fängt schon bei den Autofahrten zum Stall an. Das große Auto zum Hängerziehen braucht vermutlich mehr Sprit als der Kleinwagen, den man bisher hatte. Hätte ich zum einmal wöchentlich Schulpferd-Reiten auch die neue Reithose und die wasserdichte Jacke gekauft? Andererseits bleibt viel weniger Zeit für andere Hobbys und Urlaubsreisen, wodurch auch wieder Geld gespart wird.

Kann ich neben dem eigenen Pferd überhaupt noch andere Hobbys haben?

Meiner Erfahrung nach kollidieren langfristige feste Verpflichtungen, wie die wöchentliche Chorprobe und Aufführungen des Chores am Wochenende, mit der Pferdeversorgung und führen zu Koordinationsstress, um alles unter einen Hut zu bekommen.

Freizeitgestaltungen mit möglichst wenig festgelegten Zeiten und ohne große laufende Kosten passen besser zum eigenen Pferd. Von Übungsstunden unabhängige Sportarten wie Skilanglauf, Schwimmen, Kajak fahren oder Wandern und Hobbys wie Malen, Basteln oder Garten- und Handarbeiten. Hat man einmal die Ausrüstung gekauft und ist ein bisschen Zeit und Energie übrig, kann man spontan loslegen und Spaß haben.

Krankheiten, Unfälle, Behandlungen, Operationen – die unberechenbare Variable

Die unsicherste Größe bei den Unterhaltskosten eines Pferdes ist das Thema ›Gesundheit‹. Zu den laufenden Vorsorgekosten für Impfungen, Wurmmanagement und Zahnkontrolle kommen ziemlich sicher früher oder später unerwartete Ereignisse: Die Kostenspanne dafür reicht von kleineren Krankheiten, die in fast jedem Pferdeleben vorkommen und im heimischen Stall behandelt werden können, wie oberflächliche Wunden, ein Einschuss, ein Hufabszess oder eine leichte Kolik, die nach einmaliger Spritzen-Behandlung vorbeigeht und meistens mit einer Tierarztrechnung von 250 bis 400 Euro erledigt sind, bis zur großen lebensrettenden Kolikoperation, die inklusive Klinikaufenthalt und Nachsorge leicht 8.000 Euro und mehr kosten kann.

Mit etwas Pech bekommt das Pferd eine chronische Erkrankung, die einen lebenslangen Rattenschwanz von Behandlungen und Medikamentengabe nach sich zieht, wie Sommerekzem, chronische Atem-

Paddeln – perfektes Hobby an heißen Sommertagen zur Bremsenzeit, wenn man sowieso wenig Lust zum Reiten hat

wegsprobleme und vor allem bei älteren Pferden das gefürchtete Cushing-Syndrom, wo die tägliche Tablettendosis schon 80 Euro im Monat verschlingen kann.
Braucht das Pferd eine speziell an seine Bedürfnisse angepasste Haltung, kann ein Stallwechsel nötig werden, zum Beispiel bei EMS und Hufrehegefahr eine sorgfältig abgewogene Heumenge, spezielles zuckerarmes Heu, eine reine Paddockhaltung ohne Weidegang oder eingeschränkte Weidezeiten; nasses oder bedampftes Heu bei chronischen Atemwegserkrankungen, tägliche Medikamentengabe bei Cushing; tägliches Eincremen und Fliegenschutz bei Sommerekzem; bei älteren Pferden mit Zahnproblemen täglich mehrfach eingeweichte Heucobs füttern usw. Wenn Sie die Versorgung nicht selbst leisten können, muss die Dienstleistung dazu gebucht werden. Je aufwändiger die Versorgung und Pflege des Pferdes ist, desto teurer wird die Stallmiete – wenn man überhaupt jemand findet, der eine passende Haltung anbietet. Unter Umständen sind Sie als Pferdebesitzer täglich selbst gefordert und Krankheit, berufliche Abwesenheit und Urlaub können zum Problem werden.

Dazu kommt noch ...

die regelmäßige *Hufbearbeitung* durch einen Hufpfleger oder Schmied mindestens alle sechs bis acht Wochen. Für die Barhufpflege bezahlt man ab 40 Euro, ein Satz Hufschuhe für alle vier Hufe kostet ab 400 Euro, einen Rundumbeschlag mit normalen Hufeisen bekommt man ab 120 Euro.

der *Sattler*, der alle ein bis zwei Jahre die Passform des Sattels überprüfen und falls nötig neu anpassen oder aufpolstern sollte. Hier sind mit Kosten zwischen 50 und 200 Euro zu rechnen.

die Behandlung durch einen *Osteopathen, Physiotherapeuten oder Chiropraktiker* (ab etwa 120 Euro), vorbeugend einmal im Jahr, bei Rittigkeits- und Taktproblemen auch öfter.

Tendenz nach oben bei den Haltungskosten

Durch den fast ungebremsten Bauboom werden die Flächen für die Pferdehaltung in fast allen Regionen Deutschlands laufend knapper und der Kauf und die Pacht somit teurer. Die exorbitant steigenden Energie- und Treibstoffkosten, immer weniger Flächen zur Heugewinnung (Nutzung für Biogasanlagen, Raps- und Maisanbau) und ungünstige Wetterlagen werden den Heupreis auch in Zukunft weiter nach oben treiben. Ähnlich ist es bei Futtergetreide wie Hafer und Gerste und bei Stroh als Einstreu.
Auch für alternative Einstreuarten (Sägespäne, Leinstreu, Miscanthus, Holzpellets, Waldboden usw.) werden gesalzene Preise verlangt. Ein Beispiel: Die Zeiten, wo man einen Hänger voll

Beispielrechnung: Durchschnittliche jährliche Kosten für ein Pferd bei Unterbringung in einem Vollpensionsstall mit Reithalle

Stallmiete 390 €/Monat	4.680	€
Zusatzfutter, Mineralfutter	600	€
Pferdehaftpflichtversicherung	130	€
Operationskostenversicherung	300	€
Tierarzt Grundversorgung (Impfungen, Entwurmung, Zähne, Blutbild)	1.000	€
Hufbearbeitung barhuf + 1 Satz neue Hufschuhe/Jahr	1.000	€
Ungeplante Tierarztkosten (z.B. Kolik, Wundversorgung, Bindehautentzündung ...) Minimum! Nach oben offen!	500	€
Ausrüstung	500	€
Reitunterricht	600	€
Gesamtkosten	9.310	€

Das bedeutet monatliche Durchschnittskosten von 775 €.

Späne beim Sägewerk umsonst abholen konnte, sind längst vorbei. Heute muss man mindestens 40 Euro für die Grundeinstreu einer Pferdebox mit Spänen rechnen (Preis bei Großabnahme palettenweise), dazu weitere 40–50 Euro monatlich zum Nachstreuen.

In den Beispielen unten ist gut zu sehen, dass selbst ein robustes Kleinpferd bei täglicher engagierter Eigenversorgung und ohne jeden ›Luxus‹ wie Reithalle, regelmäßigen Reitunterricht oder zweimal jährlich die neueste Schabracke in der Modefarbe mindestens 350 Euro im Monat kostet. Um ein Pferd so günstig zu halten, muss der Stall bzw. das Gelände vorhanden sein, sonst kommen noch die Pachtkosten dazu. Der Umbau eines alten Stalles oder einer alten Scheune für Pferdehaltung samt Bodenbefestigung im Paddock verschlingt leicht mehrere 10.000 Euro. Je länger der Stall danach genutzt wird, umso geringer werden logischerweise die Durchschnittskosten pro Jahr.

Ist das Gelände nur gepachtet, lohnt es sich, möglichst viele mitnehmbare Lösungen zu wählen, zum Beispiel eine mobile Weidehütte, lose verlegte Stallmatten und Paddockplatten. Ansonsten ist es zwar üblich, dass bei einem Pächterwechsel eine Ablösung für das vorhandene Equipment bezahlt wird. In der Praxis zeigt sich jedoch oft, dass der

Beispielrechnung: Durchschnittliche jährliche Kosten für ein Pferd in Haflingergröße bei Unterbringung im gepachteten Stall in Selbstversorgung

Pacht Stall und Weide	1.200 €
Grundfutter (7 Monate gekauftes Heu, 5 Monate Weidegras von Pachtflächen), Einstreu, Wasser und Strom	500 €
Anschaffungen für Stall und Weide (Zaunmaterial, Reparaturen, Arbeitsgeräte ...)	1.000 €
Zusatzfutter, Mineralfutter	600 €
Pferdehaftpflichtversicherung	130 €
Operationskostenversicherung	300 €
Tierarzt Grundversorgung (Impfungen, Entwurmung, Zähne, Blutbild)	1.000 €
Hufbearbeitung barhuf + 1 Satz neue Hufschuhe/Jahr	1.000 €
Ungeplante Tierarztkosten (z.B. Kolik, Wundversorgung, Bindehautentzündung...) Minimum! Nach oben offen!	500 €
Ausrüstung	500 €
Reitunterricht	600 €
Gesamtkosten	7.330 €

Hier kommen wir auf monatliche Durchschnittskosten von 610 €.

Beispielrechnung Sparversion: Durchschnittliche jährliche Kosten für ein Pferd in Isländergröße bei Unterbringung im vorhandenen eigenen Stall in Selbstversorgung

Grundfutter (7 Monate gekauftes Heu, 5 Monate Weidegras), Einstreu, Wasser und Strom	500 €
Anschaffungen für Stall und Weide (Zaunmaterial, Reparaturen, Arbeitsgeräte ...)	1.500 €
Mineralfutter	240 €
Kleinpferdehaftpflichtversicherung	60 €
Tierarzt absolute Grundversorgung (Tetanusimpfung, Entwurmung, Zähne)	700 €
1 Paar neue Hufschuhe/Jahr (Hufbearbeitung selbst gemacht)	200 €
Ungeplante Tierarztkosten (z.B. Kolik, Wundversorgung, Bindehautentzündung ...) Minimum! Nach oben offen!	500 €
Ausrüstung	300 €
Reitunterricht	200 €
Gesamtkosten	4.200 €

Das sind immer noch monatliche Durchschnittskosten von 353 €.

Nachpächter die Einbauten (angeblich?) gar nicht braucht und nur bereit ist, ein Minimum des Restwertes zu bezahlen.

Was kostet ein Pferd (diesmal ist kein Geld gemeint)?

Außer Geld müssen Sie eine ganze Reihe nicht materieller Dinge für Ihr Pferd, seine Haltung und sein Training aufbringen:

Verantwortung

Sie übernehmen die Verantwortung für ein lebendes, fühlendes Wesen, dessen Gesundheit und Wohlbefinden maßgeblich von Ihren Entscheidungen und Taten abhängt.

Lebenszeit

Es ist nicht zu leugnen, ein eigenes Pferd frisst nicht nur Heu, sondern auch einen großen Teil unserer Freizeit. Liebesbeziehungen und Freundschaften mit Nicht-Pferdeleuten können darunter leiden, andere Hobbys sind vielleicht nur noch eingeschränkt möglich. Da heißt es jonglieren und organisieren, um alles irgendwie unter einen Hut zu bekommen.

Bei guter Pflege und mit ein bisschen Glück, kann ein Pferd über 30 Jahre alt werden. Natürlich kann niemand vorhersagen, wie Ihr Leben in 20+ Jahren aussehen wird und ob ein Pferd darin Platz hat. Ihnen sollte jedoch klar sein, dass ein Pferd eine Anschaffung für einen sehr langen Zeitraum ist. In manchen anstrengenden Lebenssituationen kann es zum Klotz am Bein werden und Dinge erschweren, zum Beispiel ein Auslandssemester im Studium, den Kauf von Wohneigentum mit hoher finanzieller Belastung oder den Zeitaufwand bei plötzlicher Pflegebedürftigkeit eines Familienmitgliedes.

Selbstdisziplin

Sie sind müde nach einem langen Arbeitstag? Hungrig oder vollgefressen? Genervt vom Stehen im Stau oder den blöden Kollegen? Krank und schlapp? Draußen ist Schneeregen oder eine Hitzewelle mit 33 Grad im Schatten? Ihre Freunde unternehmen etwas Tolles? Irgendwas ist eigentlich immer! Keine faulen Ausreden bitte, Ihr Pferd hat täglich Hunger, möchte umsorgt, bewegt und ausgemistet werden! Und das alles so gut wie möglich. Denn im Umgang mit dem Pferd haben Hektik, schlechte Laune und Lustlosigkeit nichts verloren! Artgerechte Haltung, achtsamer Umgang und vernünftiges Training brauchen Regelmäßigkeit und sind vor allem anderen Arbeit an sich selbst. Auch wenn es Ihnen anfangs manchmal schwerfällt sich aufzuraffen, Sie werden

schnell bemerken, wie sich Ihre Selbstkontrolle, Motivation und Resilienz, also die Fähigkeit, mit den Widrigkeiten des Lebens klarzukommen, immer weiter verbessern. Alles positive Eigenschaften, die für das gesamte Leben nützlich sind. Unsere Pferde sind also auch noch die perfekten Persönlichkeitstrainer!

Geduld, viel Geduld

Pferde sind Fluchttiere und vertrauen zuerst einmal ihrem eigenen Instinkt und den Herdenmitgliedern. Das Vertrauen Ihres Pferdes müssen Sie sich durch viele positive gemeinsame Erlebnisse verdienen. Das Zusammenwachsen zu einem guten Pferd-Mensch-Team dauert richtig lange. Meiner Erfahrung nach muss man mit seinem Pferd einmal durch alle Jahreszeiten gegangen sein, um eine erste wirkliche Vertrautheit zu spüren. Mit jedem weiteren Jahr wird die Verbindung noch tiefer und enger, bis Sie sich im Idealfall in- und auswendig kennen und gegenseitig die Gedanken lesen können.

Nerven

Das Pferd könnte krank sein oder es wird tatsächlich krank. Hat es sich nur an einem Grashalm verschluckt oder ist das schon ein behandlungsbedürftiger Husten? Kratzt es sich wegen dem Fellwechsel oder ist das bereits Sommerekzem? Habe ich eben in der Wendung eine Lahmheit gesehen? Ist Barhuf besser und welche Hufschuhe passen oder braucht es vielleicht doch Hufeisen? Buckelt das Pferd aus Übermut oder sollte ich den Osteopathen holen?

Auch bei der Haltung, in Training und Ausbildung gibt es quasi unendlich viele Fragen und Alternativen und Sie müssen laufend Entscheidungen treffen.
Überall bekommen Sie Ratschläge, gefragt und gerne auch ungefragt von nervigen Miteinstellern, den Besserwissern an der Hallenbande und sowieso im Internet!
Tausend Meinungen und Sie stellen sich jeden Tag die Frage: **Mache ich alles richtig?**

Das Gedankenkarussell rund ums eigene Pferd dreht sich nicht nur die zwei oder drei Stunden am Tag, die man am Stall verbringt. Massen von Informationen müssen eingeholt und gefiltert werden – sinnvoll oder nicht? Entscheidungen wollen sorgsam durchdacht, sinnvoll getroffen und schließlich durchgezogen werden. Das kann viele Nerven kosten. Bewahren Sie die Ruhe und vor allem: Benutzen Sie Ihren gesunden Menschenverstand.

»sapere aude«

... ist ein lateinisches Sprichwort und bedeutet: Wage es, weise zu sein! Meist wird es in der Interpretation Immanuel Kants zitiert, der es 1784 zum Leitspruch der Aufklärung erklärte: »Habe Mut, dich deines eigenen Verstandes zu bedienen!«[2]

Welche Vorteile schenkt mir mein Pferd?

Ihr Partner oder Ihre Eltern sind noch nicht richtig überzeugt? Hier finden Sie einige Argumente, warum ein Pferd Ihr Leben positiv verändern kann:

Psychische und physische Auswirkungen

Zahlreiche Studien beweisen, welche positiven Auswirkungen das Zusammensein mit Pferden auf

2 Quelle: Wikipedia

den Menschen hat. Wenn ich mich an die schwierigen Zeiten in meinem Leben zurückerinnere, sei es Stress im Job, Liebeskummer, Trauer um einen geliebten Menschen und andere psychische Belastungen, waren es fast immer die Pferde, die mich buchstäblich hindurchgetragen haben. Für mich sind meine Pferde Familienmitglieder und bedeuten eine Konstante im Leben und Halt in turbulenten Zeiten. Meine Sída war 8 Jahre alt, als ich sie kaufte und begleitete mich mehr als 24 Jahre lang durch die verschiedensten Lebensphasen bis zu ihrem Tod im Alter von 32 Jahren.

Die Verantwortung für mein Pferd und die tägliche Verpflichtung zur Pferdeversorgung sind wichtige Gründe aus dem Bett aufzustehen, in die Gänge zu kommen und das Haus zu verlassen, egal wie traurig oder depressiv ich mich fühle. Die vertrauten, immer gleichen Arbeitsabläufe beim Pflegen, Versorgen und Reiten entspannen und lassen die Gedanken zur Ruhe kommen. Beim Misten kommen einem leicht die besten Ideen, Antworten und Entscheidungen. Manche Reiterfreunde nennen das sogar ›meditatives Misten‹.

Ein Pferd spürt, wenn es seinem Menschen nicht gut geht. Wie oft habe ich das schon erlebt: Plötzlich drückt sich eine weiche Pferdenase sanft gegen meinen Bauch, das gibt ein warmes Gefühl der Geborgenheit und vielleicht fließen sogar ein paar Tränen in die strubbelige Mähne. Einem Pferd über das weiche Fell streicheln tut gut und vermittelt ein nicht nur subjektives Wohlgefühl. Bei angenehmem Hautkontakt wird bei Mensch und Tier das Glückshormon Oxytocin ausgeschüttet. Dieses ›Kuschelhormon‹ senkt den Blutdruck und den Kortisolspiegel, wirkt dadurch beruhigend und vermindert den Stresslevel.

›Bewegung ist Leben‹ und davon bekommt man als Pferdebesitzer wahrlich genug!
Neben dem Reiten, Pferd putzen, Hufe auskratzen und vielleicht sogar selbst bearbeiten, Pferd von der der Weide holen und hinbringen, der Weg zum Stall mit dem Fahrrad, Spazierengehen mit dem Pferd, Hindernisse schleppen usw. ist vor allem bei Selbstversorgern täglich Mist schaufeln, Heuballen stapeln, Heunetze stopfen und Wasser zur Weide bringen angesagt. Dabei zeigt jeder Körper früher oder später seine Defizite und vielleicht kommt ein gewisser Ehrgeiz beim Reiten dazu, so dass fast jeder Pferdebesitzer zusätzlich Dehnungs- und Kräftigungsübungen für Reiter oder seine speziellen Problemzonen ins tägliche Programm aufnimmt.

Sport hält nicht nur Herz und Kreislauf in Schwung, sondern fördert auch einen gesunden Geist. Körperliche Betätigung verbessert die Durchblutung des Gehirns und regt die Bildung neuer Nervenverbindungen an. Man fühlt sich aktiv und zufrieden.

»Mens sana in corpore sano«

Ein gesunder Geist (wohnt) in einem gesunden Körper

Juvenal (römischer Dichter 60–140 n.Chr.)

Die meisten Pferdebesitzer sind viel an der frischen Luft und werden nebenbei ganz schön abgehärtet. Sie erleben den Gang der Jahreszeiten und tanken dabei Sauerstoff und im Sommer Licht und Vitamin D. Okay, ich gebe zu: Bei Mistwetter, im Winter und bei Dunkelheit macht das nicht unbedingt immer Spaß. Hat man sich dann aufgerafft und trägt vor allem die passenden wasserdichten und warmen Klamotten, fühlt man sich danach eigentlich immer besser. Bei schönem Wetter kann schließlich jeder! Und die Winterdepression hat bei so viel positiver Energie auch keine Chance mehr.

Dann gibt es noch die soziale Komponente: Unter Pferdebesitzern entstehen oft jahrzehntelange Freundschaften. Nichts verbindet so sehr wie ähnliche Vorlieben, fröhliche gemeinsame Ausritte, zusammen Mist schaufeln im Regen, kalte Abende mit langen Gesprächen im Stall, Übernachten im Schlafsack auf dem Wanderritt, gemeinsam Bangen beim kranken Pferd in der Tierklinik und zusammen auf den Reitkurs fahren und die Erfolge im Training genießen.

Irgendwas ist doch eigentlich immer ...

Der Job ist befristet, die Abschlussprüfung für die Ausbildung oder die Masterarbeit im Studium stehen an, der Partner ist skeptisch, die Mietwohnung wurde wegen Eigenbedarf gekündigt oder das Darlehen fürs eigene Haus muss abbezahlt werden, die Kinder sind noch klein oder eine Schwangerschaft geplant ... Eigentlich ist nie der richtige Zeitpunkt für ein eigenes Pferd!

> »Courage is beeing scared to death and saddling up anyway.«
>
> *John Wayne*

Aus eigener Erfahrung kann ich sagen: Ist das Pferd schon da, wird es mit ins Leben eingeplant – und irgendwie geht es immer weiter. In den fast 40 Jahren als Besitzerin von ein bis zwei eigenen Pferden überwiegend in Selbstversorgung habe ich eine Berufsausbildung erfolgreich geschafft, zwei Jahre Sprachschule mit nebenher Jobben und einen berufsbegleitenden Abendkurs zur Fachhochschulreife absolviert, eine komplettes Studium mit Diplom abgeschlossen und natürlich nebenher

gejobbt, eine eigene Wohnung gekauft und abbezahlt, mehrere Partnerschaften geführt und schließlich geheiratet, ein eigenes Haus gekauft, sowohl angestellt als auch freiberuflich gearbeitet, einen Trainerschein im Pferdebereich und jede Menge Reitkurse und Fortbildungen gemacht. Ein paar schöne Urlaube mit und ohne Pferd waren auch noch drin. Natürlich habe ich auf manches verzichtet, für das die Zeit, Kraft und das Geld neben den Pferden eben nicht mehr reichten. Trotzdem wollte ich es niemals anders haben! Das Leben über viele Jahre mit einem pferdigen Partner zu teilen, kann eine der besten und erfüllendsten Erfahrungen für einen Reiter sein.

Die Vorteile, ein eigenes Pferd zu haben

Klar, manche Reiter haben das Glück, ein tolles Reitbeteiligungspferd zu finden, mit dem sie einige ihrer Pferdeträume verwirklichen können. Trotzdem liegt die Entscheidung über alle Aktionen immer beim Pferdebesitzer, und somit kann der Traum durch Kündigung der Reitbeteiligung oder Umzug schnell vorbei sein.

Diese ganz besonderen Erlebnisse, die ein erfülltes Reiterleben ausmachen, wie zum Beispiel lange Ausritte zu jedem beliebigen Ziel, Wanderritte, regelmäßige Turnierteilnahme auch in höheren Klassen, Urlaub mit dem Pferd in schönen Reitgebieten, Jagdreiten, Unterricht bei frei gewählten Trainern, Freiheitsdressur und Zirkuslektionen ... sind (fast) nur mit einem eigenen Pferd möglich.

Neben der großen Verantwortung für ein lebendes Wesen bietet das Dasein als Pferdebesitzer also viele Vorteile: Endlich können Sie alles nach eigenem Willen und so optimal wie möglich einrichten. Sie haben die alleinige Entscheidungsgewalt über alles rund ums Pferd: Aufenthaltsort und Haltung, Reitweise und Ausrüstung, Nutzung und Trainingsmethoden, Gesundheitsmanagement und schließlich in hoffentlich ferner Zukunft ein würdiges Ende ohne langes Leiden. Das Pferd steht Ihnen ständig zur freien Verfügung für tägliche Besuche und Reiten bis der Hintern glüht (natürlich je nach Form und Gesundheitszustand).

»Ja, ich will ein eigenes Pferd«

Jetzt muss ich ›nur noch‹ das passende Pferd finden!

Wunsch und Realität abgleichen

Am besten, Sie machen sich eine Liste, in der Sie Ihre Anforderungen und Wünsche aufschreiben. Was sind Ihre reiterlichen Ziele? Wanderreiten oder Springturniere? Tölten oder Westernreiten? Gibt es eine Reitweise oder eine Pferderasse, zu der Sie sich besonders hingezogen fühlen und/oder mit der Sie schon Erfahrung haben und sich wohlfühlen? Wo sehen Sie sich mit Ihrem Pferd in fünf oder zehn Jahren? Was ist Ihnen besonders wichtig im Umgang? Pferde welcher Rassen haben oft die gewünschten Eigenschaften?

Seien Sie ehrlich zu sich selbst! Wie sportlich und ehrgeizig bin ich wirklich? Kann ich ein Pferd mit aufwändigen Gängen sitzen oder sollte es besser bequeme, flache und weniger spektakuläre Gänge haben? Kann und will ich ein vollblütiges Pferd mit hohem Bewegungsbedarf dauerhaft auslasten? Welche Haltungsbedingungen finde ich in den Ställen in erreichbarer Nähe vor? Ein paar Auswahlkriterien ohne Anspruch auf Vollständigkeit: Größe und Temperament, Nord- oder Südpferd, ruhiges oder übersprudelndes Temperament, Eignung für eine bestimmte Reitweise, Springtalent, Distanztyp oder Töltveranlagung, angenehme Größe, Nervenstärke, eher ruhig-stoisch oder hochsensibel, Gewichtsträger usw.

Traum versus Realität

Von Jugend an bin ich ein Fan von robusten, strubbeligen Ponys und Geländeritten bei jedem Wetter und halte die entsprechenden Pferde. Im Laufe der Jahre und vieler Reitkurse entdeckte ich jedoch auch die Freude am barocken Dressurreiten. Mein isländischer Naturtölter mit viel lateraler Gangverteilung und einem ungünstigen Exterieur für Versammlung tat sich damit schwer und stieß schließlich an seine Grenzen. Bei der Suche nach einem Nachwuchspferd kam mir daher der Gedanke, wie viel leichter

Galopp im Wattenmmeer, Zirkuslektionen oder Wanderritte – das eigene Pferd bietet viele Vorteile.

sich ein für diese Zwecke gezüchtetes Pferd wie ein Spanier (PRE) in der Dressur tun würde. An sich eine gute Idee, ein geeignetes Pferd für meine neuen reiterlichen Ziele zu suchen. Die Umsetzung gestaltete sich jedoch schwierig. Hier meine Überlegungen dazu:

Kürzlich hatte ich ein Haus mit Offenstall gekauft und die Haltungsbedingungen auf Robustpferde optimiert. Die vorhandene Pferdeherde bestand aus meiner inzwischen schon älteren, rangniedrigen Islandstute Sída und ihrem besten Freund Skolli, einem Islandwallach. Ums Haus herum ist nicht viel Platz, darum ist der Paddock relativ schmal mit Engstellen. Für kleine, sich eher gemächlich bewegende und verträgliche Nordponys kein Problem. Ein dynamischer junger Spanier mit hohem Bewegungsbedarf, der ziemlich sicher ranghöher wäre und sie eventuell sogar herumscheuchen würde, könnte (zu)viel Stress für meine ängstliche alte Sída bedeuten.

Die Winter auf der Schwäbischen Alb sind manchmal hart mit Temperaturen bis minus 20 Grad, eisigem Wind und monatelanger Schneedecke. Die Isländer fressen bei jedem Wetter ihr Heu im Freien und schlafen oft draußen im Paddock, trotz weicher, trockener Liegemöglichkeit im Offenstall. Ein dünnhäutiges, vollblütiges Pferd würde sich in einer wärmeren Gegend und einer Haltung mit mehr überdachter und windarmer Fläche wohler fühlen und müsste bei uns wahrscheinlich den ganzen Winter eine gefütterte Outdoordecke tragen.

Bei uns im Ort gibt es keine Reithalle, wir fahren regelmäßig mit dem Hänger zum Training. Im Winter bei Schnee und Glatteis muss das Hallentraining ausfallen und wir bewegen die Pferde an den Untergrund angepasst im Gelände, manchmal wochenlang nur im Schritt. Den Isländern macht das nicht viel aus, sie passen sich an die Witterung an und schalten in den Energiesparmodus. Bei der Vorstellung, mit einem unausgelasteten Spanier bei Glatteis ins Gelände zu reiten, stehen mir jedoch die Haare zu Berge.

Welche Reitweise passt zu mir?

Nach ein paar Jahrzehnten ist Ausrüstung in Isländergröße massenhaft vorhanden, Halfter, Fliegen-, Abschwitz- und Regendecken, Fliegenmasken, Trensen, Gebisse und vieles mehr. Für ein größeres Pferd müsste alles neu gekauft werden. Dann mein schon etwas fortgeschrittenes Alter: komme ich in 10, 15 Jahren überhaupt noch auf 1,60 m hoch? Kann ich auch mit zunehmenden Rückenproblemen und abnehmender Muskulatur die Gänge noch sitzen? Habe ich wirklich noch den Ehrgeiz, laufend auf Dressurkurse zu gehen und mehrmals wöchentlich in der Halle zu trainieren? Was wäre das Endziel? Working Equitation oder Barock-Turniere in mehreren Hundert Kilometern Entfernung? Oder doch wieder hauptsächlich Ausreiten und Wanderreiten?

Ich habe lange nachgedacht und mich bewusst dagegen entschieden. Mir mit dem frei in einem Naturpark aufgewachsenen Exmoorpony Lavena einen anderen Wunsch erfüllt, nämlich ein ›Wildpferd‹ zu zähmen und auszubilden. Lavena als Nordpony passt von der Größe und Mentalität gut in unser Haltungssystem und lebte harmonisch mit

Lavena und Sída

Die wunderbare Skjona

Und jedem Anfang wohnt ein Zauber inne …
Lavena als Pferdekind

Sída zusammen. Nach Sídas Tod habe ich mich in die freundliche kleine Islandstute Skjona mit weichen Gängen und viel Tölt verliebt und wieder große Freude am Gangpferdereiten gefunden. Und tatsächlich lernt ›Wildpferd‹ Lavena gerade bei einem spanischen Dressurtrainer das Piaffieren an der Hand und erfüllt mir damit einen großen Traum.

›Rohes‹ Pferd oder ausgebildetes Pferd?

Ob es ein Jungpferd oder ein gut ausgebildetes Pferd wird, sollte individuell entschieden werden und hängt von Ihrer Erfahrung mit Pferden, Ihren reiterlichen Fähigkeiten, den Gegebenheiten und Möglichkeiten für die Haltung, den reiterlichen Zielen und natürlich dem finanziellen Limit ab.

Rohes Jungpferd

Es ist klein und niedlich, unverdorben, man kann sich in Ruhe aneinander gewöhnen und zusammen lernen, der Kaufpreis ist nicht so hoch … auf den ersten Blick spricht vieles für ein Absatzfohlen oder ein Jungpferd zwischen einem und drei Jahren.

Vorteile

Ein rohes Jungpferd ist beim Kauf erheblich günstiger als ein ausgebildetes Pferd. Für den gleichen Preis kann man sich also ein qualitativ besseres Pferd leisten. Sie können die Grundausbildung von Anfang an selbst gründlich und liebevoll gestalten und langsam mit dem Pferd zusammenwachsen.

Nachteile

Bis das Pferd geritten werden kann, kostet es je nach Kaufalter noch Monate bis Jahre Unterhalt plus eine nicht kalkulierbare Summe für Tierarztkosten. Das summiert sich unter Umständen auf einen weit höheren Betrag, als wenn man gleich ein Pferd im reitbaren Alter kauft.

Können Sie die Ausbildung und das Anreiten aus mangelndem Können oder Zeitgründen nicht selbst übernehmen, kostet das eine weitere hohe Summe und es ist immer ein Risiko, den richtigen Trainer zu finden, der das Pferd in Ihrem Sinne ausbildet.

Ein Jungpferd ist wie ein Überraschungsei. Manchmal ist man nach der Vorfreude und Spannung beim

Öffnen ganz schön enttäuscht. Im Gegensatz zum bereits gerittenen Pferd merkt man vielleicht erst im Laufe der Zeit, dass das Pferd vom Charakter, Temperament, dem Reitgefühl oder der gewünschten Eignung für eine bestimmte Disziplin absolut nicht zu einem passt. Dann steht man vor der schweren Entscheidung: Passe ich meine Ansprüche an das Vermögen des Pferdes an oder verkaufe ich es mit möglicherweise ungewissem Schicksal weiter?

In meinem reiterlichen Bekanntenkreis habe ich mehrmals erlebt, dass roh oder nur wenig ausgebildete gekaufte Pferde niemals wirklich gut reitbar wurden. Neben meiner Lavena kenne ich noch einige Beispiele:

Eine Bekannte kaufte einen jungen, gerade angerittenen Isländer. Als sie nach einigen Monaten mit der Töltausbildung begann, ging das Pferd plötzlich unhaltbar durch. Nach vielen Untersuchungen wurde schließlich ein Schaden an der Halswirbelsäule diagnostiziert, der bei der höheren Halshaltung im Tölt starke Schmerzen verursachte.

Eine gut reitende Freundin erfüllte sich den Traum vom selbst aufgezogenen Fohlen, ein Lipizzanermix. Trotz guter Aufzucht in einer Herde auf großen Flächen und sorgfältiger Ausbildung wurde das Pferd eine wirkliche ›Bombe‹, immer hektisch und zu schnell unterwegs, viel zu verspannt für Dressurreiten und auch durch regelmäßige ausgiebige Bewegung kaum auszulasten. Körperlich konnten keine Mängel festgestellt werden. Aus den gewünschten entspannten Ausritten und der feinen Dressurarbeit wurde leider nichts, Reiten blieb dauerhaft ein Stressfaktor für das Pferd und brauchte viel Mut und Selbstdisziplin bei der Reiterin.

Tina und Lipizzanermix Tahri

Angerittenes Jungpferd

Für fortgeschrittene Reiter mit passender Infrastruktur ist das oft eine sehr gute Lösung. Sie können das Pferd auf ein angenehmes Sitzgefühl und bequeme Gänge testen und schauen, ob das Temperament, die Reiteigenschaften und seine Sensibilität zu Ihnen passen. Im Lauf der weiteren Ausbildung können Sie mit dem Jungpferd noch viele ›erste Male‹ gemeinsam erleben und das Pferd nach Ihren Wünschen und mit Ihren bevorzugten Methoden ausbilden. Das Pferd ist unverbraucht und hat im besten Fall noch keine schlechten Erfahrungen gemacht. Man kann direkt loslegen mit Reiten und Ausbilden und muss ihm nicht noch jahrelang mehr oder weniger ungeduldig beim Aufwachsen auf der Weide zusehen.

Ähnliche Voraussetzungen kann ein schon etwas älteres, aber wenig gerittenes bzw. ausgebildetes Pferd bieten, zum Beispiel eine ehemalige Zuchtstute wie meine Islandstute Skjona. Sie bekam in dem Alter, wo die meisten Isländer angeritten werden, mehrere Fohlen und startete erst danach ins Reitpferdeleben. Auch wenn so ein Pferd schon voll ausgewachsen ist, muss es trotzdem langsam an die Anforderungen im Training gewöhnt werden. Muskeln wachsen schnell, aber Sehnen und Bänder brauchen ein Jahr und länger, bis sie für höhere Belastungen trainiert und gekräftigt sind. Erwachsene Pferde mit gefestigter Persönlichkeit sind auch geistig nicht mehr so flexibel und müssen manchmal erst von Ideen wie ›Training statt auf der Weide rumdümpeln‹ und ›dem Menschen zuhören‹ überzeugt werden. Insgesamt kann es länger dauern, sich von liebgewordenen Gewohnheiten zu verabschieden, zum Beispiel wenn es jahrelang immer geklappt hat, den Huf beim Auskratzen wegzureißen oder beim Führen am Halfter die Nase ins Gras herunterzuziehen.

Erwachsenes Pferd mit guter Ausbildung

Viele potenzielle Käufer wünschen sich ein Pferd etwa zwischen sieben und zwölf Jahren, gesund und nervenstark, solide ausgebildet, schon etwas Erfahrung in der gewünschten Disziplin, direkt zum Losreiten und Freude-Haben. In diesem Alter hat das Pferd in der Regel schon einige Zeit bewiesen, dass es körperlich, mental und psychisch die gewünschte Leistung bringen kann. Wenn alles gut läuft, haben Sie und Ihr neuer vierbeiniger Freund viele gesunde Jahre voll wunderbarer Erlebnisse vor sich.

Der Haken dabei: So ein Goldstück ist nur selten zu verkaufen. Wer sich sein Pferd so gut ausgebildet hat, möchte es in der Regel selbst behalten. Manchmal hat man Glück und beim Verkäufer steht ein Nachwuchspferd bereit oder die Lebensumstände haben sich verändert. Selbstverständlich ist der Preis für so ein tolles Gesamtpaket dementsprechend hoch. Falls nicht (und Sie sind mit dem Verkäufer nicht gerade verwandt oder sehr gut befreundet oder bieten den Lebensendplatz mit absoluter Traumhaltung), sollten Sie misstrauisch werden und nachforschen, ob es verborgene Probleme gibt, wie (überstandene oder chronische, aber momentan nicht erkennbare) Erkrankungen, gelegentliche Ausraster im Umgang oder beim Reiten, ›Unarten‹ wie Koppen oder Losreißen oder Unverträglichkeit mit anderen Pferden in Herdenhaltung.

Pferd im mittleren Alter

Ein Routinier im Alter von etwa 13 bis 18 Jahren, kann gerade für unerfahrenere Reiter eine gute Alternative sein. Auch diese Pferde sind aus Privathand nicht so oft verkäuflich und falls doch, könnten schon erste gesundheitliche Probleme wie Arthrosen in Gelenken vorhanden sein. Solche Verschleißerscheinungen kommen besonders häufig bei zu früh eingerittenen, stark oder falsch beanspruchten, bewegungsarm aufgewachsenen Pferden und solchen mit Stellungsfehlern vor. Hier lohnt es sich auf jeden Fall, in eine große Ankaufsuntersuchung zu investieren. Ist das Pferd gesund oder hat nur kleinere körperliche Defizite, können Sie mit so einem abklärten Pferd im besten Alter direkt ins Training und in absehbarer Zeit in ihren Lieblingsdisziplinen starten.

Auf einem echten Verlasspferd kann man sogar mit Gipsbein reiten

Ein schon länger erwachsenes Pferd mit Vorgeschichte kann natürlich auch Nachteile haben: Es hat bestimmte Dinge auf eine gewisse Weise gelernt und ist sehr wahrscheinlich erstmal unflexibel, wenn eingeschliffene Gewohnheiten infrage gestellt werden. Manchmal bringt es ›Altlasten‹ wie Ängste in bestimmten Situationen mit, mit denen es (und man selbst als Reiter) lange zu kämpfen hat.

Älteres Pferd

Ein mit allen Wassern gewaschener alter Kämpe ab etwa 19, 20 Jahren kann besonders für Einsteiger, ängstliche Reiter und Kinder ein wunderbarer erster Pferdefreund sein! Ein paar gesundheitliche Zipperlein haben sich vermutlich bereits eingeschlichen, aber viele Pferde sind noch mit weit über 20 Jahren reitbar, solange es nicht um Höchstleistungen geht und man sich an ihrer Tagesverfassung orientiert.

Wurde das ältere Pferd sein Leben lang gut geritten, kann es ein ideales (und gerade in hohen Klassen das einzig bezahlbare) Lehrpferd sein. Es kennt seine Aufgaben, erträgt auch mal einen Reiterfehler und bleibt gelassen, wenn rundum das Chaos ausbricht.
Natürlich sollte man sich im Klaren sein, dass die Nutzungszeit begrenzt ist. Mit viel Glück ist es bis Ende zwanzig, bei Isländern und ähnlichen Rassen bis Anfang dreißig noch leicht reitbar und später trägt es vielleicht noch kleine Kinder spazieren. Genauso gut können jedoch fünf oder zehn Jahre Seniorenpflege ohne Reiten auf Sie zukommen. Die Zähne werden abgenutzt und fallen schließlich aus. Das bedeutet mehrmals täglich Heucobs einweichen und verfüttern. Vielleicht braucht es Medikamente, muss bei Regen eingedeckt oder im Frühling geschoren werden, weil der Fellwechsel verzögert ist. Ein wenig Freude am Betüddeln sollten Sie also schon mitbringen. Und falls das Geld und die Zeit nicht für ein zweites Pferd oder wenigstens eine Reitbeteiligung reichen, sollten Sie im Zweifelsfall auch einige Jahre ohne Groll auf das Reiten verzichten können.

Erstklassiges Lehrpferd mit 20+

Welche Rasse?

Wenn Sie zu den ReiterInnen gehören, die eine bestimmte Rasse gut kennen und lieben, ist die Wahl eigentlich schon klar. Für alle anderen, die ihren zukünftigen pferdigen Partner nach der Eignung für eine Reitweise oder bestimmte reiterliche Ziele aussuchen, ist es lohnend, sich mit den Eigenschaften der möglicherweise passenden Pferderassen zu beschäftigen.

Zur Eignung für bestimmte Reitweisen können Ihnen darauf spezialisierte Trainer am besten weiterhelfen. Möchten Sie schwerpunktmäßig im Gelände reiten und träumen von Wanderritten mit Gepäck, ist ein kompaktes, mittelgroßes Pony oder Pferd mit guten Nerven ideal. Die Auswahl an geeigneten Rassen ist hier sehr groß. Eine kleine Liste: Haflinger, Norweger, Tinker, Connemarapony, Isländer, Quarter Horse, kleines Warmblut, Araber und diverse Mixe und viele mehr.

Manche Rassen neigen zu bestimmten Krankheiten oder sind prädestiniert für typische gesundheitliche Probleme. Dazu ein paar Beispiele aus meinem Umfeld (ohne Anspruch auf Vollständigkeit!):

Isländer: Sommerekzem, Stoffwechselprobleme, allergischer Husten
Friese: Speiseröhrenaussackung und Magenerweiterung
Tinker: Mauke, Raspe, Milben, Equines Sarkoid
Quarter Horse, Paint Horse, Appaloosa: diverse Gendefekte wie PSSM 1 und HYPP, kleine, zu enge Hufe, schmale Gelenke, früh Arthrose
Warmblut: Gelenkchips, Arthrosen
Appaloosa, Knabstrupper: Periodische Augenentzündung (Equine rezidivierende Uveitis)
Schimmel aller Rassen, besonders häufig bei Arabern und Lipizzanern: Schimmelmelanom
Leichtfuttrige Robustponys wie Norweger, Exmoorponys, Shetlandponys: EMS, Hufrehe, Equines Cushing Syndrom (ECS)
Kaltblut, Tinker, Haflinger: PSSM 1

Hier lohnt es sich, gründlich zu recherchieren und zu überlegen, ob ich bereit bin, für ein Pferd dieser Rasse das Risiko zu tragen bzw. ob ich mit den Anforderungen dieser Erkrankungen umgehen könnte. Zum Beispiel bei Sommerekzem: hHabe ich täglich Zeit, das Pferd mit Pflegemitteln zu behandeln, bin ich bereit und fähig, zerrissene Ekzemerdecken zu nähen und mich damit abzufinden, dass das Pferd etwas zerrupft aussehen kann?

Stute, Wallach oder sogar Hengst?

Manche Reiter sind offen, was das Geschlecht ihres Pferdes angeht, viele haben jedoch eine bestimmte Vorliebe. Stereotype wie ›unkomplizierter Wallach‹, ›zickige Stute‹ oder ›gefährlicher Hengst‹ hört man häufig. Zunächst einmal ist jedes Pferd eine eigene Persönlichkeit, deshalb lohnt es sich unabhängig vom Geschlecht nach passenden Kriterien und persönlicher Sympathie zu schauen.

Stuten haben manchmal die komplexeren Persönlichkeiten und können sehr willens- und charakterstark sein. Manche sind tatsächlich ›zickig‹ zu anderen Pferden oder sogar gegenüber Menschen, weil sie mit Zyklusproblemen kämpfen, zum Beispiel während der Rosse. Lebt eine Stute in einem stabilen und passenden Sozialverband und hat keine gesundheitlichen Probleme wie zum Beispiel Eierstockzysten oder Hormonstörungen, ist sie meistens unkompliziert. Bei meinen Nordponystuten bemerke ich die Rosse oft gar nicht (die sogenannte ›stille Rosse‹) oder nur ein-, zweimal im Jahr im Frühling oder wenn sie ein sympathisches anderes Pferd kennenlernen, zum Beispiel bei gemeinsamen Ausritten oder wenn ein Neuer im Stall einzieht.

Vor allem früh kastrierte Wallache sind manchmal ausgeglichener und zuverlässiger, weil das Hormonchaos wegfällt. Viele bleiben aber lebenslang ein ›Lorbass‹, also ein kleiner frecher Bub mit Spieltrieb. Wohl jeder kennt so einen leicht chaotischen Wallach, der alles ins Maul nimmt und anknabbert und überall seine neugierige Nase reinstecken muss. Das Spektrum reicht von niedlich und liebenswert bis zur Nervensäge, die alles kaputtmacht und jeden Anbindestrick sofort ankaut und wo man die Putzkiste keine Sekunde unbeaufsichtigt lassen kann, weil sonst direkt ein Huf drinsteht.

Spät kastrierte Wallache, die ihr hormongesteuertes Verhalten schon ausleben konnten, bleiben oft lebenslang hengstig. Sie können vor allem bei der Haltung in gemischten Herden Probleme machen, weil sie ›ihre‹ Stuten gegenüber anderen Wallachen verteidigen oder sogar decken wollen.

Reithengste sollten mit wenigen Ausnahmen den Könnern vorbehalten bleiben, die den Umgang mit ihnen gelernt haben und vor allem eine Möglichkeit zur artgerechten Haltung bieten können.

Duna und Tahri – zwei starke Stutenpersönlichkeiten

Jungwallach Juke hat den Schalk im Nacken

Trotz limitiertem Budget ein gutes Pferd finden

Ein solides Pferd, bei dem alles stimmt, hat seinen Preis. Was tun, wenn Sie nicht Zehntausende Euro für ein Reitpferd ausgeben können oder wollen? Ein günstiges Pferd hat meistens mindestens einen Mangel: Es ist sehr jung und braucht noch jahrelange Aufzucht, bis es geritten werden kann. Es ist schon etwas älter oder gar ein richtiger Pferdesenior oder hat ein gesundheitliches Manko. Es ist noch gar nicht oder schlecht ausgebildet oder schwierig im Umgang und/oder beim Reiten. Es hat eine chronische Atemwegserkrankung und braucht eine staubarme Haltung oder Sommerekzem, das tägliche Pflege benötigt, oder es hat nur noch ein Auge. Vielleicht ist es besonders temperamentvoll und nur von erfahrenen Reitern zu händeln oder einfach länger nicht geritten worden und muss wieder antrainiert werden.

Vielleicht ist es ein unbedeutendes Handicap, mit dem Sie gut umgehen und leben können? Etwas, das für Sie und Ihre speziellen Anforderungen und Möglichkeiten in der Haltung und Ausbildung kein Problem darstellt? Gerade, wenn das Pferd insgesamt gut passt, lohnt sich genaues Überlegen.

Manche Probleme ›verwachsen‹ sich einfach, zum Beispiel durch eine nachgeholte solide Grundausbildung oder regelmäßige gute Hufbearbeitung.

Denken Sie bei gesundheitlichen Dauerbaustellen auch daran, dass ein Pferd sehr alt werden kann. Beispiel Stauballergiker: Können Sie sich vorstellen, 20 Jahre lang mehrmals täglich das Heu nasszumachen oder im Pensionsstall Diskussionen über diese Notwendigkeit zu führen und einen Aufpreis für die Mehrarbeit zu bezahlen?

Ein günstiges ›Problempferd‹ aufnehmen?

Sie sind sattelfest, mutig und haben Erfahrung mit schwierigeren Pferden? Unter Umständen könnte dann ein Pferd, mit dem ein unerfahrener oder schwächerer Reiter nicht zurechtkommt, eine Option sein. Dabei sollte man aber mit Blick auf die eigene Gesundheit sehr genau hinschauen!

Ein Pferd, das mit Ungeduld und unfair behandelt wurde, dem die Grundlagen der Ausbildung und das Vertrauen in den Menschen fehlen, wehrt sich oft verzweifelt und gilt schnell als ›schwierig‹. Ein solches ›Problempferd‹ wird in der Folge oft zum Wanderpokal und erleidet eine Menge ›Korrekturversuche‹ bis es psychisch und/oder physisch krank und im Extremfall schließlich unreitbar wird.

Problempferde sind günstig, manchmal sogar geschenkt, man tut ein gutes Werk (rettet das Pferd vor dem Schlachter oder dem dauernden Weiterverkauf) und kann sich im Erfolgsfall selbst als ›Könner‹ profilieren.

Solch ein Pferd auszubilden, Vertrauen aufzubauen und die negativen Erfahrungen durch positive zu ersetzen, erfordert sehr viel Können, Geduld und Mut und birgt häufig eine Gefahr für schwere Unfälle. Wollen Sie das wirklich riskieren? Würde es Ihnen tatsächlich nichts ausmachen, möglicherweise auch nach einigen Jahren noch in der zeitaufwändigen Korrektur festzuhängen und viele Kompromisse einzugehen, anstatt längst unbeschwert auszureiten oder erfolgreich aufs Turnier zu fahren?

Mein Rat: Tun Sie es nicht, wenn schon einer oder gar mehrere gute und erfahrene Ausbilder erfolglos probiert haben, das Pferd zu korrigieren und Unarten wie Steigen, Bocken, Schlagen vorhanden sind. Abzuraten ist auch von extrem ängstlichen Pferden, die zu unkontrollierbaren Panikreaktionen mit Durchgehen neigen, respektlosen, unsozialisierten Handaufzuchten, aggressiven Pferden mit Misshandlungserfahrungen etc.

Auf Pferdesuche ...

Wer sich ein eigenes Pferd anschaffen möchte, braucht oft schon für die Suche eine Menge Ausdauer und Geduld.

Der Idealfall

Sonja reitet seit 10 Jahren auf einem großen Isländerhof in ihrer Nähe. Neben der Reitschule werden dort Pensionspferde gehalten. Die Hofbesitzer haben auch einen kleinen Aufzuchtbetrieb und bilden regelmäßig Jungpferde zum Verkauf aus. Die Reitlehrerin kennt Sonjas Stärken und Vorlieben beim Reiten und bietet ihr gezielt zwei der aktuellen Verkaufspferde an. Bei einem davon macht es ›Klick‹ und so wechselt ›Stormur‹ nach einigen Malen Probereiten und einer kleinen Ankaufsuntersuchung in Sonjas Eigentum und darf als Pensionspferd in seiner gewohnten Herde auf dem Hof stehenbleiben. Da er auf dem Hof aufgewachsen ist, noch nie eine Lahmheit gezeigt hat, keine Kolik oder Husten hatte, ist die Wahrscheinlichkeit sehr hoch, dass er rundum gesund ist. Sonja kann weiterhin Unterricht nehmen und sich in allen Fragen rund ums eigene Pferd kompetente Hilfe holen.

So perfekt läuft es selten ... Bevor Sie jetzt viel Zeit und Energie in das Durchstöbern von Verkaufsanzeigen im Internet und Anfragen bei Händlern und Züchtern investieren, lohnt es sich, im heimischen Stall und bei Reiterfreunden bekannt zu geben, dass Sie auf der Suche sind. Manche Verkaufspferde werden erstmal gar nicht inseriert, weil der Verkäufer den ›Probereittourismus‹ vermeiden möchte, sondern wechseln den Besitzer über Mundpropaganda.

Schaloun – vom Problempferd zum Dressurstar bei Profiausbilderin Barbara Heilmeyer

Manchmal überlegt der Eigentümer noch, ob er sich überhaupt von diesem Pferd trennen will und möchte es wegen bestimmter Anforderungen an den neuen Besitzer oder an die Haltung nur in ausgewählte Hände geben. Geht der Kontakt über Bekannte und Sie sind sich sympathisch, können Sie mit etwas Glück auf diese Weise ein gutes Pferd mit bekannter Vorgeschichte zu einem vernünftigen Preis finden.

Ich hatte schon zweimal das Glück, ein Verkaufspferd in meinem reiterlichen Bekanntenkreis zu finden, das ich selbst oder eine vertrauenswürdige Bekannte schon länger kannte. Sída stand bereits über ein Jahr auf dem Hof, wo die Freundin einer Freundin als Reitlehrerin arbeitete und sie auch selbst ritt. Sie kannte mich, mein reiterliches Können und meine Wünsche und empfahl mir Sída gezielt.
Skjona lernte ich mehrere Jahre vor dem Kauf bei einer Reiterfreundin kennen als sie noch Zuchtstute war und später als Teilnehmerin bei meinen Bodenarbeitskursen. Ich hatte sie sogar ein paarmal geritten und sehr sympathisch gefunden. Auch wenn es natürlich vor potenziellen zukünftigen Problemen nicht schützt, ist es ein gutes Gefühl zu wissen, dass mein Wunschpferd ein, zwei oder mehr Jahre nie lahm war, keine (anhaltenden oder wiederkehrenden) Probleme mit Koliken und Husten oder sonstige gesundheitlichen Schwierigkeiten hatte und nicht mehr Reitunfälle als im normalen Rahmen verursacht hat.

Verkaufsanzeigen zwischen den Zeilen lesen

Eine auf den ersten Blick riesige Auswahl an Verkaufspferden finden Sie in Inseraten im Internet, zum Beispiel bei www.ehorses.de oder eBay Kleinanzeigen und in Reiterzeitschriften.

Manche Verkaufsplattformen bieten eine Suchfunktion, um relevante Anzeigen herauszufiltern. In die Suchmaske können Kriterien wie Größe, Alter, Rasse, Geschlecht des Pferdes, höchster Preis und die maximale Entfernung von zuhause eingegeben

werden. Damit wird die Auswahl an Pferden überschaubarer.
Sie werden feststellen, dass die Anzeigen ganz unterschiedliche Informationen (nicht) enthalten und daher nur bedingt vergleichbar sind. Lassen Sie sich von professionell erstellten Anzeigen nicht blenden. Starfotos vom Profifotografen zeigen nicht unbedingt die Realität. Ein wenig Mühe für eine genaue Beschreibung und aussagekräftige Fotos sollte sich der Verkäufer aber schon geben. Sonst fahren Sie eventuell. umsonst viele Kilometer, um nach wenigen Minuten festzustellen, dass dieses Pferd überhaupt nicht infrage kommt.

Papier (bzw. der Bildschirm) ist geduldig und Begriffe wie ›angeritten‹ oder ›brav‹ können sehr dehnbar verwendet werden. Glauben Sie nur, was Sie selbst sehen und getestet haben. ›Von Kindern geritten‹ kann vieles heißen: ›wir haben schon zweimal ein mutiges Kind draufgesetzt und ein paar Meter geführt und es ist nicht sofort heruntergefallen‹, ›das Pony ist der Star bei unseren Kinder-Reiterferien, weil es beim Fetzen-Lassen immer vorne ist‹, bis zu ›das Pony ist die letzten drei Jahre mit zehn verschiedenen Kindern auf 50 Reiterwettbewerben gestartet und war meistens platziert‹.

Pferdekauf aus privater Hand

Bei einem Pferdekauf zwischen Privatpersonen kann die Haftung für Mängel in der Regel vertraglich ausgeschlossen werden, so dass besondere Vorsicht geboten ist, wenn man ein Pferd von einer Privatperson erwirbt.
Steht das Pferd gut da, gefällt Ihnen und das Probereiten steht an, können Sie direkt bei ›**Checkliste Verkaufspferd anschauen**‹ weiterlesen.
Sehen Sie ein unbemuskeltes und vielleicht auch noch völlig verfettetes Tier, ist es ziemlich sicher längere Zeit nur herumgestanden. Können Sie nicht einmal richtig probereiten, ›weil der Sattel nicht mehr passt‹ oder ähnliche Ausreden, sollten Sie ganz genau hinschauen und nachfragen.

Meistens wird der Verkäufer einen Grund nennen, warum er das Pferd verkaufen möchte oder muss. Dabei hört man oft Begründungen wie ›ich ziehe weg zum Studium‹, ›mein neuer Job ist so anstrengend und zeitaufwändig‹, ›mit zwei kleinen Kindern schaffe ich es zeitlich nicht mehr‹, ›mein Kind hat das Interesse am Reiten verloren‹ oder ›ist aus dem Pony rausgewachsen‹. Schiebt die Verkäuferin nicht gerade eine Babykugel oder einen Kinderwagen vor sich her, lassen sich die meisten dieser Geschichten nicht nachprüfen. (Fast) niemand wird zugeben, dass er mit dem Pferd nicht zurechtgekommen ist, mehrmals abgebockt wurde und jetzt Angst vor dem Reiten hat oder dass das Pferd letzten Sommer leicht gelahmt hatte und nach einem halben Jahr Pause auf der Koppel jetzt erstmal lahmfrei ist mit unklarer Prognose, wie es nach dem Antrainieren und erneuter Belastung weitergehen wird.

Hier ist also Vorsicht geboten: Gerade, wenn die Haltung nicht optimal ist, das Pferd vielleicht zu lange Hufe, einen traurigen Blick oder sonstige direkt sichtbare Baustellen hat, die mit guter Pflege relativ schnell zu verbessern wären, gerät man als empathischer und tierlieber Mensch schnell in den Mitleidsmodus. Bevor Sie das ›arme, gelangweilte (alternativ: verfettete, magere, ungeliebte, ungepflegte ...) Pferd‹ ›retten‹, planen Sie besser mehrere Besuche mit einer neutralen Begleitperson, soviel Probereiten, Putzen und Spazierenführen wie möglich und einen gründlichen Check durch einen Tierarzt Ihres Vertrauens ein.

Eile oder Mitleid waren beim (Pferde-)Kauf noch nie ein guter Ratgeber!

Pferdekauf von gewerblichen Anbietern

Generell haftet ein gewerblicher Verkäufer, also jeder Pferdehändler und jeder Züchter, der mit dem Pferdehandel seinen Lebensunterhalt zumindest teilweise verdient, ein Jahr lang für die im Kaufvertrag zugesagten Eigenschaften des Pferdes. Bei einem Mangel ist das ein großer Vorteil für den Käufer gegenüber dem Kauf von einer Privatperson, da er das Pferd unter Umständen an den Verkäufer zurückgeben oder einen Teil des Kaufpreises zurück- oder Tierarztkosten erstattet bekommen kann.

Pferdekauf vom Züchter

Jungpferde vom Züchter haben den Vorteil, dass man oft die Mutterstute, eventuell Geschwister und manchmal auch den Hengst anschauen und sich die Weiden und Ställe für die Aufzucht zeigen lassen kann. Ideal sind große Flächen und viel freier Auslauf auch im Winter. Fragen Sie auch nach Handling und Fütterung. Gibt es regelmäßig Mineralfutter? Wird im Winter Heu oder Silage gefüttert? Werden die Hufe regelmäßig bearbeitet? Wie wird das Entwurmungsmanagement gehandhabt?

Wählen Sie ein gesundes Pferd aus solider Aufzucht in der Herde mit viel Bewegung, das gut sozialisiert ist. Es bringt damit schon gute Voraussetzungen für ein langes gesundes Pferdeleben mit problemloser Integration in eine neue Herde mit.
Der Ausbildungsstand der angebotenen Jungpferde kann je nach Alter der Pferde und Möglichkeiten des Züchters ganz unterschiedlich sein, vom gerade mal halfterführigen Absetzer bis zum mehr oder weniger professionell angerittenen Vierjährigen.

Manchmal werden auch ausrangierte Zuchtstuten angeboten oder als Sonderfall Junghengste, die als Hengstanwärter aufgezogen wurden und die Körung nicht bestanden haben, oder gar ein ausgemusterter Deckhengst. Mit wenigen Ausnahmen, zum Beispiel manchen ausgeglichenen Nordponyhengsten wie Isländern, ist so ein selbstbewusster Macho nur etwas für Könner. Artgerechte Hengsthaltung ist hierzulande sehr schwierig zu finden und fast nur in Eigenregie möglich. Eine Kastration in höherem Alter bedeutet eine Operation in der Tierklinik mit allen entsprechenden Risiken und sollte genau bedacht werden. Hat der Hengst bereits gedeckt, verändert sich sein hengstiges Verhalten unter Umständen auch nach der Kastration nur wenig.

Pferdekauf von einem Reitbetrieb

Ein Schulpferd kaufen? Der Mädchentraum fast jeder kleinen Reitschülerin, die sich in ein Schulpferd verliebt. Auch als Erwachsener kann das Lieblingsschulpferd eine gute Option sein. Reiten Sie das Pferd im heimischen Reitstall regelmäßig seit mehreren Monaten oder Jahren oder haben Sie eben unter härtesten Bedingungen einen zweiwöchigen Wanderritt auf Island mit ihm absolviert, kennen Sie viele seiner Vor- und Nachteile, können seinen Gesundheitszustand einschätzen und wissen vor allem, dass sie gut mit ihm zurechtkommen.

Manche Betriebe verkaufen ihre Schulpferde nach einigen Jahren, bevor sie an Motivation verlieren oder zu alt werden und Kosten für Behandlungen oder das Gnadenbrot entstehen könnten. Auch wenn das gewünschte Schulpferd nicht offiziell zum Verkauf steht, lohnt es sich nachzufragen. Verantwortungsvolle Betriebsleiter freuen sich für ihre hart arbeitenden Mitarbeiter, wenn sie zu verhätschelten Privatpferden werden.
Ist ein jüngeres, angeblich fittes Schulpferd in einem Ihnen unbekannten Stall zum Verkauf inseriert, sollten Sie nachfragen, warum. Ist es zu schwierig für den Schulbetrieb? Kommt mit dem häufigen Reiterwechsel nicht zurecht? Hat es Rücken- oder Beinprobleme? Hält sich der Verkäufer bedeckt, hat vielleicht die Reitschülerin an der Bande eine Geschichte zu erzählen.

Vorteile

Viele Schulpferde sind buchstäblich ›mit allen Wassern gewaschen‹ und lassen sich nicht so schnell aus der Ruhe bringen. Ich erinnere mich an Reiterferien auf einem Ponyhof, wo die Ponys mitten im größten Kindergetümmel entspannt in ihren Paddocks lagen und schliefen. Schulpferde mit solider Grundausbildung, die regelmäßig Korrektur geritten wurden, können ideale Lehrpferde sein.

Nachteile

Ist das Pferd vom ruhigen Typ mit wenig Temperament und wurde häufig für Anfänger eingesetzt, ist es eventuell abgestumpft auf die Hilfen und nur schwer zu motivieren. Zähe Pferde mit wenig Vorwärtsdrang können einem den Spaß am Reiten gründlich verderben. Ist ein ängstlicher Reiter anfangs noch froh, wenn es langsam geht und er keine Angst vor Durchgehen und wilden Aktionen haben muss, steigt der Frust später oft parallel zu den Reitkenntnissen.

Zu meiner Anfangszeit in den 70er und 80er Jahren wurden ›bösartige‹ Schulpferde, zu denen man sich kaum hineintraute, noch als ›normal‹ angesehen. Die Pferde standen angebunden im Ständer und als kleines Reitschülerlein musste man sich zum Putzen und Satteln neben das Pferd mit flach angelegten Ohren, gebleckten Zähnen und drohend erhobenem Hinterbein hineinquetschen. Glücklicherweise haben sich der Umgang mit Schulpferden und ihre Haltung sehr verbessert. Manchmal haben Schulpferde jedoch auch heute noch Gurt- oder Sattelzwang und Reiten ist für sie eher negativ besetzt.

Gesundheit

Grundsätzlich ist regelmäßige Bewegung ein wichtiger Faktor für ein gesundes Pferdeleben. Wird ein Schulpferd nicht ›verheizt‹, sondern dosiert eingesetzt, regelmäßig gut Korrektur geritten und artgerecht gehalten mit Koppel, freiem Auslauf und Sozialkontakten, stehen die Chancen gut für eine lange Reitbarkeit bis weit in seine 20er Jahre. Auch die langfristige Belastbarkeit wird quasi ›nebenher‹ bewiesen. Nach einer Saison Strandreiten mit Touristen hat das Pferd seinen Härtetest für die Gesundheit bestanden. Aber: Nach einigen Saisons mehr kann bei schlechtem Reiten und einseitiger Belastung vorzeitiger Verschleiß auftreten.

Pferdehändler

Schon seit Jahrhunderten haben Pferdehändler allgemein einen zweifelhaften Ruf als unseriöse Täuscher. Von meinen ostpreußischen Vorfahren kenne ich das Wort ›Koppscheller‹, ein abschätziger Ausdruck für einen betrügerischen Pferdehändler.

Als Kind in den 70er Jahren half ich bei einem alten Pferdehändler mit und durfte im Gegenzug auf den kaum ausgebildeten Verkaufsponys reiten. Neben Bocksprünge aussitzen und durchgehende Pferde zum Stehen bringen, lernte ich, dass es bei Verkaufspferden ohne Papiere neben den sowieso grundsätzlich zutreffenden Attributen ›gesund‹ und ›brav‹ nur drei Altersstufen gab: Wollte der Kunde ein unverdorbenes junges Pferd und das Verkaufspferd sah tatsächlich noch relativ jung aus, war es drei Jahre alt. Der Kunde, der ein reitbares Pferd im besten Alter suchte, bekam ein Siebenjähriges. Alle Pferde, die man beim besten Willen nicht mehr als siebenjährig verkaufen konnte, waren neun Jahre alt. Ein älteres Pferd habe ich in all diesen Jahren nicht erlebt.
Auch heute noch gibt es unseriöse Händler, die fußkranke Pferde schmerzfrei spritzen oder gefährliche Pferde mit Medikamenten ruhigstellen und beim Probereiten als lammfromme Verlasspferde verkaufen. Die böse Überraschung für den neuen Besitzer folgt nach dem Kauf im neuen Stall, wenn die Wirkung der Medikamente nachlässt. Plötzlich ist das Pferd lahm, beißt oder schlägt, bockt oder geht durch oder wird sogar unreitbar. Um zu prüfen, ob Sie es mit einem seriösen Anbieter zu tun haben, können Sie sich nach Referenzen erkundigen und bisherige Käufer über ihre Erfahrungen befragen.

Vorteile

Manche Händler sind spezialisiert auf den Import bestimmter Rassen, wie Tinker oder spanische Pferde, so dass in einem Stall oft gleich mehrere passende Pferde zur Auswahl stehen. Einige Händler suchen bei ihren weitreichenden Kontakten auch gezielt nach einem Pferd mit Ihren Wunscheigenschaften.
Als gewerblicher Verkäufer haftet der Händler für Mängel und man hat bessere Chancen, das Pferd zurückzugeben, umzutauschen oder eine Minderung des Kaufpreises zu erhalten.

Nachteile

Über die Vorgeschichte, die Aufzucht und bisherige Ausbildung und Nutzung ist meistens nichts oder nicht viel bekannt. In einem großen Händlerstall herrscht ein reger Wechsel, viele Pferde aus verschiedenen Ställen kommen und gehen. Das birgt immer die Gefahr von Keimübertragungen, vom eher harmlosen ›Schnupfen‹ bis zur gefährlichen Druse oder Herpesinfektion. Bevor Sie ein vom Händler gekauftes Pferd im neuen Stall in Kontakt mit den dortigen Pferden kommen lassen, sollte es daher 14 Tage mit Abstand in Quarantäne stehen.

Auktionen und Pferdemärkte

Auktionen von großen Gestüten wie Marbach oder Pferdezuchtverbänden sind seriös und eine gute Gelegenheit, viele Pferde mit ähnlichen Eigenschaften zu vergleichen. Die Pferde können in der Regel vorher besichtigt und probegeritten werden. Diese soliden Pferde, bei denen alles stimmt, Aufzucht, Gesundheitscheck und Grundausbildung, haben selbstverständlich ihren Preis.

Auf Pferdemärkten ist immer ein wenig Vorsicht geboten. Oft sieht man viele süße und verzweifelte Absatzfohlen von Rassen wie Haflingern und Norikern. Hat man den Pferdehänger dabei und genug Geld in der Brieftasche, droht ein Impulskauf aus Mitleid, gerade wenn nebenan schon der Lkw des Pferdemetzgers steht. Meistens kann man den Gesundheitszustand ohne Tierarzt nur selbst einschätzen und natürlich besteht bei einer Ansammlung von vielen Pferden immer die Gefahr, eine infektiöse Krankheit wie Druse einzuschleppen.

Tierschutzvereine und Rettungsaktionen

Möchten Sie sich aktiv in den Tierschutz einbringen und einem Pferd aus einer schwierigen Lage ein neues Zuhause geben? In den letzten Jahren boomt die Tierrettung im In- und Ausland und wird vor allem in den sozialen Medien öffentlich vorgestellt.

Waren diese Rettungspferde früher meistens alt oder chronisch krank und höchstens als Beisteller zu vermitteln, gibt es inzwischen auch jüngere und nach einiger Zeit möglicherweise voll reitbare Tiere. Sind Sie flexibel, was die Nutzbarkeit angeht und geduldig bei der Ausbildung, kann so ein Pferd genau das Richtige für Sie sein.
Eine ganze Reihe seriöser Organisationen (siehe unten) vermittelt die unterschiedlichsten Pferde an neue Besitzer. Ein paar Beispiele ohne Anspruch auf Vollständigkeit.

Ein Pferd aus weiterer Entfernung oder aus dem Ausland ungesehen kaufen?

Hier passt wieder der Vergleich mit dem Überraschungsei ... Das kann gut gehen, muss es aber nicht!

Organisation	Art der Pferde	Land
Pferdeklappe / Notbox Schleswig-Holstein, Petra Teegen	Alle Rassen und Altersstufen	Deutschland, Norderbrarup
Liberty's Home	Ehemalige Galopper, die als Reitpferd umgeschult wurden	Deutschland, Weeze
Hungryhorse Outside	Hauptsächlich junge, unausgebildete Shetlandponys und Tinker	Irland, Longford, regelmäßige Transporte nach Deutschland
Tierschutzverein Komet	Alle Rassen und Altersstufen, oft gehandicapte Pferde als Beisteller	Deutschland, Nörvenich
Pferdefreunde Birnbaum	Vor dem Schlachter gerettete Noriker- und Haflingerfohlen	Deutschland, Gerhardshofen
Friends of the Dartmoor Hill Ponies	Dartmoorponys, hauptsächlich Fohlen und Jungpferde	Vermittlung über Dartmoorpony-Rettung Deutschland
Klepperstall e.V. Tierheim für Pferde	Vermittlung von Pferden aller Rassen und Altersstufen mit Schutzvertrag	Deutschland, Zülpich

Pferde aus Ländern mit großen Weideflächen wie USA, Südamerika, Island, Spanien, Portugal, Irland usw. sind häufig zu für uns verlockend günstigen Kaufpreisen zu haben. Die Vermittlung dieser Pferde an Käufer in Deutschland ist ein ganzer Geschäftszweig. Diese Pferde sind oft gesund und gut sozialisiert in der Herde auf riesigen Flächen mit viel Bewegung aufgewachsen. Trotzdem sollte man sich im Klaren sein, dass die Gesundheitsvorsorge bei so großen Herden und Flächen nicht dem Standard hierzulande entspricht und zum Beispiel Schäden durch starke Verwurmung, Mangelerscheinungen durch unzureichende Ernährung oder die Folgen unerkannter Unfälle bestehen können.

Rechnet man die hohen Transportkosten dazu, ist der Gesamtpreis meistens nicht viel günstiger als bei einem in Deutschland gezogenen oder bereits vom Verkäufer importierten Pferd. Bei Mängeln gelten die gesetzlichen Regelungen des Verkaufslandes und die Haftung des Verkäufers und Rückgabe oder Minderung des Kaufpreises sind rechtlich kaum durchsetzbar.

Falls Sie nicht gerade Ihre Urlaubsliebe importieren, lernen Sie das Pferd nur über Fotos und Videos kennen. Stimmt die Chemie? Das ist aus der Ferne nur schwer zu beurteilen. Allerdings kenne ich zwei glückliche Reiterinnen, die sich nach Fotos in ihre jetzigen Pferde verliebt haben, bei denen es beim persönlichen Kennenlernen direkt gepasst hat.

Noch einige Beispiele aus meinem Bekanntenkreis:

Ein erfahrener Westernreiter importierte drei rohe, halbwild auf großen Flächen aufgewachsene Quarter Horses aus den USA. Eins davon begann nach Beginn der Ausbildung mit steigender Belastung zu lahmen. Bei der Röntgenuntersuchung stellte sich ein schlecht verheilter Hufbeinbruch heraus. Das Pferd konnte nur noch als Beisteller vermittelt werden.

Neben mehreren zufriedenen BesitzerInnen von ungesehen aus Island importieren Pferden kenne ich eine, deren Pferd sich auch nach Jahren geduldigen Trainings auf der Weide nicht einfangen ließ und das deshalb ziemlich unglücklich alleine in einer Paddockbox gehalten wird. Dazu das unangenehme Gefühl bei der Besitzerin, ›mein Pferd mag mich nicht und hat Angst vor mir‹.

Die Entscheidung – folge deinem Herzen, aber nimm dein Gehirn mit!

Ein Tag, den man nie vergisst! Dieses überwältigende Glücksgefühl, als ich mit dem unterschriebenen Kaufvertrag in der Hand vor meinem neuen Pferd stand und wusste, wir gehören lebenslang zusammen, wünsche ich jedem Neu-Pferdebesitzer.

Pferdekauf bei Freizeitreitern bedeutet fast immer, sich für einen Freund im besten Fall für die nächsten Jahrzehnte zu entscheiden. Haben Sie eine ›vernünftige‹ Vorauswahl nach Ihren Wunschkriterien getroffen, dürfen Sie ruhig Ihr Herz sprechen lassen. Sei es die berühmte ›Liebe auf den ersten Blick‹, ein gutes Bauchgefühl beim Reiten oder das Pferd legt Ihnen den Kopf auf die Schulter und weicht nicht mehr von Ihrer Seite.

Bei meiner Islandstute Sída reichte 1996 ein seelenvoller Blick aus traurigen Augen, um mich zu verlieben. Wir durften glückliche 24 Jahre und vier Monate mit vielen wunderbaren Erlebnissen miteinander verbringen.

Auch 2021, beim fünften Pferdekauf meines Lebens, habe ich auf mein Herz gehört und meinem Bauchgefühl vertraut. Skjona ist ›eigentlich‹ zu klein und ›eigentlich‹ wollte ich keinen Fünfgänger und sowieso keinen Schecken und falls doch, nur mit ganz wenig Weißanteil. Aber wir hatten von Anfang an eine innige Verbindung, die immer noch tiefer wird, es ist einfach Liebe und ganz großes Glück! Diese Art ›eigentlich-wollte-ich‹ keine Stute ... (kein so großes Pferd ... kein so junges Pferd ... keinen Fuchs ... keinen Haflinger ...)-Geschichten habe ich übrigens schon unglaublich oft von zufriedenen Pferdebesitzern gehört!

Ein Pferd, das für mich durchs Feuer geht
Foto: Armin Alt

Direkt ins Herz geschmust?
Trotzdem nicht auf den Proberitt verzichten!

Checkliste ›Verkaufspferd anschauen‹

Endlich beginnt das Abenteuer Pferdekauf: Wir fahren ein Verkaufspferd anschauen. Ich schreibe bewusst ›wir‹, weil ich sehr dazu rate, eine zweite, sachkundige und neutrale Person mitzunehmen. Ihre Begleitung kann Sie mit kühlem Kopf beraten und eventuell ebenfalls das Pferd probereiten. Gerade wenn das Verkaufspferd lieb und verschmust ist, sofort auf Sie zuläuft und nicht mehr von Ihrer Seite weicht oder dem Traumbild aus Ihrer Kindheit zum Verwechseln ähnlichsieht, übersieht man schnell kleine und große Fehler, die vielleicht einen Kauf nicht ratsam machen.

Eine weitere gute Idee ist es, das Inserat des Pferdes auszudrucken und zur Besichtigung mitzunehmen. So können Sie die realen Eigenschaften des Pferdes direkt mit der Beschreibung vergleichen.

Kennenlernen und Probereiten

Um das Pferd in Ruhe kennenzulernen, sollten Sie für den Termin genug Zeit einplanen. Betrachten Sie bei Ihrem ersten Besuch mit offenen Augen das Verkaufspferd und sein Umfeld, die Haltung und die Qualität und Menge des Futters. Wie verhält es sich in der Box oder in der Herde? Zeigt es Stressanzeichen? Hustet es, wenn Heu gegeben wird? Frisst es mit Appetit oder ist es mäkelig und sieht mager aus? Lebt das Pferd schon länger in dieser Haltung, kann es durch verpilztes Futter, schlechte Luft im Stall oder Stress in der Herde bereits gesundheitliche Schäden davongetragen haben? Nach den möglichen Folgen würde ich in solchen Fällen bei der Ankaufsuntersuchung gezielt schauen lassen.

Bestehen Sie darauf, beim Führen von der Koppel oder Holen aus dem Stall dabei zu sein, und beobachten Sie, wie sich das Pferd dabei verhält. Kommt es von selbst und lässt sich gerne aufhalftern oder sieht es gestresst aus und möchte sich nicht einfangen lassen? Fragen Sie, ob Sie beim Putzen helfen dürfen. So können Sie das Pferd aus der Nähe betrachten sowie Rücken und Beine abtasten. Zuckt das Tier bei manchen Berührungen zusammen oder möchte es einen Huf oder mehrere nicht gerne geben, fragen Sie den Verkäufer nach den Gründen. Bei der Beurteilung solcher Probleme kommt es sehr auf die Vorgeschichte an: Ein junges Importpferd aus Spanien hat vielleicht einfach noch nicht gelernt, entspannt die Hufe zu geben. Bei einem ansonsten braven älteren Pferd könnten Schmerzen, zum Beispiel durch eine Gelenkerkrankung dahinterstecken. Bei einer späteren Ankaufuntersuchung können Sie den Tierarzt auf solche Probleme gezielt hinweisen.

Schauen Sie auch beim Satteln genau hin. Ohren anlegen oder schnappen kann entweder auf akutes Unbehagen oder gar Schmerzen, zum Beispiel durch einen unpassenden Sattel oder beim Gurten auf ein Magengeschwür hinweisen oder aber eine ›Altlast‹ durch frühere schlechte Erlebnisse sein.

Werden die Ursachen abgestellt, lässt das Abwehrverhalten in der Regel nach, wenn es noch nicht lange bestanden hatte. Manchmal sorgt jedoch das Schmerzgedächtnis für anhaltende Probleme.

Meine Skjona kam mit einem jahrelang bestehenden Gurtzwang, der sich durch heftiges Aufstampfen mit dem Huf und böses Herumschauen schon bei leichter Berührung mit dem Sattelgurt zeigte. Vorsichtshalber ließ ich mir vom Tierarzt eine Magenkur verschreiben und vom Sattler die Sattelpassform überprüfen. Mit viel Geduld beim Satteln und Gurten und vor allem durch positive Verstärkung mittels Clickertrainings mit hoher Belohnungsrate war das Abwehrverhalten nach wenigen Tagen schon viel geringer und nach einigen Wochen komplett verschwunden.

Bei einem langjährigen Schulpferd dauerte es nach dem Verkauf in private Hände an zwei liebevolle junge Frauen und geduldigem Training trotzdem monatelang, bis es beim Satteln und Angurten wirklich entspannt blieb.

Bevor Sie selbst aufsteigen, lassen Sie zuerst den Verkäufer oder den gewohnten Reiter vorreiten. Dabei bekommen Sie einen Eindruck über den Ausbildungsstand und die Art, wie das Pferd regelmäßig trainiert wird. Das Pferd sollte in allen Grundgangarten vorgeritten werden und falls es für bestimmte reiterliche Disziplinen bestimmt ist, zusätzlich die gewünschten Lektionen oder Übungen zeigen, zum Beispiel Sprünge, Dressurlektionen, Tölt, Reiningmanöver usw.

Beobachten Sie den Umgang des Verkäufers mit dem Pferd. Daran erkennt man, ob das Pferd ordentlich behandelt und ausgebildet wurde und ob es sich wohlfühlt und vertrauensvoll auf den Menschen einlässt. Achten Sie darauf, wie das Pferd allgemein auf seine Umwelt reagiert: Lässt es sich von kleinen Störungen schnell ablenken oder ist in einigen Situationen schreckhaft, kann das neben mangelnder Erfahrung oder zu wenig Training auf einen eher schwierigen Charakter hinweisen. Macht das Pferd einen hoch konzentrierten Eindruck und arbeitet willig mit, hat es sehr wahrscheinlich einen freundlichen Charakter und positive Erfahrungen im Training gemacht.

Nachdem Sie sich von den Fähigkeiten des Pferdes überzeugt haben, können Sie selbst einen Proberitt wagen. Bevor Sie aufsteigen: Haben Sie grundsätzlich ein gutes Gefühl? Zeigt sich das Pferd beim Vorreiten trotz vertrauter Umgebung und dem gewohnten Reiter hektisch und aufgeregt und reagiert überempfindlich oder abgestumpft auf die Hilfen des Reiters, sollten Sie sich genau überlegen, ob ein Proberitt wirklich Sinn macht oder dieses Pferd momentan Ihr Können übersteigt.

Beim Probereiten bekommen Sie einen ersten Eindruck, ob das Pferd reiterlich zu Ihnen passen könnte. Führen Sie es zuerst ein paar Runden von beiden Seiten, lassen Sie es anhalten und wieder antreten. Folgt es willig und reagiert auf feine Hilfen? Oder versucht es, Sie laufend zu überholen und abzudrängen oder schleicht zäh und lustlos hinter Ihnen her?

Steigen Sie behutsam auf und lassen Sie es langsam angehen. Bei den ersten Runden in der Reitbahn spüren Sie erst einmal in sich hinein: Wie fühlen Sie sich auf seinem Rücken? Gibt es Ihnen ein bequemes Sitzgefühl? Oder ist es so breit, dass Ihre Hüftmuskulatur um Hilfe schreit und ein entspannter Sitz mit langem Bein nicht möglich ist? Oder so schmal mit wenig Gurtentiefe, dass Ihre Beine weit unter dem Bauch hängen?

Fühlen Sie sich wohl und sicher, können Sie zunächst einmal alle Grundgangarten reiten und danach die im Inserat versprochenen Übungen oder Lektionen probieren. Zeigt es den angegebenen Ausbildungsstand und die versprochenen Eigenschaften auch bei Ihren reiterlichen Fähigkeiten? Sind die Gänge bequem zu sitzen oder bekommen Sie nach einer Runde bockelhartem Stechtrab schon Seitenstechen? Lässt es sich leicht in beide Richtungen stellen und biegen und reagiert fein auf Ihre Hilfen?

Haben Sie ein sicheres Reitgefühl oder erscheint das Pferd trotz gewohnter Umgebung wie eine gleich explodierende Zeitbombe? Geht es fleißig vorwärts oder ist es zäh und reagiert nur zögerlich auf treibende Hilfen oder rennt es Ihnen im Gegenteil unter dem Hintern davon?

Lassen Sie Ihre Begleitung Fotos und Videos in allen Gangarten machen. Wie sehen Sie zusammen als Pferd-Reiter-Paar aus? Passt das Größenverhältnis? Lässt das Pferd Sie gut sitzen? Eventuell können Sie die die Fotos und Videos auch Ihrem Reitlehrer und/oder dem Tierarzt zur Beurteilung zeigen.

Lange bevor Skjona bei mir einzog, hatte ich mich in ihre Tochter Evita verliebt, die mir anhänglich und verschmust überall hin folgte und sich schon als ungerittenes Jungpferd bei der Bodenarbeit und Handarbeit als sensibles Traumpferd herausstellte. Als Evita angeritten wurde, durfte ich probereiten und auch dabei fand ich sie einfach wunderbar. Nur als ich die Fotos sah, musste ich schweren Herzens einsehen, dass sie viel zu klein und vor allem zu zierlich für mich geblieben war.

Traumpferd, aber leider viel zu klein

Ist das Pferd im Verkaufsinserat als sicher im Gelände beschrieben, sollten Sie den Verkäufer nach einem kurzen Probeausritt fragen. Damit es dabei keine bösen Überraschungen gibt, fragen Sie vorher, wie das Pferd auf Traktoren und Lkw reagiert und ob es bestimmte Dinge zu beachten gibt. Am besten, Sie bitten den Verkäufer, Sie auf einem zweiten Pferd oder notfalls zu Fuß oder auf dem Fahrrad zu begleiten.

Ist der Verkäufer sichtlich in Eile und setzt Sie beim Probereiten unter Druck, sollten Sie misstrauisch werden. Ein Verkäufer, der nichts zu verbergen hat, wird sich die nötige Zeit nehmen und alle Fragen ausführlich beantworten.

Pferdekauf ist ein hochemotionales Thema! Verliebt man sich beim ersten Proberitt, möchte man das

Pferd am liebsten sofort mit nach Hause nehmen. Um sich ein realistisches Bild zu machen, sollten Sie jedoch noch einen oder zwei weitere Besichtigungstermine vereinbaren. Beim ersten Kennenlernen des potenziellen Traumpferdes ist man meistens aufgeregt und kann kleinere oder größere Ungereimtheiten leicht übersehen.

Bei einem zweiten und vielleicht sogar dritten Besuch lernen Sie das Pferd besser kennen. Probieren Sie gezielt für Sie wichtige Situationen aus. Holen Sie das Pferd selbständig von der Weide beziehungsweise aus dem Stall, putzen und satteln und trensen Sie alleine. Achten Sie auf sein Verhalten, wie es auf Sie reagiert und ob Sie sich wohlfühlen. Auf diese Weise merken Sie schnell, ob Sie mit dem Pferd zurechtkommen und ob das Pferd und Sie sich sympathisch sind. Charaktereigenschaften und Können müssen zusammenpassen, damit eine harmonische Partnerschaft möglich ist und Sie mit Ihrem neuen vierbeinigen Freund auf Dauer glücklich werden können.

Ankaufsuntersuchung

Endlich scheinen Sie das richtige Pferd gefunden zu haben. Es passt zu Ihren Anforderungen und hat einen freundlichen Charakter, beim Probereiten fühlen Sie sich wohl und sicher und ein Plätzchen in Ihrem Herzen hat es auch schon erobert. Bevor Sie nun endgültig zusagen, möchten Sie wissen, ob das Pferd gesund ist oder welche gesundheitlichen Probleme auf Sie zukommen könnten. Dafür gibt es die Ankaufsuntersuchung (kurz AKU).

Kleine oder große Ankaufsuntersuchung?

Bei der kleinen AKU wird der Allgemeinzustand überprüft. Der Tierarzt untersucht das Pferd im Ruhezustand und bei körperlicher Belastung. Dazu gehören das Abhören von Herz und Lunge, die Messung der PAT-Werte (Puls, Atemfrequenz, Temperatur), eine Augenuntersuchung mit der Lampe, die Untersuchung von Haut und Fell, das Abtasten der Beine und des Rückens, Beurteilung des Gangbildes im Schritt und beim Vortraben und eine Beugeprobe.

Vortraben

Bei einer großen AKU kommen Röntgenaufnahmen der Beine dazu. Weitere Untersuchungen können vom Käufer oder Verkäufer frei vereinbart werden. Sinnvoll kann ein großes Blutbild sein, um zum Beispiel Leber- oder Nierenschäden auszuschließen, bei prädestinierten Rassen eine Untersuchung auf PSSM1, Untersuchung des Rückens auf Kissing Spine, bei Zuchttieren Untersuchungen der Geschlechtsorgane und/oder bestimmte genetische Tests, Ultraschall der Sehnen usw. Generell untersucht der Tierarzt die Eignung des Pferdes für die vorgesehene Nutzung. Das Ergebnis kann als sogenannte Beschaffenheitsvereinbarung in den Kaufvertrag eingetragen werden.

Wer bezahlt die AKU? Klären Sie das unbedingt, bevor Sie den Tierarzt beauftragen! Häufig wird vereinbart, dass die Kosten der AKU vom Käufer getragen werden, wenn das Pferd gesund bzw. geeignet für die geplante Nutzung ist. Fällt das Pferd bei der AKU durch, wird also ein gesundheitlicher Mangel gefunden, der vorher nicht erkennbar war, trägt der Verkäufer die Kosten. Bei einer kleinen AKU sollten Sie mit Kosten von mindestens 200 bis 300 Euro rechnen. Bei einer großen AKU kommt es auf die Art der Untersuchungen an und kann bis in die Tausende gehen, wenn zum Beispiel viele Röntgen-

bilder gemacht oder andere bildgebende Verfahren wie eine Bronchoskopie oder Gastroskopie durchgeführt werden.
Um eine Beeinflussung durch den Verkäufer zu vermeiden, empfehle ich jedem Pferdekäufer, selbst den Tierarzt für die AKU auszuwählen.

Bei uns in der Haltergemeinschaft zog Stefanie ein, eine junge Frau mit ihrem neu gekauften Fjordpferd. Das Fjordi war vorne beschlagen und hatte viel zu lange, flache Hufe. Ich empfahl ihr, rasch einen Hufbearbeiter kommen zu lassen, der auf Anhieb eine chronische Hufrehe feststellte. Die anschließenden Röntgenbilder bestätigten die Diagnose und zeigten, dass die Hufbeine bereits geschädigt waren. Stefanie hatte vom Haustierarzt des Verkäufers eine kleine Ankaufsuntersuchung machen lassen und der Tierarzt behauptete mündlich, er kenne das Pferd seit Jahren und es sei noch niemals krank gewesen. Sie kontaktierte den Verkäufer und wollte das Fjordi zurückgeben. Der Verkäufer antwortete, er würde es abholen und direkt zum Schlachter weiterfahren, was natürlich – trotz dieses fiesen Tricks – für die tierliebe Stefanie keine Option war. Nach zähen Verhandlungen und der Androhung rechtlicher Schritte bekam Stefanie schließlich wenigstens einen kleinen Teil des Kaufpreises zurück.

Das Fjordi litt unter der Stoffwechselkrankheit EMS und war viel zu fett, was wiederum der Grund für die chronische Hufrehe war. Es war zunächst monatelang nicht reitbar und brauchte eine zeitaufwändige Haltung mit Diät, Maulkorb als Fressbremse, Hufbearbeitung in sehr kurzen Intervallen, täglichem Hufekühlen und Spazierengehen, teure Medikamente und Zusatzfuttermittel, verschiedene Hufschuhe usw. Nach langer sorgfältiger Behandlung und bei lebenslang angepasster EMS-Haltung ging es dem Fjordi besser, und Stefanie und ihr Fjordi erlebten noch viele gute Jahre und schöne Ausritte zusammen.

Daher mein Rat: Fragen Sie den Verkäufer nach dem Namen seines üblichen Tierarztes und beauftragen Sie gezielt einen anderen Kollegen, zum Beispiel aus einer Pferdeklinik in der Nähe. Größere Praxen und Kliniken haben meistens hochwertige Diagnosegeräte und erfahrene und fortgebildete Ärzte auf dem neuesten Stand.

Haben Sie bereits einen Tierarzt Ihres Vertrauens und das Verkaufspferd steht zu weit entfernt für eine persönliche Untersuchung, können Sie ihm die Röntgenbilder und/oder Fotos und ein Video des Gangbildes für eine Zweitmeinung senden.

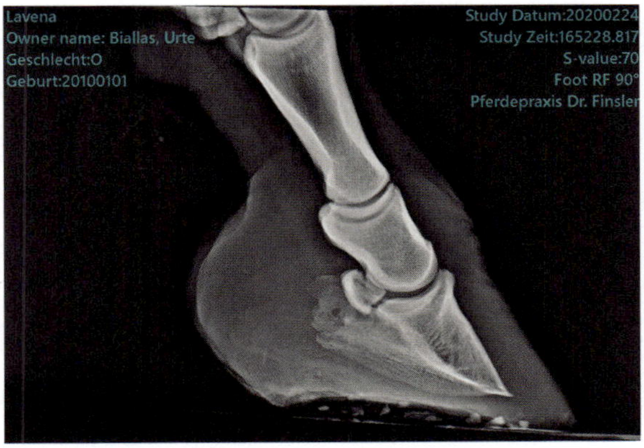

Röntgenbild eines chronischen Rehehufes mit ›Hutkrempe‹ am Hufbein

Können Sie es zeitlich irgendwie möglich machen, seien Sie bei der Untersuchung dabei und stellen Sie alle Fragen, die Ihnen auf den Nägeln brennen. Die AKU ist eine Momentaufnahme des Gesundheitszustandes und nur bei wenigen Pferden werden alle Untersuchungen ohne Befund sein. Manche Befunde sind reversibel und das Pferd könnte nach einer Behandlung wieder völlig gesund sein, zum Beispiel ein akuter Infekt der Atemwege oder der Augen. In diesem Fall sollten Sie mit der Kaufzusage bis nach der Ausheilung und erneuter Untersuchung warten. Manche Befunde bleiben eine lebenslange Baustelle, wie zum Beispiel Sommerekzem, leichte Arthrosen oder chronische Atemwegserkrankungen. Lassen Sie sich vom Tierarzt beraten, ob ein Kauf unter diesen Umständen sinnvoll ist. Danach können Sie entscheiden, ob Sie bereit und in der Lage sind, mit diesen gesundheitlichen Beeinträchtigungen umzugehen,

Pferdekaufvertrag

Waren sich Käufer und Verkäufer einig, wechselte das Pferd früher einfach per Handschlag den Besitzer. Theoretisch sind solche mündlichen Vereinbarungen auch heute noch ein rechtskräftiges Mittel, um einen Kaufvertrag abzuschließen. Ist der Kaufpreis bezahlt und das Pferd samt Equidenpass und Eigentumsurkunde übergeben, können Sie bei Mängeln meist nicht mehr viel ausrichten. Bis zum Jahr 2002 gab es immerhin die Regelung der sechs Gewährsmängel, schwere Erkrankungen und Verhaltensauffälligkeiten, bei deren Auftreten das Pferd innerhalb von sechs Wochen nach dem Kauf zurückgegeben werden konnte.

Entspricht das Pferd nicht den mündlich zugesagten Eigenschaften, ist das Risiko definitiv hoch, dass der Vertragspartner sich plötzlich nicht mehr an diese Absprachen erinnert. Ein schriftlicher Kaufvertrag wird daher dringend empfohlen!

Welche Angaben sollten in einem Pferdekaufvertrag stehen?

Im Vertrag werden mindestens die Vertragsparteien, also Käufer und Verkäufer jeweils mit Namen und Adresse, sowie die Angaben zum Kaufgegenstand (dem Pferd) und die Zahlungsinformation benannt.

Die Daten des Pferdes sollten möglichst detailliert aufgeführt werden: Name, 15-stellige Lebensnummer, Geschlecht, Geburtsdatum, Rasse und Abstammung, Farbe und Abzeichen. Um ganz sicherzugehen, können Sie den im Halskamm implantierten Mikrochip auslesen lassen, in dem die Lebensnummer gespeichert ist.
Dieser Chip ist für alle Pferde Pflicht, die nach dem 1. Juli 2009 geboren wurden.

Was die Gewährleistung angeht, gibt es eine wichtige Unterscheidung: Ist der Verkäufer eine Privatperson oder ein gewerblicher Verkäufer?
Gewerblicher Verkäufer und privater Käufer = gewerblicher Vertrag
Privater Verkäufer und privater Käufer = privater Vertrag

Beschaffenheitsvereinbarungen können zum Beispiel Angaben zum Ausbildungsstand, zu Turniererfolgen, zu Zuchteignung und zum Gesundheitszustand enthalten. Die Befunde der Ankaufsuntersuchung sollten im Kaufvertrag zur Beschaffenheitsgrundlage gemacht werden.

Bei einem **gewerblichen Vertrag** stehen dem Käufer Gewährleistungsansprüche zu, wenn zum Beispiel nach dem Kauf eine chronische Krankheit beim Pferd entdeckt wird, von der man vorher nichts wusste oder das Pferd eine vereinbarte Eigenschaft nicht erfüllt, wie die Eignung als Reitpferd. Gewährleistungsansprüche umfassen das Recht auf Nacherfüllung, also die Behebung des Mangels durch den Verkäufer; den Rücktritt vom Vertrag bei einem schweren Mangel, die Minderung des Kaufpreises und Schadensersatz.

Ist der Verkäufer eine **Privatperson**, dürfen Gewährleistungsansprüche vertraglich ausgeschlossen werden.

Der Kaufpreis und die Zahlungsbedingungen sollten im Kaufvertrag festgelegt werden. Bei Bezahlung per Überweisung, sollte die Bankverbindung des Verkäufers angegeben werden. Wird eine Anzahlung oder Ratenzahlung vereinbart, muss auch der Eigentums- und Gefahrübergang vertraglich gere-

Musterformulare für Pferdekaufverträge zum Download gibt es zum Beispiel bei:

https://www.pferd-aktuell.de/shop/pferdekaufvertrag-download.html

https://www.ehorses.de/magazin/pferdekaufvertrag/#Pferdekaufvertrag-als-Muster-zum-Download

https://www.st-georg.de/download/files/Pferdekaufvertrag.pdf

gelt werden. Bei einem Eigentumsvorbehalt bleibt der Verkäufer noch so lange der Besitzer, bis der volle Kaufpreis vom Käufer bezahlt wurde. Mit dem Zeitpunkt des Gefahrübergangs geht das Risiko von Verletzungen und Tod (Verschlechterung und Untergang) vom Verkäufer auf den Käufer über. Daher ist es sinnvoll, im Kaufvertrag festzulegen, dass der Gefahrübergang erst stattfindet, wenn das Pferd vom Käufer abgeholt wird.

Die Schriftformklausel bedeutet, dass nur das, was schriftlich festgehalten wurde, auch rechtskräftig ist. Man sollte niemals auf diese Klausel verzichten, da sie in einem Streitfall wesentlich ist.

Welche Dokumente müssen zusammen mit dem Pferd übergeben werden?

Grundsätzlich hat der Verkäufer die Pflicht, alle zum Pferd gehörenden Dokumente an den Käufer zu übergeben. Besonders wichtig sind der Equidenpass und die Eigentumsurkunde, aber auch alle anderen Papiere wie die Zuchtbescheinigung oder der Deckschein stehen dem Käufer zu.

Kein Pferd ohne Equidenpass

Grundlage der Identifizierung von Equiden

Ein wenig trockene Theorie: Nach der Verordnung (EG) Nr. 504/2008 vom 6. Juni 2008 dürfen Equiden (Pferd, Zebra, Esel und deren Kreuzungen) in der Europäischen Union (EU) nur gehalten werden, wenn sie identifiziert sind. Das System der Identifizierung von Equiden umfasst ein lebenslang gültiges Dokument (Equidenpass), ein elektronisches Kennzeichen, das dem Tier implantiert wird sowie eine Datenbank zur Speicherung von Informationen zum identifizierten Equiden. Außerdem wurde die Identifizierung von Equiden auf nationaler Ebene in der Viehverkehrsverordnung (ViehVerkV) vom 3. März 2010 geregelt. Equiden dürfen von einem Halter nur übernommen werden, wenn sie von einem Equidenpass begleitet werden.[3]

In der Praxis bedeutet das: Ohne Pass darf das Pferd nicht transportiert werden, auch nicht zum Tierarzt oder in eine Klinik. Bei einer Polizeikontrolle kann ein Verstoß ein hohes Bußgeld von mehreren tausend Euro nach sich ziehen. Der Tierarzt ist verpflichtet, vor der Behandlung nach dem Equidenpass zu fragen, da Pferde ohne Equidenpass als Schlachtpferde gelten, für die nur bestimmte Medikamente zugelassen sind, deren Gabe aufwändig dokumentiert werden muss.

Bei allen ab 2000 in Deutschland geborenen Fohlen mit Papieren, stellt der Zuchtverband bei der Eintragung des Fohlens automatisch einen Equidenpass aus. Sobald der Equidenpass ausgestellt wurde, gilt ein Pferd dem Gesetz nach als identifiziert. Alle in der EU geborenen Fohlen müssen innerhalb eines Jahres nach ihrer Geburt einen Equidenpass bekommen. Spätestens dann, wenn das das Fohlen seinen Geburtsbetrieb endgültig verlässt, muss es jedoch einen Equidenpass haben, auch wenn es jünger als 12 Monate ist. Das bedeutet: Wenn Sie Ihr Fohlen beim Züchter abholen, muss der Pass für den Transport mitgegeben werden.

Bei Pferden ohne Rassezugehörigkeit können Sie selbst einen Antrag auf Ausstellung eines Equidenpasses bei der FN (Deutsche Reiterliche Vereinigung in Warendorf) oder bei den zuständigen Stellen Ihres Bundeslandes stellen. In Baden-Württemberg ist das zum Beispiel der LKV (Landesverband Baden-Württemberg für Leistungs- und Qualitätsprüfungen in der Tierzucht e.V).

Der Antrag für den Pass muss von einem Tierarzt ausgefüllt werden. Neben dem Geschlecht werden die Farbe und eventuelle Abzeichen (Signalement) angegeben und mindestens drei Wirbel in einem Diagramm eingezeichnet, bei Pferden ohne besondere Merkmale manchmal auch die Form der Kastanien an den Beinen. Falls die Abstammung bekannt ist, wird sie ebenfalls eingetragen.

Der Pferdehalter bzw. der Eigentümer muss dafür sorgen, dass die im Equidenpass eingetragenen Daten aktuell sind. Dies betrifft vor allem die Informationen über den Status als (Nicht-) Schlachtpferd, den Transpondercode und den aktu-

3 https://lkvbw.de/tierkennzeichnung/praktischer-ablauf-der-registrierung-und-kennzeich.html

ellen Eigentümer. Wurde der Equidenpass in einem anderen EU-Mitgliedsstaat ausgestellt oder das Pferd aus einem anderen EU-Mitgliedsstaat importiert, muss der Equidenpass innerhalb von 30 Tagen bei der FN zur Aktualisierung eingereicht werden. Soll das Pferd transportiert oder tierärztlich behandelt werden, während der Pass bei der Aktualisierung ist, kann ein provisorisches Identifizierungsdokument beantragt werden. Es hat eine Gültigkeit von maximal 45 Tagen und ermöglicht den Transport des Pferdes innerhalb des jeweiligen Mitgliedstaates, nicht jedoch die Schlachtung des Pferdes.

Impfpass

Die früher üblichen Impfpässe sind nicht mehr notwendig, da sämtliche Impfungen direkt im Equidenpass eingetragen werden. Bei Turnierpferden dient der Equidenpass auch dazu, die vorgeschriebenen Impfungen nachzuweisen und das Pferd nach dem Abzeichendiagramm zu identifizieren. Auf Turnieren wird der Pass daher stichprobenartig kontrolliert.

Mikrochip statt Brandzeichen

Um das Pferd sicher identifizieren zu können, muss es außerdem mit einem Mikrochip (Transponder) gekennzeichnet sein. Pferde die vor dem 1. Juli 2009 geboren sind und einen Equidenpass besitzen, müssen nicht nachträglich gechippt werden. Für alle Equiden, die nach diesem Zeitpunkt geboren wurden und für alle Pferde, für die ein Equidenpass neu beantragt wird, besteht Chip-Pflicht! Der Mikrochip wird durch den Tierarzt an der linken Halsseite mit einer Art ›Pistole‹ eingesetzt.

Auf dem Chip ist eine 15stellige Identifikationsnummer gespeichert. Weltweit bekommt jedes Tier eine eigene Nummer, die im Pferdepass eingetragen und bei der FN und dem Zuchtverband gespeichert wird. Der Chip ist fälschungs- und manipulationssicher. Normalerweise bleibt er während des ganzen Lebens des Tieres funktionsfähig und ist mit einem Lesegerät beliebig oft auslesbar. Bei fachgerechter Implantation ›wandert‹ er auch nicht durch den Körper des Tieres – trotz der Horrorstories, die man gerüchtemäßig immer wieder hört.

Die Zeiten, wo man die Rasse eines Pferdes an seinem Brandzeichen erkennen konnte, werden in einigen Jahren vorbei sein. Seit Januar 2019 darf nach

Auch ›Wildpferd‹ Lavena musste vor dem Transport gechipt werden, für ein ungezähmtes Pferd leider ein traumatisches Erlebnis.

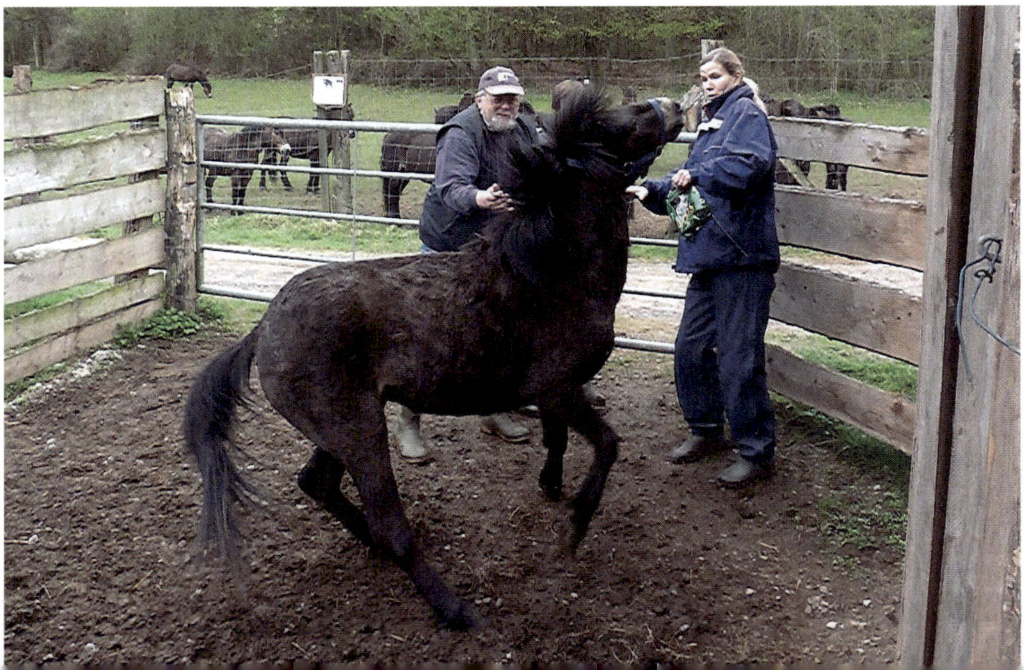

dem Tierschutzgesetz der seit Jahrhunderten traditionelle Schenkelbrand nur noch unter lokaler Betäubung durchgeführt werden. Faktisch bedeutet das ein Brandzeichenverbot, da aktuell kein Betäubungsmittel für Pferde zugelassen ist.

Das ›der Pass muss beim Pferd bleiben‹-Problem

Der Equidenpass muss jederzeit beim Pferd greifbar sein, falls es zum Beispiel tierärztlich behandelt oder transportiert werden muss. Daher sammeln viele Stallbesitzer die Pässe ein und bewahren sie an einem sicheren Ort auf. Das kann zum Problem werden, denn häufig werden die Pässe in einem Raum oder Schrank eingeschlossen, zu dem nur der Stallbesitzer Zugang hat. Braucht nun der Pferdebesitzer den Pass, zum Beispiel für einen Tierarztbesuch oder die Fahrt auf eine Veranstaltung, muss er sich für die Übergabe mit dem Stallbesitzer abstimmen, was gerade bei Notfällen, wie eine nächtliche Kolik mit Fahrt zur Pferdeklinik, schwierig sein kann. Hier sind kreative Lösungen zum Beispiel mit einzelnen abschließbaren Fächern gefragt, so dass der Stallbesitzer Zugriff zu sämtlichen Pässen hat und die Pferdebesitzer jederzeit nur zu ihren eigenen.

Equidenpass verloren?

Duplikat-Equidenpass

Geht der Equidenpass verloren, muss der Verband informiert werden, der den Pass ausgestellt hat. Bei dieser Stelle kann man einen Duplikat-Equidenpass beantragen, wenn die Identität des Pferdes eindeutig ist und eine Verlusterklärung des Eigentümers vorliegt. Dafür muss man erneut alle Angaben (Name, Geschlecht, Farbe, Geburtsdatum etc.) zum Pferd einreichen sowie die Eigentumsurkunde und den Kaufvertrag.

Ersatz-Equidenpass

Ist der Equidenpass verloren gegangen und die Identität des Pferdes kann nicht eindeutig geklärt werden, weil zum Beispiel das Pferd nicht gechipt oder die Chipnummer nicht auslesbar ist, muss der Halter einen Ersatz-Equidenpass beantragen. Dazu muss das Pferd neu gechipt werden.

Schlachtpferd oder Nicht-Schlachtpferd – eine Entscheidung für das ganze Pferdeleben

Im Equidenpass muss auch eingetragen werden, ob das Pferd als Schlachtpferd bestimmt ist, oder als Nicht-Schlachtpferd geführt wird. In der EU gilt das Pferd als lebensmittellieferndes Tier und darf daher theoretisch nur mit Medikamenten behandelt werden, die für Schlachttiere zugelassen sind. Bei der Ausstellung des Passes gelten Pferde grundsätzlich als Schlachttiere, außer der Antragsteller beantragt explizit den Status als Nicht-Schlachtpferd. Die meisten Fohlen werden jedoch vom Züchter zunächst als Schlachttiere eingetragen, um die Entscheidung später dem neuen Eigentümer zu überlassen.
Soll der Schlachtstatus im bereits ausgestellten Equidenpass geändert werden, ist das mit Unterschrift des Eigentümers in Abschnitt II, Teil II einzutragen. Ein Tierarzt muss den Eintrag vor der Behandlung durch Stempel und Unterschrift bestätigen.
Das ist eine grundsätzliche und weitreichende Entscheidung: Ein als Schlachttier eingetragenes Pferd kann jederzeit zum Nicht-Schlachttier bestimmt werden. Ein Zurück gibt es nicht mehr: einmal als Nicht-Schlachttier eingestuft, gilt das unwiderruflich lebenslang und damit beim Verkauf auch für jeden neuen Eigentümer.

Beim Status ›Schlachtpferd‹ geht es vor allem darum, dass bestimmte Medikamente für Tiere, die zum menschlichen Verzehr bestimmt sind, nicht zugelassen sind.
Daher muss im Arzneimittelanhang des Equidenpasses und im Bestandsbuch des Stalles wirklich jedes verabreichte Medikament, auch homöopathische ›Kügelchen‹, genau dokumentiert werden.
Neben dem hohen Aufwand für die Dokumentation sind viele wirksame (Notfall-)Medikamente für Schlachtpferde verboten. Auch nach der Gabe von zugelassenen Medikamenten muss bis zur Schlachtung eine Wartezeit eingehalten werden, die bis zu 6 Monate dauern kann.

Im Umkehrschluss bedeutet das: **Möchte ich die optimale Behandlung mit allen zugelassenen**

Medikamenten für mein Pferd, muss ich seinen Status auf Nicht-Schlachtpferd ändern.

Ich habe alle meine Pferde von Anfang an als Nicht-Schlachtpferd eingetragen. Allein die Tatsache, dass das Pferd zum Schlachter gefahren werden müsste, reichte mir schon für diese Entscheidung. Ist das Pferd noch in einem Zustand, dass es schmerzfrei und ohne Stress Hänger fahren kann, sehe ich keinen Grund, es töten zu lassen. Geht es ihm so schlecht, dass es erlöst werden muss, passiert das am schonendsten zu Hause im vertrauten Umfeld. Sämtliche Medikamente, die Schmerzen lindern und einen Transport erträglicher machen würden, haben eine mindestens mehrtägige Wartezeit, bis das Fleisch als Lebensmittel verwendet werden dürfte. Das würde Schmerzen beim Transport und quälend lange Wartetage ohne Schmerzmittel bis zur Schlachtung bedeuten.

Bei der Entscheidung sollten Sie jedoch eines bedenken: Können oder wollen Sie eines Tages Ihr Nicht-Schlachtpferd nicht mehr behalten, werden Sie es unter Umständen ›nicht mehr los‹.

Nehmen wir den fiktiven Fall: Liselotte besitzt den 17jährigen Warmblüter Warwick seit zehn Jahren. Seit fünf Jahren ist er wegen Kissing Spines nicht mehr reitbar, lebt jedoch weitgehend schmerzfrei, fröhlich und zufrieden als Weideornament. Die Pensions- und Unterhaltskosten für so einen Pferderentner sind nicht niedriger als für ein Reitpferd und aus irgendwelchen Gründen kann oder will Liselotte diese monatliche Belastung nicht mehr tragen. Die Chancen, verschenkt oder gegen Schutzgebühr einen neuen Besitzer zu finden, stehen eher schlecht für solch ein Pferd. Als Gesellschafter sind eher Ponys gefragt, die in der Haltung günstiger sind und weniger Arbeit machen.
Bei einer Eintragung als **Schlachtpferd** könnte Liselotte ihr Pferd in diesem Fall zum Pferdemetzger bringen, da die Lieferung von Lebensmitteln als ›vernünftiger Grund‹ zum Töten eines Tieres gilt.
Im Gegensatz dazu gilt beim **Nicht-Schlachtpferd**: Tierärzte dürfen aus Tierschutzgründen kein Pferd ohne vernünftigen Grund einschläfern. Die Kosten dürfen dabei keine Rolle spielen. Das bedeutet nicht nur, dass der Tierarzt das Pferd auf Verlangen des Besitzers aus Kostengründen nicht einschläfern darf. Auch wenn Rentner Warwick krank wird, zum Beispiel eine Kolik oder einen Sehnenschaden bekommt, muss der Tierarzt bei guter Heilungsprognose eine unter Umständen teure Behandlung durchführen, da er sonst gegen das Tierschutzgesetz verstößt und damit eine Straftat begeht. Das gilt sogar, wenn die Behandlungskosten den Wert des Tieres weit übersteigen. Nur bei einer schlechten Heilungsprognose darf der Tierarzt das Pferd nach der Entscheidung des Besitzers euthanasieren.

Eigentumsurkunde für das Pferd

Der Equidenpass gilt nicht als Beweis des Eigentums eines Pferdes. Zusätzlich zum Equidenpass wird von den Zuchtverbänden für jedes Pferd eine Eigentumsurkunde ausgestellt. Als rechtliche ›Eigentumsübertragung‹ eines Pferdes gilt die Übergabe des Pferdes selbst, nicht die Aushändigung der Eigentumsurkunde. Aber die Urkunde steht demjenigen zu, der im Sinne des Bürgerlichen Gesetzbuches (BGB) Eigentümer eines Pferdes ist.
Im Gegensatz zum Equidenpass, der immer beim Pferd greifbar sein sollte, ist es ratsam und wird auch von Zuchtverbänden empfohlen, die Eigentumsurkunde zuhause separat aufzubewahren.

Download des Formulars Besitzerwechsel-Anzeige für ALLE Pferde: (Besitzerwechsel für bereits eingetragene Turnierpferde, Besitzerwechsel für bereits registrierte Freizeitpferde oder die Eintragung des Besitzers bei noch nicht registrierten Pferden)

https://www.pferd-aktuell.de/turniersport/turnierpferd/besitzerwechsel

Wenn der Amtsschimmel leise wiehert – ein Wegweiser durch das Dickicht der deutschen Bürokratie

Umschreibung des Pferdes auf den neuen Eigentümer bei der Deutschen Reiterlichen Vereinigung (FN)

Nachdem Sie Ihr neues Pferd gekauft haben, müssen Sie den Eigentumswechsel bei der FN anzeigen, damit er im Equidenpass eingetragen werden kann. Dazu schicken Sie den Originalpass zusammen mit dem Formular für Besitzerwechsel per Einschreiben an die FN.

Halter-/Betriebsnummer für Pferdehaltung

Im Formular für die Umschreibung muss die Halter-/Betriebsnummer angegeben werden. Fragen Sie Ihren Stallbetreiber danach.
Jeder pferdehaltende Betrieb, auch der kleine private Offenstall hinterm Haus mit zwei Ponys, braucht eine Halter-/Betriebsnummer. Je nach Bundesland muss die Nummer bei den Veterinärämtern, bei der Tierseuchenkasse oder anderen Ämtern beantragt werden. Eine Übersicht dazu finden Sie auf der Webseite der FN.
Die Betriebsnummer wird auch für andere Zwecke benötigt, zum Beispiel für die Abholung eines toten Pferdes durch die Tierkörperbeseitigung.

Tierseuchenkasse und Tierbesitzernummer

Für alle Nutztiere wie Rinder, Schweine, Schafe und Hühner und auch Pferde gibt es grundsätzlich eine Melde- und Beitragspflicht in der Tierseuchenkasse des jeweiligen Bundeslandes. Nicht der Eigentümer der Tiere, sondern der tatsächliche Besitzer ist meldepflichtig (zum Beispiel der Betreiber des Reitstalles oder der Pferdepension). Ein Verstoß gegen die Meldepflicht ist eine Ordnungswidrigkeit und wird mit einem Bußgeld geahndet.

Normalerweise übernimmt das der Stallbesitzer, vorsichtshalber sollten Sie jedoch nachfragen und notfalls Ihr eigenes Pferd selbst anmelden. Das ist auch als privater Pferdehalter mit einem Pferd problemlos möglich. Die Tierseuchenkasse vergibt an jeden Tierbesitzer eine Tierbesitzernummer, die bei der jährlichen Meldung der Tierzahl und der Beantragung von Leistungen angegeben werden muss.

Welche Leistungen bekommt man von der Tierseuchenkasse?

Die Tierseuchenkasse wurde gegründet, um Landwirte bei Verlust ihrer Tiere durch Seuchen durch Entschädigungszahlungen vor dem wirtschaftlichen Aus zu bewahren. Auch für Prophylaxemaßnahmen wie Impfungen gegen bestimmte Krankheiten gibt es Zuschüsse. Die Leistungen sind je nach Bundesland unterschiedlich und können auf den Internetseiten der Tierseuchenkassen abgefragt werden. In Baden-Württemberg zum Beispiel übernimmt die TSK einen Teil der Kosten für die Abholung eines toten Pferdes von der Tierkörperbeseitigung und bezahlt einen kleinen Zuschuss für Herpesimpfungen. Bei allen Anträgen muss die Tierbesitzernummer angegeben werden. Die Betriebsnummer und die Tierbesitzernummer sollten Sie daher immer griffbereit bei den Pferdeunterlagen haben.

Was ist eigentlich der Unterschied zwischen Eigentümer und Besitzer?

Umgangssprachlich werden meistens beide Begriffe mit derselben Bedeutung verwendet. Juristisch gesehen hat der **Eigentümer** die rechtliche Sachherrschaft über eine Sache. Beim Eigentum gehört einem die Sache und man darf in der Regel (fast) alles damit machen. Das Pferd gehört also dem Eigentümer, er bestimmt über seinen Aufenthaltsort, seine Nutzung, seine tierärztliche Versorgung und kann es jederzeit verkaufen.
Rechtlich ist eine Person **Besitzerin** einer Sache, wenn sie die tatsächliche Gewalt (Sachherrschaft) über diese hat, die Sache sich also bei ihm befindet. Im Fall eines im Pensionsstall eingestellten Pferdes ist das der Stallbesitzer oder Stallbetreiber.
Hat der Eigentümer einen eigenen Stall und hält das Pferd dort, ist er also Eigentümer und Besitzer gleichzeitig.

Rechtliche Folgen des Pferdekaufes

Fürsorgepflicht des Tierhalters

Tierschutzrechtlich gesehen werden Sie mit dem

Kauf des Pferdes zum Tierhalter. Tierhaltung bedeutet, ein Tier in menschliche Obhut zu nehmen. Das Tierschutzrecht bestimmt, dass der Halter (und auch der Betreuer) eines Tieres für dessen Wohlergehen verantwortlich ist. Besonders in den §§ 2 und 3 des Tierschutzgesetzes sind die Anforderungen an die Haltung, den Umgang und die Nutzung von Tieren geregelt.

Für die Haltereigenschaft ist die tatsächliche Verfügungsgewalt wichtig, nicht die rechtliche Beziehung zum Tier. Deshalb ist es irrelevant, ob der Halter gleichzeitig auch der Eigentümer ist. Als Halter gilt, wer für die Betreuung, Versorgung, Pflege, Verwendung oder Beaufsichtigung eines Tieres zuständig ist und die finanziellen Aufwendungen dafür trägt. Ein Betreuer kümmert sich nur zeitweise um das Tier und handelt in der Regel im Auftrag und nach den Weisungen des Halters.

Haftung des Tierhalters

Neben der Eigenschaft als Tierhalter nach dem Tierschutzrecht, gibt es auch die Haltereigenschaft nach dem Haftpflichtrecht. Als Besitzer eines ›wilden‹ großen Luxustieres mit hohem Unfall- und Schadenspotenzial steht man damit quasi schon mit einem Bein im Gefängnis und mit dem anderen in der Pleite.

Haftung ohne Verschulden

Speziell für Tierhalter gilt § 833 Satz 1 BGB: ›Wird durch ein Tier ein Mensch getötet oder der Körper oder die Gesundheit eines Menschen verletzt oder eine Sache beschädigt, so ist derjenige, welcher das Tier hält, verpflichtet, dem Verletzten den daraus entstehenden Schaden zu ersetzen.‹

Diese Regelung bezieht sich auf sogenannte Luxustiere, also Tiere, bei denen es sich nicht um Nutztiere (die zum Lebensunterhalt des Besitzers beitragen wie Schulpferde, Milchkühe, Hühner usw.) handelt.

Die Haftung nach § 833 Satz 1 BGB gilt ausdrücklich auch ohne Verschulden des Halters (verschuldensunabhängige Gefährdungshaftung des Tierhalters). Er haftet automatisch für alle durch sein Tier verursachten Schäden. Er muss nicht einmal dabei sein, wenn ein Schaden entsteht, zum Beispiel

wenn das Pferd aus der Koppel ausbricht und einen Verkehrsunfall verursacht.
Hier geht es um die ›Verwirklichung der typischen Tiergefahr‹. Dadurch möchte der Gesetzgeber andere Personen vor den finanziellen Folgen der möglichen Risiken schützen, denen sie durch die erlaubte Haltung eines Luxustieres mit ›einem der tierischen Natur entsprechenden unberechenbaren und selbstständigen Verhalten‹ ausgesetzt sind.

Tierhalterhaftpflichtversicherung – das absolute Must-Have

Die Haftung des Tierhalters geht also sehr weit und kann Sie im schlimmsten Fall lebenslang finanziell ruinieren. Daher rate ich: **Schließen Sie unbedingt eine Tierhalter-Haftpflichtversicherung ab!** Und zwar so frühzeitig, dass sie ab der ersten Minute Ihres Pferdebesitzerdaseins greift. Ab dem Gefahrenübergang, also in der Regel der Übergabe des Pferdes, sind Sie voll haftbar.

Ein Beispiel aus meinem reiterlichen Umfeld:
Ein Bekannter von mir kaufte einen rohen dreijährigen Lipizzaner im Gestüt in Piber. Er lieh sich einen Pferdeanhänger, um das Jungpferd abzuholen. Schon im Vorfeld hatte er sich um eine Pferdehalterhaftpflichtversicherung gekümmert, wusste aber das Kaufdatum noch nicht. Auf der Hinfahrt telefonierte er mit der Versicherungsgesellschaft, um sich abzusichern, dass die Haftpflichtversicherung wirklich ab dem Tag der Abholung greifen würde. Nach dem Einladen, gleich beim Losfahren im Gestüt, bekam der junge Lippi einen Schreck und zeigte sein Talent für die Schulen über der Erde. Er sprang eine Art Kapriole und schlug gegen die Hängerklappe, die direkt einen Riss bekam. Auch die zweiten und dritten Anfahrversuche endeten mit weiteren Rissen in der Klappe. Nach der Sedierung durch einen Tierarzt und einer nervenaufreibenden Fahrt, kam der junge Lippi doch noch heil in seiner neuen Heimat an. Der Schaden am Hänger wurde von der Haftpflichtversicherung übernommen. Die meisten Versicherungen schließen Schäden an geliehenen Sachen aus, mein Bekannter hatte jedoch das Glück, eine kulante Versicherung gefunden zu haben.

Ein kleinerer Schaden wie eine neue Hängerklappe wäre notfalls auch ohne Versicherung noch einiger-

maßen bezahlbar. Ganz anders sieht es bei einem **weiteren Fall in meinem Bekanntenkreis** aus: Die Besitzerin mehrerer Pferde kam durch Veränderungen in ihrem persönlichen Umfeld in eine schwierige finanzielle Lage und konnte die Prämien für die Pferdehalter-Haftpflichtversicherung vorübergehend nicht bezahlen. Um etwas für den Unterhalt der Pferde beizutragen, hatte sie zahlende Reitbeteiligungen. Auf einem Ausritt alleine stürzte eine der Reitbeteiligungen und verletzte sich schwer. Sie lag stundenlang bewusstlos im Gelände, bis sie gefunden wurde. Im Krankenhaus wurde festgestellt, dass sie Lähmungen zurückbehalten hatte und voraussichtlich lebenslang unter den Folgen des Unfalls leiden wird. Wie in solchen Fällen üblich, bezahlt die Krankenkasse zunächst die Behandlungen und nimmt später Regress auf den Pferdebesitzer bzw. seine Haftpflichtversicherung. Nach wenigen Monaten waren bereits über 100.000 Euro Behandlungskosten aufgelaufen, welche die Krankenkasse von der Pferdebesitzerin zurückforderte. Die Versicherung verweigerte die Leistung, da die letzte Prämie nicht bezahlt worden war. Da die Reitbeteiligung langfristig Rehamaßnahmen braucht und nicht mehr arbeiten kann, laufen weiterhin hohe Forderungen an die Pferdebesitzerin.

Eine gute Pferdehalterhaftpflichtversicherung finden

Diese Versicherung übernimmt die Schäden von Dritten, die durch das Pferd verursacht werden. Sie umfasst Personenschäden, Sachschäden und Vermögensschäden. Die Versicherungsgesellschaft reguliert berechtigte Ansprüche von Geschädigten und wehrt unberechtigte Ansprüche an den Pferdehalter ab.

Bevor Sie eine Pferdehaftpflicht abschließen, sollten Sie Angebote vergleichen – nicht nur den Preis, sondern vor allem die eingeschlossenen Leistungen. Am besten, Sie lassen sich von einem kompetenten, unabhängigen Makler beraten. Wichtig ist es, das Fremdreiterrisiko mitzuversichern. Damit sind auch die Risiken durch Personen abgesichert, die hin und wieder ohne Gegenleistung das Pferd reiten. Für regelmäßige (zahlende) Reitbeteiligungen gibt es je nach Gesellschaft Sonderregelungen. Damit hier keine Lücke entsteht, sollten Sie das Angebot genau prüfen. Auch Mietsachschäden (z. B. ein vom Pferd zerstörter Weidezaun im Pensionsstall) sollten explizit mitversichert sein. Schäden, die dem Halter selbst oder an dessen Eigentum entstehen, sind in der Haftpflichtversicherung generell nicht eingeschlossen.

Übrigens: Selbst bei Blödheit des Geschädigten kann der Passus ›verschuldensunabhängige Haftung‹ zur ganz bösen Falle werden. **Ein Beispiel dazu:** Ein Bekannter hielt seine Pferde in Außenboxen mit Fenster im eigenen Stall. Um zu den Boxen zu gelangen, musste man mehrere Meter unbefugt über sein privates Grundstück gehen, worauf auch mit dem üblichen ›Betreten verboten, Eltern haften für ihre Kinder-Schild‹ hingewiesen wurde. Einem Opa mit seinem kleinen Enkel war das reichlich egal, sie gingen Pferde streicheln und füttern. Dabei gerieten die kleinen Fingerchen zwischen die großen Pferdezähne und zwar gleich so schlimm, dass zum Zusammenflicken mehrere Tage Krankenhaus fällig wurden. Die Krankenkasse forderte die über 5000 DM (damals in den 80er Jahren) Behandlungskosten vom empörten Pferdebesitzer ein und bekam bei der anschließenden Gerichtsverhandlung Recht. Mangels Haftpflichtversicherung bezahlte der Pferdebesitzer zähneknirschend die Behandlungs- plus Gerichtskosten aus eigener Tasche.

Haftung des Pensionsstallbetreibers

Nach § 834 BGB haftet der Tieraufseher, also derjenige, der die Aufsicht über ein Tier eines Tierhalters durch Vertrag übernimmt, in gleichem Umfang wie der Tierhalter selbst. Ein Pensionspferdehalter wird also im Sinne des BGB als Tieraufseher tätig. Deshalb haftet er für Schäden, die durch ein bei ihm untergestelltes Pferd verursacht werden, außer er kann nachweisen, dass er mit seiner Aufsicht die im Verkehr erforderliche Sorgfalt hat walten lassen bzw. dass der Schaden auch bei Anwendung dieser Sorgfalt entstanden wäre. Ein praktisches Beispiel dafür ist die Hütesicherheit von Zäunen mit einer Mindesthöhe je nach Pferdegröße, Abstand und Anzahl der Reihen und Schlagstärke des Stromgerätes beim Elektrozaun. Daher sollte jeder Pensionspferdehalter eine Tierhüter-Haftpflichtversicherung abschließen.

Tierhalterhaftung bei Nutztieren

Pferde, die zum Lebensunterhalt ihres Besitzers beitragen, zum Beispiel Schulpferde in einer Reitschule oder Zuchtpferde, gelten als Nutztiere: In § 833 Satz 2 BGB heißt es dazu: ›Die Ersatzpflicht tritt nicht ein, wenn der Schaden durch ein Haustier verursacht wird, das dem Beruf, der Erwerbstätigkeit oder dem Unterhalt des Tierhalters zu dienen bestimmt ist, und entweder der Tierhalter bei der Beaufsichtigung des Tieres die im Verkehr erforderliche Sorgfalt beobachtet oder der Schaden auch bei Anwendung dieser Sorgfalt entstanden sein würde.‹

Hier haftet der Halter also nur, wenn er den Schaden selbst verschuldet hat.

Haltung – rund um Stall und Weide

Endlich haben Sie sich den Traum vom eigenen Pferd erfüllt, nun braucht es ein Zuhause in Ihrer Nähe. Vielleicht besitzen Sie Ihr Pferd schon länger, aber der bisherige Stall passt nicht mehr zu seinen oder Ihren Bedürfnissen. Es gibt unzählige Gründe, einen neuen Pensionsstall zu suchen oder sogar an eine Haltung in Eigenregie zu denken. Die beste Haltungsform und den richtigen Stall zu finden, ist ein entscheidender Faktor für die Lebensqualität und Gesundheit eines Pferdes. Der neue Stall sollte deshalb sorgfältig ausgewählt werden.

Jeder Stallumzug bedeutet zunächst einmal Stress für das Pferd. Die Einstellung ›erstmal umziehen und gucken, ob es uns gefällt, sonst können wir ja wieder einen neuen Stall suchen‹ mit der Folge ›Stallhopping‹, sprich alle paar Monate den gerade gewohnten Alltag und die neu gefundenen Pferdefreunde wieder verlassen, ist daher überhaupt keine gute Idee.

Je nach der Gegend, in der Sie wohnen, kann das Stallangebot mehr oder weniger groß, mehr oder weniger teuer und von mehr oder weniger guter Qualität sein. Bevor Sie im Internet recherchieren, zum Beispiel bei Portalen wie www.stallfrei.de, Reiterfreunde fragen oder nach guter alter Art herumfahren und nach Ställen Ausschau halten, sollten Sie erstmal einige Vorüberlegungen anstellen. Welche Haltungsformen gibt es und welche davon sind für mein Pferd geeignet? Was ist Pferden allgemein und Ihrem Pferd im Besonderen wichtig?

Anforderungen an die artgerechte Pferdehaltung

Was braucht ein Pferd, um sich wohlzufühlen? Immer wieder höre ich von Besuchern, meine Pferde sähen so zufrieden aus. Ich denke, das stimmt meistens, denn ich versuche nach Kräften, meine Haltung generell und für jedes einzelne meiner Pferde zu optimieren. Schauen wir also zunächst, was Pferde brauchen, um glücklich und zufrieden zu sein.

Die Grundbedürfnisse des Pferdes

Pferde haben sich innerhalb von 60 Millionen Jahren zu Flucht- und Herdentieren entwickelt, die sich an das Leben in der Steppe angepasst haben. Vor etwa 5.000 Jahren begann der Mensch sie zu zähmen und später gezielt weiter zu züchten. Die Mehrzahl unserer heutigen Pferderassen ist zwar züchterisch stark verändert, doch die allermeisten ihrer Verhaltensweisen und Bedürfnisse sind immer noch die gleichen wie bei ihren Vorfahren, den Wildpferden. Ganz kurz zusammengefasst: Wildpferde leben in kleinen sozialen Herden und wandern weite Strecken, um ihre Nahrung zu finden. Als potenzielle Beutetiere von Raubtieren sind sie aufmerksam, schreckhaft und schnell auf der Flucht.

Das Pferd als Lauftier

Pferde sind Lauftiere und bewegen sich unter naturnahen Verhältnissen bis zu 16 Stunden am Tag im langsamen Schritt und grasen dabei. Je nach Lebensraum, Jahreszeit und Futterangebot, legen sie dabei eine Strecke etwa zwischen zehn und 30 km zurück. Damit ihre Sehnen, Muskeln und Gelenke gesund bleiben und das Atmungssystem, die Verdauung und ihr Stoffwechsel richtig funktionieren, reichen also eine Stunde reiten am Tag und den Rest des Tages in der Box mit wenigen 100 Metern Bewegung bei weitem nicht aus.

Die natürliche Bewegung ist langsames Schrittgehen geradeaus bei der Futtersuche und ab und zu ein kleiner Sprint bei Erschrecken oder aus Übermut. Die Haltungsform sollte daher möglichst viel dieser ruhigen, freien Grundbewegung und ab und zu einen Durchstarter möglich machen. Pferde schlafen nur wenige Stunden und bewegen sich auch nachts, daher ist eine Haltung mit viel Platz und Anreizen zum Laufen rund um die Uhr am natürlichsten.

Selbst wenn genug matschfreier Platz vorhanden ist, heißt das noch lange nicht, dass sich die Pferde ohne konkreten Grund freiwillig kilometerweit bewegen. Besonders Nordponys und Kaltbluttypen stehen oft den ganzen Tag an der Heuraufe, machen zwischendurch einen kleinen Abstecher zum Wasser und dann geht es zum Nickerchen in die Liegehalle. Gerade im Winter sagt ihnen ihr Instinkt, dass sie möglichst viele Kalorien einsparen müssen, weil das Futterangebot in der Natur karg ist.

Durch geschickte Aufteilung der vorhandenen Flächen, zum Beispiel durch Gänge, Raumteiler und weit verteilte Heufutterstellen lassen sich Anreize zu mehr Bewegung schaffen. Wenn genug Wiesen vorhanden sind und es erlaubt ist, lohnt sich eine Winterkoppel, auf die die Pferde entweder bei trockenem Wetter oder täglich ein paar Stunden gehen dürfen. Die meisten Pferde mögen es, sich auf Naturboden ausgiebig zu wälzen und die ganze Fläche nach den letzten oder neu nachgewachsenen Grashalmen abzusuchen.

Sind im Winter nur kleinere Auslaufflächen vorhanden und die restliche Bewegung findet durch Reiten statt, sollte sich jedes Pferd regelmäßig auf geeignetem Boden frei bewegen und austoben dürfen. Bei trockenem oder gefrorenem Boden mit oder ohne

Schnee kann das eine große Koppel sein, ansonsten ein Reitplatz oder eine Reithalle.

Die Fläche sollte so beschaffen sein, dass wegen der Verletzungsgefahr möglichst keine Blitzstopps und enge Wendungen auf rutschigem Boden nötig sind. Pferde genießen das, sich im Galopp mal richtig zu strecken und auszubocken, möglichst mindestens einmal in der Woche. Durch Blitzstarts und schnelles Galoppieren wird nachgewiesenermaßen die Knochenfestigkeit erhöht. Stresshormone werden abgebaut, dadurch die Nervenstärke verbessert und Schreckhaftigkeit vermindert, so dass das Pferd auch im Winter sicherer im Gelände zu reiten ist. Bitte keine Kaltstarts beim Austoben-Lassen: Vorher sollte das Pferd mindestens 20 Minuten im Schritt aufgewärmt werden, damit die Gelenke, Muskeln, Bänder und Sehnen bereit für die Belastung sind.

Ruheverhalten

Erwachsene Pferde schlafen nur etwa drei bis fünf Stunden täglich. Diese Zeit verteilen sie auf mehrere kurze Schlafperioden rund um die Uhr, die von wenigen Minuten bis zu einer Stunde dauern. Zusätzlich dösen sie etwa dreieinhalb Stunden, ein Zustand zwischen Wachen und Schlafen, auch das auf einzelne Etappen über den ganzen Tag und die Nacht verteilt. Fohlen schlafen und dösen einige Stunden mehr.

Freie Bewegung sollte regelmäßig möglich sein

Pferde können im Stehen nicht nur dösen, sondern auch richtig schlafen, sogar im Tiefschlaf. Ein sehr entspannter Anblick, wenn sie mit eingeknicktem Hinterbein, gesenktem Kopf und halb geschlossenen Augen und vielleicht sogar hängender Unterlippe ein Nickerchen machen.

›Schildern‹

Dank einer genialen ›Spannsägenkonstruktion‹ der Hinterhand können Pferde mit eingeknicktem Hinterbein (früher auch schildern genannt) fast ohne Muskelanspannung stehen und sich ausruhen. Beim Laufen bewegt sich das Kniegelenk, dabei gleitet die Kniescheibe auf dem Rollkamm des Oberschenkelknochens hin und her. Im Stand beim Schildern wird die Kniescheibe nach oben gezogen und auf dem Rollkamm verankert. Das Knie wird dadurch in der Streckstellung blockiert, ohne dass Muskelkraft aufgewendet werden muss. Gleichzeitig wird auch das Sprunggelenk ohne Muskelspannung in einer gewinkelten Stellung fixiert.

Auch bei Pferden gibt es unterschiedliche Schlafstadien: Die Tiefschlafphasen dauern nur ein bis zwei Minuten, dazwischen wird das Pferd immer wieder wach. Dadurch ist das Beutetier Pferd stets fluchtbereit, wenn Gefahr droht. Um sich komplett zu erholen, ist jedoch auch für Pferde ausreichend Schlaf im Liegen notwendig.

SWS-Schlaf (Slow-Wave-Sleep)

Beim Slow-Wave-Sleep verlangsamen sich die Atemfrequenz und der Herzschlag, manchmal sieht man leichte Muskelbewegungen. Das Gehirn des Pferdes ist dabei inaktiv. Beim SWS-Schlaf kann das Pferd stehen oder liegen. Im Stehen sinkt der Kopf nach und nach immer weiter herunter, die Augen sind halb oder ganz geschlossen und beide Hinterbeine werden abwechselnd entlastet. Liegt das Pferd auf dem Brustkasten, befindet es sich immer im SWS-Schlaf. In dieser Phase schlafen

›Schildern‹ – Dösen mit eingeknicktem Hinterbein

SWS-Schlaf (Slow-Wave-Sleep)

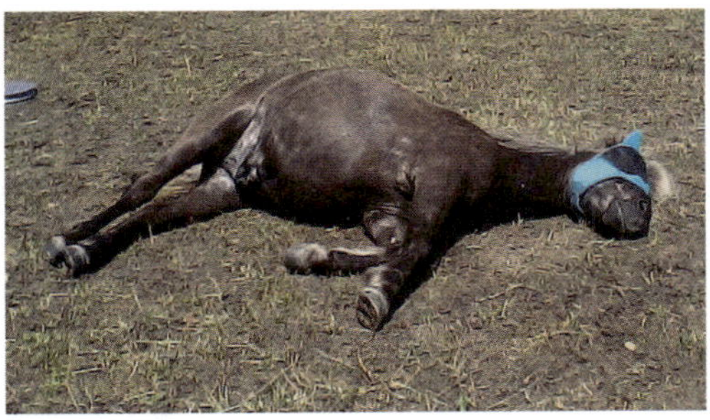

REM-Schlaf (Rapid Eye Movement)

Wachposten

Pferde nur leicht und wachen bei der kleinsten Störung auf.

REM-Schlaf (Rapid Eye Movement)

Pferde kommen aus dem Schlafstadium des SWS-Schlafes in den REM-Schlaf, auch Traumschlaf genannt. Der REM-Schlaf ist nur im Liegen, in Seitenlage und in Bauchlage mit eingeklappten Beinen und aufgestütztem Kopf möglich, weil in dieser Phase die Muskelspannung stark nachlässt. Kreislauf und Atemfrequenz werden weiter heruntergefahren, gleichzeitig ist das Gehirn sehr aktiv. Wie beim Menschen finden schnelle Augenbewegungen bei geschlossenen Lidern statt. Anhand von Hirnstrommessungen gehen Forscher davon aus, dass Pferde in der REM-Phase träumen und ihre Erlebnisse verarbeiten.

Für mich ist es immer wieder ein ganz besonderes Erlebnis, in unserem Paddock oder auf der Weide ein träumendes, flach liegendes Pferd im REM-Schlaf zu sehen, wie es kleine Galoppbewegungen mit den Beinen macht, mit den Ohren wackelt oder das Maul zuckt. Manchmal wiehert eins sogar leise.

Während des REM-Schlafes finden nervliche Regenerationsprozesse statt, die für die Funktion des gesamten Organismus unbedingt notwendig sind. Daher ist der REM-Schlaf für die körperliche und geistige Erholung und damit die Gesundheit des Pferdes sehr wichtig. Hat ein Pferd über längere Zeit einen REM-Schlafmangel, leidet darunter immer sein Wohlbefinden. Neben allen Folgen chronischen Stresses kann es beim Dösen plötzlich vor lauter Müdigkeit mit den Vorderbeinen einknicken und stürzen (Pseudonarkolepsie). Ein typisches Zeichen dafür sind kleine oder größere Abschürfungen oder Wunden an den Vorderfußwurzelgelenken und Fesselköpfen.

Pferde einer Herde stimmen ihre Ruhezeiten aufeinander ab. Je nach Jahreszeit haben sie bestimmte Zeiten, wo fast alle Herdenmitglieder ruhen. Im Winter liegen unsere Ponys gerne am späten Vormittag im Paddock und lassen sich die Sonne auf den Pelz scheinen. Allerdings legen sich nur selten alle Pferde einer Herde gleichzeitig hin. Normalerweise bleibt ein Wachposten neben den schlafenden Pferden stehen und beobachtet die Umgebung auf Fressfeinde. Liegen alle Pferde gleichzeitig, können Sie sich freuen: Das ist ein Zeichen dafür, dass sie sich in ihrem Umfeld wohl und sicher fühlen.

Problem Schlafmangel

Pferde legen sich nur dann zum Schlafen hin, wenn das Umfeld stimmt. Rangniedrige Pferde in Herdenhaltung dürfen nicht ständig von ranghöheren bedroht und verscheucht werden. Ist beispielsweise der Zugang zu den Liegeplätzen zu eng oder insgesamt zu wenig Platz vorhanden, wagt sich ein rangniedriges Pferd möglicherweise gar nicht in den Unterstand, solange ranghöhere in der Nähe sind. Auch ranghohe Pferde, die eigentlich nicht die nötige Souveränität für diese Verantwortung besitzen und nur Herdenchef sind, weil kein geeignetes anderes Pferd dabeisteht, haben oft so viel Stress in ihrer Rolle, dass sie sich zu wenig oder gar nicht mehr hinlegen. Das gilt ganz besonders für die flache Seitenlage mit ausgestreckten Beinen.

Alte Pferde und Pferde mit Beinproblemen wie Spat oder Arthrose oder Schäden an der Wirbelsäule haben oft körperliche Schwierigkeiten beim Hinlegen und noch häufiger beim Aufstehen. Schmerzen oder Schwäche können Gründe sein, dass sie sich gar nicht mehr trauen sich hinzulegen, genauso wie zu kleine Boxen, rutschiger Untergrund oder harter Betonboden mit zu wenig Einstreu.

Bei Weidehaltung rund um die Uhr ohne oder mit zu kleinem Unterstand kann nasser Boden bei längeren Regenperioden oder im Winterhalbjahr, wenn es nicht mehr abtrocknet, vor allem Süd-Pferderassen mit dünnem Fell vom Hinlegen abhalten.

Wichtig sind auch eine ruhige oder zumindest gewohnte Umgebung. Wiederholt sich der gleiche Lärm oder Trubel regelmäßig, gewöhnen sich die Pferde in der Regel daran. Eine unserer Sommerweiden liegt in der Nähe des Sportplatzes, wo nach dem Sport auch öfter nächtliche Feste mit lauter Musik und vielen Menschen gefeiert werden. Bisher hat sich jedes neue Pferd schnell daran gewöhnt und die ganze Herde lässt sich von dem Remmidemmi überhaupt nicht stören.

Schlafmangel erzeugt Stress und kann ernsthafte Gesundheitsprobleme verursachen. Zunächst wird das Pferd unruhig und schreckhaft, manche werden aggressiv und scheuchen rangniedrigere Herdenmitglieder herum. Die Leistungsfähigkeit ist eingeschränkt, Koliken und Magengeschwüre können entstehen.

Bevorzugte Liegeplätze

Der Untergrund muss stimmen: Pferde legen sich nicht überall zum Schlafen hin, selbst wenn sie wirklich müde sind. In der Natur suchen Sie sich einen trockenen Platz, bei schönem Wetter am liebsten auf einer Anhöhe mit kurz abgeknabbertem Gras, wo ein leichter Wind geht, der die Insekten vertreibt und wo sie die anschleichenden Fressfeinde schnell sehen würden. Bei Wind und Regen bevorzugen sie meist einen windgeschützten Platz unter Bäumen oder im Windschatten eines Hügels oder einer Gehölzgruppe. Dort liegen sie gerne weich auf Herbstlaub oder heruntergefallenen kleinen Ästchen gegen die Bodenkälte.

In den Leitlinien für Pferdehaltung[4] werden die Anforderungen an die Liegeflächen beschrieben: ›Der Liegebereich muss trocken und verformbar sein. In Ställen sollten alle Liegeflächen eingestreut sein. Geeignet sind Einstreumaterialien, die eine gute Nässebindung zeigen. Dabei ist darauf zu achten, dass keine erhöhten Schadgaskonzentrationen entstehen. Je intensiver der eingestreute Bereich von den Pferden benutzt wird, desto häufiger müssen die anfallenden Exkremente und nasse Einstreubereiche entfernt und durch trockene Einstreu ergänzt werden, in der Regel einmal täglich. Bei der Ausführung des Stallbodens ist darauf zu achten, dass Pferde bevorzugt auf weichen, saugfähigen Böden Harn absetzen.
Die verwendeten Einstreumaterialien (z. B. Langstroh, Strohhäcksel, Hobel- oder Sägespäne) müssen trocken und gesundheitlich unbedenklich sein, d. h. schimmelige, stark staubende Materialien oder giftige Materialien (Imprägniermittel, giftige Hölzer) dürfen nicht verwendet werden. Besonders bei Stroheinstreu muss auf gute Qualität geachtet werden, da Stroh von den Pferden als Raufutter aufgenommen wird. Der alleinige Einsatz von Liegematten aus Kunststoff genügt bei Einzelhaltung den Anforderungen nicht. Für die Gruppenhaltung ist der Einsatz von Liegematten noch nicht hinreichend untersucht.‹

Gummimatten im Offenstall ohne Einstreu?

Das kommt meiner Erfahrung nach sehr auf die Art der Pferde an. Nordponys wie Isländer sind sehr viel robuster als blütige Tiere mit dünnem Fell. Mixe wie Arabo-Haflinger oder unser momentaner Einsteller mit 1/4 Fjord und 3/4 edles Reitpony tendieren eher zur soften Seite.

Wir haben seit 13 Jahren 3 cm dicke Hit Softbetten ohne Einstreu in unserem Winter-Offenstall. Isländer und Exmoorpony liegen gerne darauf, der Fjordmix eher weniger. Als wir noch einen Araber als Einsteller hatten, waren die Matten immer dick mit Spänen oder Leinstreu eingestreut. Der Araber hätte sich niemals auf die blanken Matten gelegt. Das ergab riesige Mistmengen, weil er ausschließlich in die Einstreu pinkelte und auch der Gestank im Stall gefiel mir wegen des eingeatmeten Ammoniaks überhaupt nicht.

Alle Pferde stehen gerne auf den weichen Stallmatten und äppeln viel darauf. Pinkeln passiert nur gelegentlich, vor allem, wenn der Paddockbelag draußen hart gefroren ist und es deshalb genauso eklig spritzt wie auf den Matten. Mist auf den Matten animiert zum Pinkeln, deshalb sammle ich wenn möglich den Mist im Stall mehrmals täglich auf.

Unseren Paddock haben wir überall mit Paddockplatten aus Kunststoff befestigt, darauf kleine Kieselsteinchen (Körnung 2–8 mm), das sorgt für robuste Barhufe. Weil draußen auch Heufutterstellen sind und jedes nachwachsende Grashälmchen abgezupft wird, haben wir uns wegen der Gefahr von Sandkoliken gegen Sand als Tretschicht entschieden. Ein größeres Stück des Paddocks ist dick mit Holzhackschnitzeln belegt, die regelmäßig nachgefüllt werden. Darauf liegen alle Pferde sehr gerne, und lassen sich tagsüber die Sonne auf den Bauch scheinen. Dieses Paddockstück grenzt direkt an den Gehweg neben der Straße, das stört sie

Paddock mit Holzhackschnitzeln

4 Leitlinien zur Beurteilung von Pferdehaltungen unter Tierschutzgesichtspunkten, BMELV 2009

überhaupt nicht. Auch wenn kreischende Schulkinder vorbeirennen oder ein Lkw vorbeifährt, wird gemütlich weitergepennt.

In unserem früheren Offenstall bestand der Boden aus Holzbohlen ohne Einstreu. Dort lagen die Pferde vor allem im Sommer gerne, wenn es heiß war und sie sich vor den Fliegen und Bremsen retten wollten. In einem besonders heißen Sommer fielen uns plötzlich kleine Schürfwunden außen am Sprunggelenk auf. Bei einer zu wenig oder gar nicht eingestreuten harten Liegefläche kann es beim Aufstehen zu diesen Abschürfungen kommen.

Gesundheitstipp

Lebt Ihr Pferd in einem Stall mit hartem (Beton-)Boden ohne eine weiche Liegestelle, ist es ratsam, (notfalls auf eigene Kosten) weiche Stallmatten aus EVA oder Gummi nachzurüsten. Bei einem Umzug können die Matten mitgenommen und wiederverwendet oder an den Nachmieter weiterverkauft werden.

Das Pferd als Herdentier

Pferde als Beutetiere haben alleine in der Natur nur schlechte Überlebenschancen. Als soziale Herdentiere brauchen sie Pferdegesellschaft und fühlen sich nur im Schutz einer harmonischen Gruppe richtig wohl und sicher. Dazu muss jedes Pferd in die Herdenstruktur passen. Schon ein einzelner ›Mobber‹ stört die Harmonie und führt zu Stress im Zusammenleben. Passen Pferde nicht zusammen oder hat die Gruppe zu wenig Platz, gibt es Schlägereien, Verletzungen und nicht zuletzt Stressfolgen wie Schlafmangel, Ängstlichkeit und Magengeschwüre. Pferde kommunizieren ständig über ihre Körpersprache miteinander, so dass auch laufende ›Drohungen‹ den Umgang miteinander vergiften.

Freundschaften und Sozialkontakte

Ein einzelnes Pferd ohne Artgenossen zu halten, ist tierschutzwidrig. Jedes Pferd muss zumindest Sicht-, Hör- und Geruchskontakt zu Artgenossen haben.

Das Thema Herdenhaltung beschäftigt Pferdebesitzer sehr, denn wohl nirgends gibt es so große Probleme, wie bei der Zusammenstellung von Gruppen. Vor allem die Verletzungsgefahr und Schwierigkeiten bei der Fütterung sind oft die Gründe, warum viele Pferdebesitzer leider immer noch die Boxenhaltung bevorzugen. In den allermeisten Pensions-Offenställen hat man als Pferdebesitzer kein Mitspracherecht, welche Pferde mit dem eigenen zusammen gehalten werden. Die Herde wird wild zusammengewürfelt mit häufigem Wechsel und oft ungenügender Eingewöhnung, bevor alle aufeinander losgelassen werden. Das ist sehr schade, denn mit etwas Hintergrundwissen kann man harmonische Herden zusammenstellen und den Pferden damit eine artgerechte und stressarme Haltung ermöglichen.

In meinen fast 40 Jahren als Pferdehalter lebten meine Pferde die meiste Zeit in kleinen Herden zwischen zwei und fünf Pferden. Dabei habe ich festgestellt, die Größe der Herde ist fast egal für das Wohlbefinden. Wichtig ist ein passender Sozialpartner, also wahre Freundschaft zwischen den Pferden. Wie bei uns Menschen sind sich auch nicht alle Pferde untereinander sympathisch, deshalb ist ein echter, guter Pferdefreund nicht leicht zu finden.

Bei gründlicher Beobachtung kann man bei den meisten Pferden bestimmte Sympathien erkennen. Viele Pferde bevorzugen Freunde vom gleichen Pferdetyp wie sie selbst und solche, die ihnen im Verhalten ähneln oder mit denen sie aufgewachsen sind. Manchmal sind das auch bestimmte Pferdefarben, gerade bei Farbzuchten wie Fjordpferden oder Exmoorponys, die in ihrer Jugend nur ähnliche Farbschattierungen kennengelernt haben.
Meine Arabo-Haflinger-Stute Sirky lebte jahrelang nur mit Robustponys zusammen. Sie wurden nicht

richtig warm miteinander und niemals entstand mehr als eine Zweckgemeinschaft. Mit einer braunen Reitponystute mit hohem Vollblutanteil und einer Trakehner-Rappstute schloss sie schnell enge Freundschaften, mit viel Fellkraulen und ganz engem Zusammenstehen. Ihre letzte große Pferdeliebe auf der Rentnerkoppel wurde ein brauner Vollblutaraberwallach. Sirkys Vorlieben waren ganz offensichtlich eine dunkle Fellfarbe und viel Vollblutanteil. Schimmel konnte sie absolut nicht leiden und obwohl sie mit Warmblut-Fuchsstute Jasmin jahrelang zusammenlebte und viele Erlebnisse wie Wanderritte und Urlaube teilte, entwickelte sich keine echte Freundschaft.

Eine ähnliche Größe ist oft von Vorteil – aber nicht immer. So gibt es manchmal lustige Kombinationen, wenn zum Beispiel ein Shetty mit einem Großpferd dick befreundet ist. Die soziale Fellpflege wie Mähnenkraulen funktioniert da allerdings nicht richtig.

Meine in Island aufgewachsene Sída freundete sich im Laufe der Jahre mit einigen anderen Isländern an, vor allem mit ruhigen, freundlichen Wallachen. Sie verbrachte aber auch einen sehr harmonischen Weidesommer mit einem genauso sanften und höflichen Araberwallach, wie sie es selbst war. Hektische Mitbewohner mit viel Herumgerenne im Paddock mochte sie überhaupt nicht. Und egal welche Rasse – wer sie einmal unfreundlich weggescheucht oder gemobbt hatte, war bei ihr für alle Zeiten unten durch, egal wie viele freundliche Annäherungsversuche er oder sie später versuchte.

Lange alleine in der Box gehaltene Pferde sind manchmal nur schwer über einen längeren Zeitraum oder sogar gar nicht mehr auf Herdenhaltung umzustellen. Manchmal klappt hier eine Zweierherde mit einem souveränen Partnerpferd oder wenigstens stundenweise gemeinsamer Koppelgang auf großen Flächen.

Soziale Fellpflege

Sída und Skolli – eine große Liebe

Generell gilt: Die meisten Pferde, die in einem sozialen Herdenverband aufgewachsen sind, haben gute Voraussetzungen für eine problemlose Integration in eine neue Herde. Aber auch das ist keine Garantie: Ich kenne eine schlagende und scheuchende Islandstute, die trotz guter Herdenaufzucht unverträglich und asozial mit sämtlichen anderen Pferden ist. Aus Sicherheitsgründen steht sie nun im Einzelpaddock neben den anderen Pferden und sieht dabei entspannt und zufrieden aus.

Gruppenhaltung nach Wallachen und Stuten getrennt?

Viele Betriebe haben gute Erfahrungen mit getrennten Stuten- und Wallachherden gemacht. Das Problem ›deckende Wallache‹ entsteht erst gar nicht und es gibt weniger Rangkämpfe mit Verletzungsfolgen, wenn es nicht um den ›Besitz‹ einer Stute geht.

Ich selbst habe meist gemischte Herden, und auch das klappt sehr gut. In meinem eigenen kleinen Stall kann ich die Mitbewohner meiner Pferde selbst aussuchen. Stellt sich ein Pferd als unverträglich oder unpassend heraus, muss es den Stall wieder verlassen. Zwischen Stute und Wallach habe ich sehr enge und liebevolle Beziehungen erlebt, zum Beispiel zwischen den Isländern Sída und Skolli und aktuell zwischen Exmoorpony Lavena und Fjordmix Juke. Solche harmonischen Freundschaften mit Wallachen würde ich meinen Stuten nicht vorenthalten wollen.

Enge Freunde Juke und Lavena

Der Mensch als Sozialkontakt

Zu den sozialen Kontakten gehören natürlich auch alle Menschen, die das Pferd regelmäßig betreuen oder mit ihm umgehen. Also nicht nur der Besitzer und die Reitbeteiligung, auch der Reitlehrer und der Stallbetreiber oder das Stallpersonal. Pferde sind Meister der Beobachtung und des Einfühlens in andere Lebewesen. Sie spüren die Stimmung ihres Gegenübers ganz genau. Hektik beim Putzen und Satteln, ein genervter, herumschreiender Reitlehrer, chronisch schlechte Laune oder gar aggressiver Umgang des Stallpersonals, wie der Extremfall ›der Bock geht nie rum beim Ausmisten, darum habe ich ihm eins mit der Mistgabel übergebraten‹, verursachen Stress beim Pferd mit all seinen negativen Folgen.

Pflanzenfresser und Dauerfresser

Pferde in freier Wildbahn fressen nicht nur Gräser und Kräuter, sondern ernähren sich zusätzlich von verschiedenen Blättern, Zweigen und Rinden. Um ihren Mineralbedarf zu decken, lecken sie Erde an unterschiedlichen Stellen. Falls möglich, suchen sie gezielt die Plätze auf, wo die entsprechenden Pflanzen wachsen bzw. wo sich die Erdleckstellen befinden, die sie gerade benötigen.

Viele Wallache spielen gerne

Die meiste Zeit des Tages verbringen Pferde mit der Futtersuche. Sie fordert ihren Geist und Körper auf natürliche Weise und sorgt damit für Zufriedenheit und Ausgeglichenheit. Pferde fressen insgesamt etwa zwölf bis 16 Stunden pro 24-Stunden-Tag, aufgeteilt in mehrere Phasen. Unter natürlichen Bedingungen machen sie weder tagsüber noch nachts freiwillig Fresspausen, die länger als drei bis vier Stunden dauern. Rund um die Uhr Raufutter aufzunehmen ist also ein wichtiges, grundlegendes Bedürfnis jedes Pferdes.

Die natürliche Fresshaltung ist bodennah mit abgesenktem Kopf und Streckung des Nackenbandes, ein Bein leicht vorgestellt. Durch das Grasen werden die Muskeln an der Oberlinie, dem oberen Nackenbereich und am Rücken aktiviert und gedehnt. Diese tiefe Fresshaltung unterstützt die natürlichen Reini-

Natürliche Fresshaltung

gungsmechanismen der Atemwege. Langes, langsames Kauen produziert viel Speichel und ist wichtig für eine gesunde Verdauung. Der leicht basische Speichel neutralisiert die Magensäure, dadurch wird der Entstehung von Magengeschwüren vorgebeugt.

Während Pferde kauen, suchen sie mit ihrem Geruchs- und Tastsinn im umliegenden Gras den nächsten Bissen sorgfältig aus. Mit ihrer beweglichen Oberlippe formen sie Grasbüschel, die sie dann mit den Schneidezähnen greifen und ausreißen. Längeres Gras wird erst am Ende und danach stückweise bis unten abgebissen. Pferde reißen das Gras mit einer ruckartigen Seitwärts- oder Rückwärtsbewegung ab. Dabei unterbrechen sie das Kauen nur einen Moment, bei kurzem Gras kauen sie oft sogar einfach weiter.

Fütterung und Fresszeiten

Heu und Gras als Raufutter bilden die Basis der Pferdeernährung – und sind oft auch genug (oder mengenmäßig sogar zu viel). Ein Pferd braucht für eine gesunde Verdauung mindestens 1,5 Kilo Heu pro 100 Kilo Lebendgewicht pro Tag. Dabei kommt es auf den Pferdetyp an: schwerfuttrige Rassen, oft hochblütige Pferde mit viel Bewegungsdrang und dünnem Fell, brauchen deutlich mehr Energie als robuste, dickpelzige Nordponys, Kaltblüter oder auch Rassen aus kargen südlichen Regionen wie Araber und PREs.

Für unsere Hauspferde bedeutet das:

Als Grundfutter brauchen sie Raufutter in guter Qualität und der richtigen Menge und ein Fütterungsmanagement, bei dem die Fresspausen nicht länger als vier Stunden dauern. Gutes Pferdeheu ist vom ersten Schnitt und enthält viele längere Halme, die sich trocken und fest anfühlen. Es riecht angenehm, aromatisch oder neutral, auf keinen Fall muffig oder modrig. Außerdem sollte es eine grünliche oder auch beige-ausgeblichene Farbe haben, nicht grau oder bräunlich, das kann auf Schimmelbefall hinweisen. Heu schlechter Qualität (staubig, schimmelig, Erdreste oder mit Giftpflanzen wie Herbstzeitlose oder Jakobskreuzkraut), aber auch Heulage oder gar nasse Kuh-Silage und/oder ein ungenügendes Fütterungsmanagement sind meiner Meinung nach absolute Ausschlusskriterien bei der Auswahl eines Pensionsstalles, egal wie gut die sonstigen Bedingungen dort sind.

Bei Gruppenhaltung sollten die Heu-Fressplätze möglichst weit auseinander liegen. Bewährt hat sich mindestens ein Fressplatz mehr als die Anzahl der Pferde. Ist der Abstand zwischen den Fressplätzen zu gering, kommt es immer wieder zu Futterneid und damit zu Stress, mit Verletzungsgefahr oder hastigem Fressen, wobei das Heu nicht genügend gekaut wird und zu Verdauungsbeschwerden wie Kotwasser oder Kolik führen kann. Rangniedrige Pferde trauen sich kaum ans Futter mit der Gefahr von Magengeschwüren und Abmagerung.

In vielen Ställen ist es leider immer noch üblich, nur zwei oder drei Heumahlzeiten täglich zu füttern. Ist das Heu rationiert und wird lose vorgelegt und das Pferd steht auf nicht fressbarer Einstreu (also kein Stroh), ist das Raufutter schnell vertilgt und die Fresspausen bis zur nächsten Fütterung werden viel zu lang. Über Nacht können das statt der gesundheitlich unbedenklichen vier Stunden Nahrungskarenz leicht elf Stunden werden, wenn zum Beispiel das Stallpersonal kurz vor Feierabend um 18 Uhr füttert, in zwei Stunden alles aufgefressen ist und die nächste Fütterung erst um 7 Uhr morgens stattfindet.

Übermäßige Pausen bei der Futteraufnahme, sind mit dem Risiko von Schmerzen, Leiden und gesundheitlichen Schäden verbunden. Dazu gibt es sogar ein Urteil des Verwaltungsgerichts Regensburg von 2019 (Aktenzeichen RN 4 K 17.1298), dass eine Futterpause maximal vier Stunden dauern darf und die Dauer der Futteraufnahme täglich mindestens zwölf Stunden betragen muss.

Strategien um die Fresszeiten zu verlängern

Schwerfuttrige Pferde haben es gut: Pferden, die nicht zum Dick-Werden neigen, kann man Heu ad libitum, also ständig zur freien Verfügung, anbieten. Das ist auch für den Besitzer oder Pferdeversorger sehr entspannt, da man sich nicht an Fütterungszeiten halten muss. Eine gute Lösung für loses Heu ist die Fütterung aus Bodenraufen, damit das Heu nicht auf dem Boden zertrampelt und durch Reinpinkeln und Pferdeäpfel verunreinigt werden kann.

Schwieriger wird es bei leichtfuttrigen Pferden. Je karger die ursprüngliche Heimat einer Rasse, umso längere Fresszeiten sind genetisch ›programmiert‹. Das Sättigungsgefühl und damit Zufriedenheit entsteht durch die genügende Zahl der Kauschläge. Ein dauernd fressgieriges Pferd vom Typ ›Raupe Nimmersatt‹ ist bei unseren fetten Wiesen mit immer mehr Hochleistungsgräsern, die eigentlich für hohe Milchleistung bei Kühen sorgen sollen, prädestiniert für Fettleibigkeit und die dadurch verursachten Krankheiten.

In der Natur ist der im Sommer angefressene Speck kein Problem, sondern sogar gewollt, weil die Pferde in den vegetationsarmen Monaten von ihrer Reserve zehren und meistens mager und klapprig aus dem Winter kommen. Ihr Stoffwechsel ist auf diese Gewichtsschwankungen eingestellt.

In menschlicher Obhut funktioniert diese Überlebensstrategie jedoch nicht. Schließlich möchte niemand sein moppelig aus der Weidesaison gekommenes Pferd im Winter hungern lassen. Dagegen spricht nicht nur der Tierschutz. Bei wild lebenden Pferden wird der Stoffwechsel im Winter heruntergefahren, sie bewegen sich möglichst wenig und sparen Energie – wir möchten aber reiten und erwarten die übliche Leistung. So bleibt das Moppelchen auch über den Winter dick und geht schon übergewichtig in den Frühling, wo mit dem energie- und vor allem fruktanreichen Gras die Hufrehe schon um die Ecke lugt.

Sollen die Heu-Fresszeiten verlängert werden, bietet sich die Fütterung aus frei hängenden oder über die Raufe gespannten Heunetzen mit Maschengrößen zwischen 3 und 6 Zentimetern an. Dabei gilt: je kleiner das Pferdemaul und je geschickter das Pferd, umso kleiner darf die Maschengröße sein. Je nach Talent des Pferdes, kann die Fresszeit damit bis zu 30 % verlängert werden.
Vorsicht Hängenbleiben: bei Pferden mit Hufeisen dürfen Heunetze nur außerhalb der Huf-Reichweite genutzt werden, zum Beispiel innerhalb einer Heuraufe.

Praktisch für Diätpferde: Heunetze können zur Kontrolle der gewünschten Heumenge einfach an eine Federwaage gehängt werden.

Schmutzige Heunetze können Sie in der Waschmaschine bei 30 oder 40 Grad waschen.

Bei **Slow Feedern** wie Heukisten und -raufen mit Lochplatten aus Kunststoff oder Fressgittern aus Metall, sollten Sie die Schneidezähne regelmäßig auf Abnutzung kontrollieren. Manche Pferde schleifen sich die Vorderseiten der Zähne an dem harten Material so extrem ab, dass die Zahnnerven freiliegen.

Damit nicht x-mal pro Tag zu festen Zeiten ein Mensch zum Füttern in den Stall muss, haben sich automatisierte Fütterungssysteme bewährt. Vom Heuschrank mit mehreren Böden über selbstgebaute Rollladen für die Heuraufe bis zum Heunetzabwerfer mit Zeitschaltuhr gibt es inzwischen für fast alle Stall-Gegebenheiten eine gute Lösung.

Zeitspartipps

***Heunetzfüller:** Bauen oder kaufen Sie sich eine Vorrichtung zum Aufhängen des Heunetzes zum Füllen. In das aufgespannte Netz kann man das Heu bequem oben in die Öffnung hineinwerfen und das mühsame Stopfen entfällt.*

***Rationelles Arbeiten:** Wenn Sie das passende Heunetzmodell gefunden haben, kaufen Sie viele davon. So können Sie zum Beispiel am Wochenende sämtliche Netze für die kommende Woche füllen und brauchen sie dann morgens vor der Arbeit nur noch schnell aufhängen.*

Slow Feeder mit zeitgesteuertem Futterautomat für ein EMS-Pferd

Heunetzfüller

Heunetzabwerfer mit Zeitschaltuhr

Zeitgesteuerte Schranke öffnet zum neuen Paddockteil mit der nächsten Heuportion

Links und rechts Heuraufen mit Fressgittern, die mit dem Heufüllstand nach unten wandern, in der Mitte ein Heuschrank mit Zeitschaltuhr

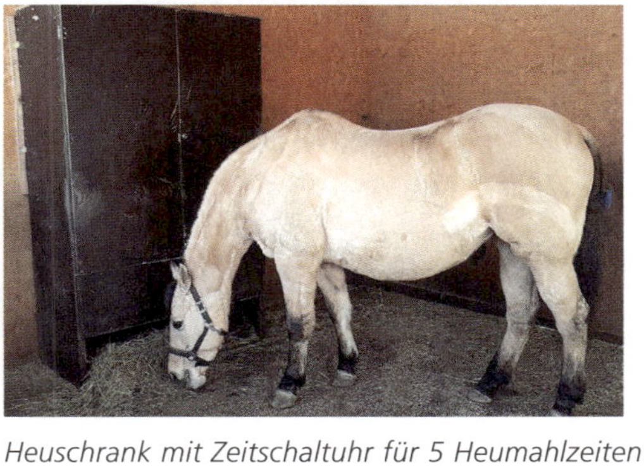

Heuschrank mit Zeitschaltuhr für 5 Heumahlzeiten

Bei allen Fütterungssystemen sollte das Fressen in natürlicher Haltung möglich sein, das bedeutet bodennah mit abgesenktem Kopf und Streckung des Nackenbandes, ein Bein leicht vorgestellt.

Heu-Stroh-Mischungen

Für leichtfuttrige Pferde können Sie einen Teil der Heumenge durch gutes Futterstroh ersetzen – aber Vorsicht: Stroh ist nicht immer in guter Qualität erhältlich. Vor dem Pressen wird es oft nicht genügend getrocknet oder die Ballen werden draußen unter Planen gelagert, so dass es Schimmelnester enthält. Bei Stroh aus konventioneller Landwirtschaft können auch Reste von Giftstoffen aus Getreide-Spritzmitteln enthalten sein.

Wegen seines hohen Raufaseranteils sollte Stroh maximal ein Drittel der Grundfuttermenge ausmachen, sonst kann das Verstopfungskoliken hervorrufen. Ich habe schon mehrere gierige Ponys erlebt, die sich so mit Stroh vollgefressen haben, dass es zu einer Anschoppungskolik führte.

Bei pferdigen ›Fressmaschinen‹ sollten Sie daher mit Stroheinstreu aufpassen und lieber auf nicht fressbare Einstreu wechseln, dazu eventuell etwas abgewogenes Knabberstroh geben. Frisst das Pferd ansonsten jede Nacht die ganze Strohbox leer, wird es trotz rationiertem Heu garantiert nicht abnehmen bzw. sogar noch dicker werden, denn Stroh enthält immerhin etwa 60 % der Energiemenge von Heu.

Eine gute Stroh-Alternative kann mageres (energiearmes) Heu mit nachgewiesen niedrigem Zuckeranteil sein. Durch die heutigen Hochleistungsgräser hat das Heu oft hohe Zuckergehalte von 12 bis 16 %. Gutes Pferdeheu sollte einen Zuckeranteil von unter 10 % haben. Ideal für leichtfuttrige und/oder stoffwechselempfindliche Pferde zum Beispiel mit EMS ist ein Zuckergehalt von unter 6 %.

Pferdefütterung – ein Buch mit sieben Siegeln?

Möchten Sie das Thema Pferdefütterung wirklich umfassend verstehen, vertiefen und die Ration Ihres Pferdes exakt ausrechnen, empfehle ich Ihnen das fast 500 Seiten dicke Standardwerk ›Pferdefütterung‹ von Helmut Meyer. Die ersten Auflagen gibt es nur noch antiquarisch zu kaufen. Die von Manfred Coenen und Ingrid Vervuert überarbeitete Neuauflage finden Sie hier:

Buchtipp

Pferdefütterung
(begründet von Helmut Meyer)
Thieme; 6. aktualisierte Edition
(23. Oktober 2019)
Manfred Coenen, Ingrid Vervuert

Einige Futtermittelfirmen bieten Kosten-Online-Rechner für den Futterbedarf an, zum Beispiel **https://www.pferdefuttercheck.de/.** Hier erhalten Sie einen ersten Überblick und eine Orientierungshilfe, ob die Ration Ihres Pferdes stimmt und was Sie eventuell noch ergänzen oder weglassen können.
Spätestens bei größeren Problemen Ihres Pferdes, die möglicherweise mit der Fütterung zusammenhängen, empfiehlt sich eine umfassende Analyse bei einer von einer Futtermarke unabhängigen Futterberatung wie zum Beispiel Conny Röhm:
https://www.futterberatung-roehm.de

Neben meinem Grundwissen über Fütterung vertraue ich selbst hauptsächlich auf meinen ›gesunden Pferdeverstand‹ und fuhr viele Jahre recht gut mit dem alten Leitspruch: »Das Auge des Herrn füttert das Pferd.« Nur bei meinem ehemals mageren Jungpferd Lavena ging das gründlich schief: Durch die Stoffwechselstörung EMS hat sie einen ungebremsten Appetit und wurde bei gleicher Haltung wie die anderen Robustponys so übergewichtig, dass sie einen schweren Reheschub bekam.

Gesundheitsrisiko Übergewicht

Wie bei uns Menschen gibt es leider heutzutage mehr übergewichtige als normalgewichtige Pferde.

›Dick‹ ist also das neue ›Normal‹, denn unser Auge gewöhnt sich an das, was wir häufig sehen. Ein Beispiel: Die gut trainierten, drahtig-schlanken Dressurpferde auf alten Schwarzweißfotos (s. unten) aus dem letzten Jahrhundert, empfinden wir heute als viel zu dünn. Dabei gilt für gesunde hochblütige Pferde im Sommerfell, dass man in der Wendung die Rippen sehen soll.

Wie finde ich heraus, ob mein Pferd seine Idealfigur hat oder zu dick oder zu dünn ist? Bei der Beurteilung müssen wir den Pferdetyp berücksichtigen – ein Tinker mit Idealgewicht sieht natürlich völlig anders aus als ein schlankes Warmblut, ein Quarter Horse wird durch seine Bemuskelung immer massiger wirken als ein Araber usw.

Alter und Trainingszustand müssen berücksichtigt werden – Jungpferde oder sehr alte Pferde mit wenig Muskelmasse sehen in schlankem Zustand manchmal ein bisschen ›mickrig‹ aus, das ist aber trotzdem gesünder als unnötige Fettmassen mit sich herumzuschleppen. Dickes, plüschiges Winterfell kann Abmagerung bei alten Pferden verbergen, so dass man nach dem Abhaaren oder Scheren im Frühling ein Klappergestell vorfindet. Die Fettverteilung, besonders das ›Kammfett‹ am Hals kann einiges darüber aussagen, ob das Pferd an der Stoffwechselstörung EMS leidet und damit stark Hufrehe gefährdet ist.

Für eine objektive Einschätzung des Ernährungszustandes kann der Body Condition Score (BCS) hilf-

Fritz Stecken auf Noble
(Quelle: L'eperon ein französisches Reitsportmagazin, aus der Bibliothek von Saumur)

reich sein. Hier werden verschiedene typische Körperregionen nach Fettspeichern beurteilt und der Zustand des Pferdes je nach System in fünf bis neun Stufen von ›zu mager‹ über ›normal‹ im mittleren Bereich bis ›zu fett‹ eingeteilt. Eine Anleitung dazu finden Sie zum Beispiel bei: **https://www.natural-horse-care.com/pferdekrankheiten/body-condition-score-pferd.html**

Den Verlauf kontrollieren

Gerade wenn man sein Pferd (fast) täglich sieht, verliert man schnell den Blick für Veränderungen der Figur. Zur Kontrolle mache ich regelmäßig Fotos aus derselben Perspektive und lasse meine Pferde mindestens einmal jährlich von einer Pferdewaage wiegen oder fahre zu einer öffentlichen Lkw-Waage. Freunde von mir messen bei ihrem EMS-Pferd regelmäßig mit einem Maßband den Halsumfang und den Brustumfang, um die Gefahr einer weiteren Hufrehe zu vermindern.

EMS-Zeiger: starkes Kammfett am Hals, wenige Wochen vor einem schweren Reheschub

Gute Figur mit ein paar kleinen Resten von EMS-Fettpolstern am Hals, an der Schulter und an der Kruppe

Gewichtsmanagement im Offenstall

In Gruppenhaltung sollten die Pferde möglichst nach individuellem Futterbedarf zusammengestellt werden. Das erleichtert eine angepasste Fütterung. Ich kenne einige Offenställe, die ihr Haltungssystem mit Erfolg dauerhaft in zwei Gruppen aufgeteilt haben: die ›All-you-can-eat-Gruppe‹ und die ›Diätgruppe‹.

Lebt eine vom Futterbedarf unterschiedliche Herde zusammen, kann man den schwerfuttrigen Pferden über das individuelle Krippenfutter zusätzliche Kalorien verabreichen. Zum Auffüttern geeignet sind zum Beispiel eingeweichte Heucobs, Luzernecobs, Leinsamen, Grünhafer und bei mehr Bedarf auch Reiskleie, Öle, Soja, Zuchtmüslis usw.

Wenn das noch nicht reicht, hilft es nur, die Pferde zeitweise abzutrennen: Während die Leichtfuttrigen eine Futterpause machen oder ein wenig Stroh knabbern, bekommen die Schwerfuttrigen eine üppige Extraportion Heu.

Welche Zusatzfutter braucht mein Pferd?

Mineralfutter

Grundsätzlich sind sich die meisten Pferdeexperten einig, dass die Versorgung mit Mineralstoffen und Spurenelementen im Grundfutter häufig nicht ausreicht. Um gesundheitliche Schäden durch Mängel zu vermeiden, sollte daher jedes Pferd ein passendes Mineralfutter bekommen.

Natriumchlorid (Kochsalz) ist für Tiere (und Menschen) der wichtigste Mineralstoff. Der Körper kann Natrium nicht selbst bilden, muss das Salz also über die Ernährung aufnehmen. Das geht am einfachsten über einen frei zugänglichen Salzleckstein, wo jedes Pferd die benötigte Menge individuell ablecken kann. Dafür reicht ein einfacher weißer Salzleckstein aus gepresstem Siedesalz. Bevorzugen Sie natürliche Lecksteine, ist in Deutschland abgebautes Steinsalz (zum Beispiel Thüringer Bergbrocken) eine ökologischere Alternative zum weitgereisten Himalayasalz. Wenn auch Fohlen in der Herde mitlaufen, sollte der Leckstein außerhalb ihrer Reichweite aufgehängt werden, da sie manchmal zu viel Salz lecken und davon Durchfall bekommen können.

Mineralfutter enthalten lebenswichtige Mengenelemente wie Calcium, Phosphor und Magnesium sowie Spurenelemente wie Zink, Kupfer, Mangan und Selen. Oft sind Vitamine zugesetzt, zum Beispiel E, A und K. Die Auswahl an Mineralfuttern ist riesig, und sie unterscheiden sich in ihrer Zusammensetzung und den Mengenverhältnissen der einzelnen Mineralstoffe zueinander.

Wie finde ich das richtige Mineralfutter für mein Pferd?

Wer das Optimum für sein Pferd finden möchte, kommt um eine Rationsberechnung nicht herum.

Heuanalyse

Dazu wird das Heu in einem Labor auf seine Inhaltsstoffe analysiert, wie viel Energie, Eiweiß, Zucker, Mineralien und Spurenelemente enthalten sind. Nach dem Analyseergebnis werden die benötigte Heumenge, die fehlenden Mineralstoffe und Spurenelemente und eventuell nötiges Kraftfutter berechnet und können gezielt zugefüttert werden. Das funktioniert jedoch nur, wenn das Heu immer vom gleichen Lieferanten und von Wiesen mit sehr ähnlichem Aufwuchs kommt. Bei wechselnden Lieferanten und unterschiedlicher Heuqualität braucht man jedoch eine andere Strategie:

Die Haltung und vor allem die Fütterung geben die ersten Auswahlkriterien vor: Wird das Pferd überwiegend im Stall gehalten und hauptsächlich mit Heu gefüttert, braucht es ein Mineralfutter, das die Vitamine A, D, E und K enthält. Ist es viel auf der Weide, nimmt es die Vitamine A, E und K über das Gras auf und durch den Aufenthalt in der Sonne bildet der Körper selbst das nötige Vitamin D. Zu viele dieser fettlöslichen Vitamine können schädlich sein, daher sollte ein Weidepferd ein spezielles Weide-Mineralfutter ohne diese zugesetzten Vitamine bekommen.

Sportpferde, die viel Kraftfutter bekommen, brauchen ein Mineralfutter mit einem höheren Calciumanteil, der den Phosphorüberschuss des Getreides ausgleicht.

Bei Pferden, die ein Mischfutter wie Müsli oder Pellets bekommen, lohnt es sich, den Sackanhänger sorgfältig zu studieren. In manchen Kraftfuttern sind schon so große Mengen Mikronährstoffe zugesetzt, dass das Pferd kein zusätzliches Mineralfutter mehr braucht und man eher aufpassen muss, nicht zu viel davon zu verfüttern. Vorsicht ist außerdem bei weiteren Zusatzfuttermitteln geboten, die einen Mangel ausgleichen und gesundheitlichen Nutzen haben sollen, zum Beispiel für Muskelaufbau, Linderung von Arthrose in Gelenken oder besseres Hufwachstum. Sie enthalten häufig auch Mengen- und Spurenelemente, die in der Kombination mit einem mineralisierten Mischfutter oder Mineralfutter zu einer gefährlichen Überversorgung, zum Beispiel mit Selen, führen können.

Kraftfutter – Müsli und Co.

Das Angebot an Fertigfutter für Pferde ist inzwischen fast unüberschaubar geworden. Es gibt Müslis und Pellets für jede Rasse und alle nur denkbaren Spezialfälle vom Fohlen bis zum Senior, für Sportpferde und Ponys, kalorienarme für Dickerchen und gehaltvolle zum Auffüttern für magere Pferde.

Wie die Convenience-Produkte für Menschen enthalten diese Futtermittel häufig viel zu viel Stärke und Zucker und eine wilde Auswahl von Zusatzstoffen und Mineralien, die teilweise in kein Pferd gehören. Sie werden klangvoll beworben, sehen appetitlich aus und riechen lecker, auch für den Pferdebesitzer, der beim Füttern ein gutes Gefühl haben soll. Oft sind Konservierungsmittel enthalten, weil die gecrackten und gepoppten Getreidekörner schnell verderben, sowie ätherische Öle, die eventuellen ranzigen Geruch überdecken. So ist eine Qualitätskontrolle nach dem Prinzip ›Sehen und Riechen‹ nicht mehr möglich.

Zeitspartipp

Füttern Sie täglich eine Mischung aus verschiedenen Zusatzfuttern, können Sie viel Zeit sparen, wenn Sie nicht täglich mehrere Eimer oder Futtersäcke aufmachen und die Dosis abmessen müssen. Sammeln Sie leere Futterdosen mit Deckel und stellen Sie die Portionen für eine Woche oder länger auf einmal zusammen. Um Verwechslungen zu vermeiden, können Sie die Dosen mit einem Kunststoffmarker mit dem Pferdenamen beschriften. So können auch andere Personen unkompliziert die Fütterung übernehmen.

Zusatzfutter fertig gemischt für jeden Tag

Getreide als Kraftfutter

Hafer ist das traditionelle Kraftfutter in Deutschland und im nördlichen Europa. Wegen seiner vielen guten Eigenschaften ist er ein echtes, heimisches Superfood und auch heute noch für viele Pferde die allerbeste Lösung. Durch seinen angenehm süßlichen Geschmack wird er sehr gerne gefressen. Seine Schleimstoffe wirken schützend für Magen und Darm des Pferdes. Die enthaltenen Beta Glucane (Ballaststoffe) regulieren den Blutzuckerspiegel, wirken entzündungshemmend und haben einen positiven Einfluss auf die Darmflora.

Hafer enthält von Natur aus die Mineralstoffe Kalium, Magnesium, Eisen, Calcium und Phosphor, die Spurenelemente Zink und Selen und die Vitamine B und E. Mit einem Anteil von etwa 59 % Kohlenhydraten (überwiegend dünndarmverdauliche Stärke) und 7 % Fett hat er fast doppelt so viel Energie wie Heu. Der Gehalt an Eiweiß (Protein) von 10 % ist etwa gleich hoch wie im Heu. Dazu enthält er essentielle Aminosäuren wie Lysin, Methionin und Tryptophan, die das Pferd für den Muskelaufbau benötigt. Aminosäuren sind die Bausteine, aus denen Proteine bestehen.

Erwachsenen Pferden mit gesunden Zähnen füttert man am besten ganzen Hafer. Hafer hat einen hohen Spelzanteil und dadurch sehr viel Rohfaser. Durch das gründliche Kauen wird er gut eingespeichelt und kann optimal verwertet werden. Trocken und kühl gelagert ist er etwa ein Jahr haltbar und kann bei entsprechender mäusesicherer Lagermöglichkeit günstig in größeren Mengen gekauft werden.

Jungpferden im Zahnwechsel, älteren Pferde mit abgenutzten Zähnen oder generell Pferden mit

Zahnproblemen kann man Quetschhafer füttern. Weil die Körner aufgebrochen sind, wird der gequetschte Hafer schnell ranzig, was man am muffigen Geruch erkennt. Auch bei kühler, geschlossener Lagerung ist er nur Tage bis wenige Wochen haltbar. Für größere Ställe lohnt sich daher eine eigene Haferquetsche, mit der man täglich frisch quetschen kann.
Braucht das Pferd nur eine kleine Menge Kraftfutter, zum Beispiel, um das Mineralfutter einzumischen, kann man auch einfach Haferflocken im Supermarkt kaufen und am besten mit etwas Wasser eingeweicht verfüttern.

Gerste ist das traditionelle Kraftfutter im Orient und im südlichen Europa. Gerstenkörner sind viel härter als Haferkörner und werden von manchen Pferden nicht genügend gekaut. Heute werden sie in der Regel gequetscht oder gepoppt verfüttert, damit sie im Pferdedarm besser aufgeschlossen und verdaut werden. Hiermit haben wir wieder das Problem der begrenzten Haltbarkeit.

Verglichen mit Hafer sind die Kohlenhydrate aus Gerste im Dünndarm schwer verdaulich. Ein großer Teil landet unverdaut im Dickdarm und kann durch die Veränderung der Darmflora Blähungen, Durchfall und Kolik verursachen. Gerste sollte daher nur in kleineren Mengen gefüttert werden. In Versuchen wurde festgestellt, dass kleine und leichte Südpferde die Fütterung mit Gerste viel besser vertragen als schwerere Nordpferde.

Leinsamen – der gesunde Alleskönner für glänzendes Fell, zum Auffüttern und als Unterstützung für Magen und Darm.

Leinsamen enthält durch seinen hohen Ölanteil viel Energie, eine große Menge gesunder Omega-3-Fettsäuren und Vitamin E. Damit gefütterte Pferde ›glänzen wie eine Speckschwarte‹ und der Fellwechsel wird positiv beeinflusst. Frisch gekochter Leinsamenschleim hat eine schützende Wirkung auf die Magenschleimhaut und lässt stressbedingte Schleimhautläsionen abheilen. Eine Kur mit Leinsamenschleim kann sogar eine Alternative oder zumindest eine Unterstützung zu tierärztlich verschriebenen Medikamenten gegen Magengeschwüre wie Protonenpumpenhemmern sein.

Ich verfüttere besonders im Winterhalbjahr gerne Leinsamen als Bestandteil von Mash. Meine alte Islandstute hat ihn in ihren letzten Jahren mit altersbedingt abgenutzten Zähnen sogar täglich bekommen, erstmal um die nötigen Kalorien ohne Kohlenhydrate zu ergänzen und wegen der ›flutschenden‹ Wirkung auf die Darmschleimhaut.

Trotz der vielen positiven Effekte verbindet mich mit Leinsamen eine gewisse Hassliebe, denn das Kochen hat mich schon einige Nerven gekostet. Zuerst dauert es gefühlt ewig, bis die Leinsamen-Wasser-Mischung endlich anfängt Blasen zu werfen und zu kochen. Verpasst man diesen Zeitpunkt und regelt die Temperatur nicht sofort herunter, erlebt man einen Vulkanausbruch und ein Atom-Schleimpilz ergießt sich über den ganzen Herd, gefolgt von einer 15minütigen Putzorgie.

Bei der Wassermenge kann man ruhig großzügig sein, zum Beispiel 250 Milliliter Wasser auf 40 Gramm Leinsamen. Je mehr Wasser, desto mehr Schleim entsteht und desto mehr Futter wie Weizenkleie, Haferflocken, eingeweichte Heucobs oder Rübenschnitzel muss dazugemischt werden, damit der Schleim eine fressbare Konsistenz bekommt.

›Schlonzi‹-Rezept zur Unterstützung der Magenschleimhaut (am besten aufgeteilt auf mehrere Portionen pro Tag füttern):
100 Gramm brauner Leinsamen
100 Gramm Haferflocken (alternativ Weizenkleie)
mit einem Liter Wasser (alternativ Kamillen- oder Pfefferminztee) aufkochen und etwa 15 Minuten auf kleiner Flamme weiterköcheln lassen

Zusätzlich kann das ›Schlonzi‹ mit eingeweichten Heucobs und unmelassierten Rübenschnitzel vermengt und verfüttert werden.

Leinsamen sollte nur in ganzen Körnern gekauft werden, da geschroteter Leinsamen bereits nach einer Woche ranzig werden kann. Er enthält den Giftstoff Blausäure, brauner etwas mehr, gelber Leinsamen etwas weniger. Der Unterschied zwischen braunem und gelbem Leinsamen zeigt sich hauptsächlich bei der Quellfähigkeit. Gelbe Leinsamen quellen stärker auf und sind deshalb besser zur Anregung der Verdauung im Darm geeignet. Sie enthalten dafür weniger Schleimstoffe. Als Magenschutz wirkt daher brauner Leinsamen besser.
Bei einer empfohlenen Tagesdosierung von 10 bis 20 Gramm Leinsamen pro 100 Kilogramm Lebendgewicht des Pferdes, also etwa 40 bis 80 Gramm für ein Pferd mit 400 Kilo, ist die enthaltene Blausäuremenge auch bei braunem Leinsamen nicht schädlich. Um den gesunden Leinsamenschleim zu erhalten, muss man ihn aber sowieso kochen. Die Blausäure ist wasserlöslich und verdampft beim Kochen, so dass man mit zehn Minuten köcheln lassen auch hier auf Nummer Sicher geht und zum Beispiel bei Pferden mit schlechten Leberwerten nicht noch mehr Giftstoffe füttert.

Leinöl enthält logischerweise nur die Vorteile der Öle, nicht des Schleimhautschutzes. Wenn Sie also nur Ihr Pferd auffüttern oder beim Fellwechsel unterstützen möchten, ist das eine bequeme Alternative.

Weizenkleie war früher traditionell in jedem Mashrezept zu finden und auch für die Fütterung von Arbeitspferden sehr geschätzt. Sie besteht aus den äußeren Schichten des Korns, die nach dem Sieben des Mehls übrigbleiben, ist zucker- und stärkearm und enthält verhältnismäßig viel Eiweiß und wertvolle Aminosäuren.
Der hohe Phosporgehalt ist bei einer getreidearmen oder getreidefreien Fütterung mit ausreichend Heu kein Problem, da diese Rationen eher einen Calciumüberschuss haben. Ansonsten sollte er durch ein geeignetes Mineralfutter ausgeglichen werden. Durch den hohen Rohfasergehalt (Ballaststoffe) kann Weizenkleie viel Wasser binden und wirkt daher verdauungsfördernd.

Ähnlich wie Leinsamen bildet Weizenkleie mit heißem Wasser übergossen gesunde Schleimstoffe, welche die Magen- und Darmschleimhäute schützen und heilen können. Daher ist sie besonders für Pferde mit Magengeschwüren, Magenschleimhautentzündung und der Neigung zu Verstopfungskoliken ein wertvolles Futtermittel. Die Dosierung liegt bei 50 Gramm (bis höchstens 100 Gramm) pro 100 kg Körpergewicht.

Der ›getreidefrei‹ Trend

Damit das ›Dickerchen‹ auch etwas in den Trog bekommt, wenn die anderen Pferde fressen und für ein gutes Gefühl beim Besitzer, werden immer mehr getreidefreie ›Kraftfutter‹ auf der Basis von Heu oder Luzerne mit allerlei mehr oder weniger sinnvollen Zusätzen angeboten. Auch hier sollten Sie genau prüfen, was drin ist, vor allem zugesetzte Mineralien und Spurenelemente sowie die Stärke- und Zuckerwerte.
Eine günstige und gesunde Alternative, zum Beispiel, um das Mineralfutter unterzumischen: eine Handvoll aufgeweichte Gras- oder Luzernecobs.

Saftfutter vom Feld und aus dem Garten

Früher bekamen die Arbeitspferde im Winter täglich gehackte **Futterrüben** (Runkelrübe) vermischt mit gehäckseltem Stroh als Saftfutter in den Trog.
Sind die Pferde daran gewöhnt und mögen sie, kann man die von Erdresten befreiten Runkelrüben auch ganz verfüttern. Es dauert seine Zeit, bis so eine dicke Rübe verspeist ist und das Knurpsen und Beknabbern ist nicht nur hörenswert, sondern auch eine gute Beschäftigungsmöglichkeit.
Leider sind Futterrüben inzwischen schwer zu bekommen, weil es fast keine Bauern mehr gibt, die sie anbauen. Zum längeren Lagern braucht man am besten einen ›Rübenkeller‹, also einen dunklen, kalten, aber frostfreien Gewölbekeller in einem alten Haus.

Zuckerrüben werden noch häufiger angebaut, eignen sich jedoch wegen (Überraschung) ihres hohen Zuckergehaltes von etwa 20 % nur für wirklich dünne Pferde zum Auffüttern. Das gilt auch für me-

lassierte **Zuckerrübenschnitzel**. Sie sind ein sehr faserreiches Saftfutter für Pferde und enthalten Pektine, die sich positiv auf die Darmflora auswirken.Wer diese guten Eigenschaften trotzdem nutzen möchte, kann entmelassierte Rübenschnitzel verfüttern, die sogar für EMS- und Rehepferde geeignet sind.
Rübenschnitzel gibt es pelletiert und als lose Schnitzel. Sie müssen nur trocken gelagert werden, dann gibt es kein Problem mit der Haltbarkeit.
Vor dem Verfüttern müssen sie sehr gründlich mit viel, am besten warmem oder heißem Wasser eingeweicht werden. Sie quellen sehr stark auf und trocken oder nicht komplett aufgeweicht verfüttert, können sie zu Schlundverstopfung und Koliken bis zum Magenriss führen. Pellets brauchen bis zu 12 Stunden, lose Schnitzel etwas weniger. Es gibt auch speziell vorbehandelte, entmelassierte Schnitzel, die eine viel kürzere Einweichzeit brauchen, so dass man sie zum Beispiel vor dem Reiten ansetzen und nach dem Reiten verfüttern kann. Im Sommer darf man die aufgeweichten Schnitzel nicht zu lange stehen lassen, sonst können sie gären und auch wieder zu Koliken führen.

Rote Beete und Mohrrüben (Karotten, Möhren) sind durch die enthaltenen Mineralstoffe, Spurenelemente und Vitamine ein gesundes Saftfutter. Möhren haben besonders viel Carotin, eine Vorstufe von Vitamin A, das der Körper daraus selbst bilden kann. Allerdings sollte man es mit der Menge nicht übertreiben, da sie nicht nur ziemlich viel Zucker (100 Gramm Möhren etwa 5 Gramm Zucker; 100 Gramm Rote Beete sogar 7 Gramm Zucker) enthalten, sondern durch Düngung auch mit giftigem Nitrat belastet sein können.
Karotten und Rote Beete sollten roh und möglichst als Ganzes verfüttert werden, da kleine Stücke in der Hektik zum Beispiel aus Futterneid oft nicht genügend zerkaut werden und das Risiko einer Schlundverstopfung droht. Auf keinen Fall sollten Sie Möhren quer in runde Scheiben schneiden, sondern höchstens längs zerteilen.
Vor dem Verfüttern sollten Sie die Möhren waschen, um Erdreste zu entfernen, sowie braune und matschige verdorbene Stellen abschneiden. Für alte Pferde mit Zahnproblemen können Sie die Möhren auch mit einer Haushaltsreibe raspeln und zum Beispiel in den Heucobsbrei mischen.
Mohrrüben und Rote Beete werden in vielen Ställen in großen Säcken als Sammelbestellung geliefert. Die Säcke sollten Sie vor Mäusen und Frost geschützt kühl und dunkel lagern. Gefrorene Möhren sollten Pferde wegen Kolikgefahr nicht fressen. Nach dem Auftauen sind sie ›matschig‹, weil dadurch die Zellwände zerstört wurden und verderben sehr rasch. Also besser nicht mehr verfüttern, sondern auf den Misthaufen damit.

Fütterungstipp

Ein ›Topping‹ aus Möhrenraspeln auf dem Eimer kann auch helfen, mäkelige Pferde ans Fressen zu bringen.

Leckerli gesund und günstig

Gekaufte Leckerli sind teuer und manche ziemlich ungesund. Viele Sorten enthalten einen erstaunlich hohen Anteil an altem Brot, das bedeutet Weizenmehl, dessen Klebereiweiß Koliken verursachen kann. Mein Vater hat das am Ende des 2. Weltkrieges auf der Flucht mit dem Pferdefuhrwerk aus Ostpreußen erlebt, als der Hafer ausging und die Pferde mit Weizenmehl als Kraftfutter gefüttert wurden. Zu einem hohen Stärke- und Zuckeranteil kommen künstliche Zusätze wie Geschmacksverstärker, Geruchsstoffe, Farbstoffe sowie zugesetzte Mineralien und Vitamine, die nicht zur sonstigen Ration passen und zu viel werden können.
Greifen Sie lieber zu natürlichen Leckerli ohne Zusatzstoffe, wie Hanfcobs, harte Heucobs, die zur Trockenfütterung geeignet sind, frische oder getrocknete Hagebutten, Mohrrüben oder selbstgemachte Pferdekekse, zum Beispiel aus Haferflocken mit Roter Beete, Apfel, Banane oder Möhrensaft. Rezepte dafür finden Sie im Internet.

Gekaufte Leckerli und Heucobs sind oft sehr groß und damit ist die Tüte schnell leer gefuttert. Kalorien und Geld sparen können Sie, indem Sie die Cobs mit einer Kneifzange in kleinere Stücke zerteilen. Damit die Stücke nicht durch die Gegend fliegen, lässt man die Leckerli dazu in einem breiten Eimer und zwickt sie dort auseinander.

Abwechslung und Erkundungsverhalten

Als ›Fernwanderwild‹ sehen wilde Pferde ganz unterschiedliche Landschaften und meistern täglich neue Herausforderungen. Neben der reinen Bewegung wollen und müssen sie regelmäßig Abenteuer und Abwechslung haben. Nur Futter und eine kleine, ebene, langweilige Weide reichen nicht aus, um Pferde wirklich zufrieden zu machen. Sie möchten auch auf geistiger und körperlicher Ebene gefordert und gefördert werden.

Abwechslung in Paddock und Stall

Haben Sie einen eigenen Stall mit genügend Platz oder die Erlaubnis des Stallbesitzers, kann der Auslauf zu einem Abenteuerspielplatz aufgewertet werden: ein aufgeschütteter Kletterhügel, eine Sandkuhle zum Wälzen, lange Wege mit verschiedenen Untergründen wie Kieselsteine, Sand, Holzhackschnitzel, Betonplatten, liegende Baumstämme und größere Äste zum Überklettern, ungiftige Sträucher und Hecken zum Knabbern als Schattenplatz und Raumteiler, ein Wasserloch oder eine Schwemme, ein Matschplatz, ein alter Traktorreifen mit Schotter gefüllt als Podest und Aussichtsplatz, eine Kratzstation mit Noppenmatten, Besen und Bürsten in verschiedener Höhe usw.

Auch ohne größere bauliche Veränderungen oder Pflanzaktionen lässt sich das Lebensumfeld mit einfachen und günstigen Mitteln aufpeppen: Eine Noppenmatte zum Kratzen an der Stallwand befestigt, täglich frisch geschnittene Knabberäste von ungiftigen Sträuchern und Bäumen, größere Äste im Paddock zum Übersteigen und Beknabbern, ein stabiler Spielball und frei baumelnd aufgehängte Heunetze oder Heutaschen sorgen für anregenden und sinnvollen Zeitvertreib.

In Internet und besonders auf Social Media findet man fast unendlich viele ›Enrichment‹-Ideen zum

Baumstämme zum Überklettern

Kauf und zum Selbstbasteln. Bei der Auswahl lohnt es sich auch hier, den gesunden Menschenverstand walten zu lassen. Nicht alles, was enthusiastisch mit bunten Bildchen angepriesen wird, ist gesund, ungiftig, ungefährlich oder angenehm für Pferde. Manches fertig angebotene Leckspielzeug besteht aus einer Unmenge Zucker mit chemischen Geschmacks- und Geruchsstoffen, und einige Selbstbauten sind instabil oder schlichtweg lebensgefährlich durch Splitter oder die Gefahr von Schlundverstopfung.

Im Training sorge ich für möglichst viel Abwechslung, in dem ich meine Pferde nicht nur regelmäßig in bekanntem und fremden Gelände und in der Bahn reite, sondern viele verschiedene Übungen am Boden biete. Bodenarbeit mit unterschiedlichen Hindernissen fördert die Körperbeherrschung und das Nervenkostüm, klassische Handarbeit und Equikinetic dienen der Gymnastizierung, Zirkuslektionen fordern Geist und Körper und lange gemeinsame

Erkundungsverhalten im Bällchenbad

Traktorreifen mit Schotter gefüllt

Propriozeptionsübung auf der Wippe

Kompliment

Spaziergänge halten mich ohne extra Zeitaufwand auch noch fit.

Das Pferd als Fluchttier

Als Fluchttier halten sich die meisten Pferde am liebsten dort auf, wo sie einen guten Überblick über mögliche Gefahren und Feinde haben. Im Umkehrschluss kann eine Haltung in Tallagen, wie Mulden, Talsohlen und Senken oder mit eingeschränktem Sichtfeld zu Unbehagen und Stress führen.

Ich bekam eine idyllisch in einem unbesiedelten engen Tal am Fuß der Schwäbischen Alb gelegene Wiese zum Abweiden angeboten. Am Rand der neuen Weide verlief ein Bach, was für das Tränkwasser sehr praktisch war, dahinter Wald, und auf der anderen Seite ging es direkt zweihundert Meter einen steilen Abhang hoch. Abgesehen davon, dass unsere Pferde das Gras und die Pflanzengesellschaften der feuchten Wiese nicht besonders mochten, fühlten sie sich auch sonst überhaupt nicht wohl. Selbst nach einigen Wochen waren sie noch ständig schreckhaft, unruhig, guckig und nie wirklich entspannt. Die Wiese war sehr ruhig gelegen und eigentlich hätte es nach menschlichem Ermessen keinen Grund für diese Angst gegeben. Ich vermute jedoch, die Pferde waren beunruhigt, weil sie keinen weiten Ausblick hatten und die Ursache mancher Geräusche nicht lokalisieren konnten. Also gab ich diese Weide auf und suchte nach Wiesen mit Aussicht in höheren Lagen.

Ein ähnliches Erlebnis hatte eine Schülerin von mir mit ihrem Reitpony nach einem Stallwechsel in eine Paddockbox in einem gegenüber der Umgebung tief eingekerbten dunklen und feuchten Bachtal. Das Pony fühlte sich sichtlich gestresst und unwohl, so dass sie nach zwei Monaten wieder in einen Stall mit mehr Ausblick und Sonne umzog.

Die Insektenplage in windarmen Flusstälern ist ein weiterer Grund, warum sich Pferde so eine Lage nie freiwillig als längeren Aufenthaltsort aussuchen würden.

Klassische Handarbeit

Fresspause für Buchenzweige beim Spaziergang

Der ideale Stall – was passt für mein Pferd?

Ganz kurz auf den Punkt gebracht: der ideale Stall ist der, in dem mein Pferd mit seinen besonderen Anforderungen und Bedürfnissen langfristig gesund und zufrieden leben kann.

Einzelhaltung und Gruppenhaltung von Pferden

Allein die Tatsache, ob ein Pferd in Einzel- oder Gruppenhaltung lebt, ist kein grundsätzliches Kriterium, ob die Haltung pferdegerecht ist. Auf die Umsetzung und die Bedingungen kommt es an. Für beide Haltungsformen gibt es gute und schlechte Beispiele.

Einzelhaltung bedeutet in der Regel, dass das Pferd in einer Box mit oder ohne Paddock lebt. Es kann verschiedene Gründe geben, warum Einzelhaltung für ein Pferd temporär oder sogar dauerhaft besser ist.

Einzelhaltung in der Box und stundenweise auf einem Gruppenauslauf oder einer Koppel mit wenigen freundlichen, ausgesuchten Pferdekumpels kann zum Beispiel für sehr rangniedrige Pferde passen, die in Herdenhaltung ständig gescheucht und verletzt werden, dadurch zu viel Stress bis zum Magengeschwür haben und nie genug Futter abbekommen. Auch manche älteren Pferde haben lieber über Nacht in der Box ihre Ruhe und eine riesige Futterportion, die sie ohne Störungen ganz gemächlich verputzen können. Die meisten Hengste können nicht in der Gruppe gehalten werden, außer in Stutenherden oder einige Ausnahmepferde in einer Wallachherde außerhalb der Decksaison. Krankheit kann ein weiterer Grund sein: Einige Wochen oder Monate in der Box sind meist unvermeidbar für Pferde, die schwere Beinverletzungen oder Operationsfolgen auskurieren müssen.

Bei **Boxenhaltung** ist es immens wichtig, dass die Pferde regelmäßig freie Bewegung mit Artgenossen auf wetterfesten Ausläufen oder auf der Koppel

Innenboxen in einem historischen Stallgebäude im Haupt- und Landgestüt Marbach, Baden-Württemberg

haben. Dort können sie Sozialkontakte ohne Zwischenwand ausleben und sich körperlich und psychisch erholen.

Innenbox

Wie der Name schon sagt, befinden sich Innenboxen im Innenraum eines Stalles und haben kein direktes Fenster in Pferdekopfhöhe zum Herausschauen. Der Klassiker ist ein längliches Stallgebäude mit einer Stallgasse in der Mitte und links und rechts davon jeweils eine Reihe Gitterboxen mit Tür zur Stallgasse. Fenster oder Lichtbänder sind höher und außerhalb der Pferdereichweite angebracht. Dabei gilt der Richtwert von mindestens 1 m^2 Fensterfläche pro Pferd. Die Fenster sollten sich öffnen lassen. Manchmal gibt es zum Luftaustausch zusätzlich eine Firstlüftung.

In allen Stallgebäuden sollte eine gute Durchlüftung herrschen und die Innentemperatur in etwa der Außentemperatur entsprechen (Kaltstall). Das früher oft als Begründung für im Winter fest verrammelte Fenster und Türen genannte Problem, dass bei Frost die Wasserleitungen zu den Selbsttränken einfrieren, lässt sich leicht durch Rohrbegleitheizungen lösen.

Zu warme, ›miefige‹ Stallluft bedeutet zu hohe Staub- und Schadgasbelastungen, durch die das Atemwegssystem geschädigt wird. Dadurch werden die Pferde anfälliger für Infektionen, die in chronische Atemwegserkrankungen übergehen können. Auch das Thermoregulationssystem wird in dieser Haltungsform zu wenig gefordert, die Pferde werden empfindlicher gegen Temperaturschwankungen und Witterungseinflüsse und weniger robust gegenüber Krankheitserregern.

Für die **Luftqualität** gibt es einfache Verbesserungsmaßnahmen: Dauerhaft herausgenommene Fensterscheiben aus hoch angebrachten Luken lassen frische Luft in den Stall. Die unterste Bohle der Boxenwände sollte auf Klötzchen aufgelegt werden und einen kleinen Spalt zum Boden offenlassen, damit sich am Boden kein Ammoniaksee bildet, den

Fenster außerhalb der Pferdereichweite

das Pferd besonders beim Liegen und beim Fressen mit tiefem Kopf einatmet. Auch Lüftungsschlitze in den Boxenfronten lassen Ammoniakdämpfe aus dem Mist besser entweichen. Keine Matratzenstreu und täglich mindestens zweimal gründliches Ausmisten, vor allem die nassen Stellen herausnehmen, sollte selbstverständlich sein.

Pferdeboxen müssen nicht nur hell und luftig, sondern auch **ausreichend groß** sein. Die Mindestfläche für eine Box hängt von der Größe des Pferdes ab und wird mit der Formel $(2 \times \text{Widerristhöhe})^2$ berechnet. Das typische Maß vieler Boxen vor allem in älteren Ställen ist 3 x 3 Meter, also 9 Quadratmeter und würde nach dieser Formel für ein bis 1,50 m großes Pferd ausreichen. Die Standardgröße 3 x 4 Meter wäre für ein Pferd bis 1,73 Meter Stockmaß geeignet. In der Praxis zeigt sich jedoch, dass sich ein so großes Pferd darin kaum bewegen und nicht einmal bequem umdrehen kann. Bei einer rechteckigen Box sollte die kurze Seite mindestens die 1,5fache Widerristhöhe des Pferdes haben. Eingebaute Heuraufen und Tränken schränken den Platz noch weiter ein.

Falls die Boxen durch Gitterstäbe abgetrennt sind, sollten Sie darauf achten, dass der Abstand zwischen den Stäben nicht zu groß ist. In den ›Orientierungshilfen für Bau und Modernisierung von Ställen und Reitanlagen‹ der FN (Deutsche Reiterliche Vereinigung) wird ein Gitterabstand fünf Zentimetern empfohlen. Ist der Abstand der Gitterstäbe größer, kann sich das Pferd besonders beim Wälzen oder Aufstehen mit einem Huf dazwischen verfangen. Das führt zu Panik und in der Folge oft zu schweren Verletzungen besonders der Gelenke. Ist der Abstand der Stäbe so weit, dass das Pferd den Kopf durchstecken kann, droht eine Verletzung der Halswirbelsäule oder im Extremfall ein Genickbruch.

Boxen mit halbhohen Trennwänden ohne Gitter bieten auf gleicher Grundfläche mehr Platz. Ohne Gitter kann das Pferd besser sozialen Kontakt zum Nachbarn pflegen – wenn sich die beiden gut leiden können. Dabei sollte man unbedingt die persönliche Individualdistanz der Pferde beachten. Ein giftendes, futterneidisches Nachbarpferd, das ständig über die Trennwand herüberbeißt, ist Dauerstress der schlimmsten Art. Noch schlimmer ist, wenn das Pferd von zwei Seiten von bösen Nachbarn quasi in die Zange genommen wird und die Box zu klein zum Ausweichen in eine sichere Zone ist.

Das Argument für Boxenhaltung wegen der geringeren Verletzungsgefahr im Vergleich zur Gruppenhaltung wird übrigens durch Studien klar widerlegt. In Einzelboxen kommt es sogar überdurchschnittlich oft zu Verletzungen, besonders durch Konflikte mit den Nachbarpferden.

Ist die Stallgasse breit genug, bringt eine Luke zum Herausschauen auf die Stallgasse schon geringe Verbesserungen wie ein wenig mehr Anregung durch Umweltreize – die Pferde können mehr am Leben im Stall teilhaben und ihr ausgeprägtes Erkundungs- und Neugierverhalten wenigstens ein bisschen ausleben.
Ist die Stallgasse allerdings zu schmal, kann das Vorbeiführen von Pferden zum Spießrutenlaufen werden, weil manche der herausschauenden Boxenpferde mit angelegten Ohren drohen und zu beißen versuchen.

Wird ein Pony in einer Großpferdebox gehalten, hat es zwar relativ viel Platz. Doch leider bedeutet das oft verschärfte Einzelhaft mit dem Blick nur gegen Wände, weil die Standard-Trennwand mit 1,30 Metern viel zu hoch ist. Viele kleinere Ponys geben irgendwann auf und stehen nur noch resigniert herum. Nochmal zu Erinnerung: Jedes Pferd muss zumindest Sicht-, Hör- und Geruchskontakt zu Artgenossen haben, sonst ist das ein Verstoß gegen das Tierschutzgesetz. Bei größeren Ponys, die täglich stundenlang mit angehobenem Kopf und durchgedrücktem Unterhals und Rücken über eine zu hohe Wand gucken, sind Rückenschmerzen und als Spätfolge ein Senkrücken vorprogrammiert.

Zum Glück sind Ställe mit reinen Innenboxen inzwischen bei Pferdebesitzern so unbeliebt, dass viele Stallbetreiber, vor allem in ländlichen Gebieten, kaum noch Einsteller finden. In den letzten Jahren ist daher bei Pensionsställen eine positive Entwicklung zu beobachten: Immer mehr Altbestände werden mindestens zu Paddockboxen oder Gruppenlaufställen umgebaut, Allwetterausläufe werden

Keine Aussicht und wenig Abwechslung

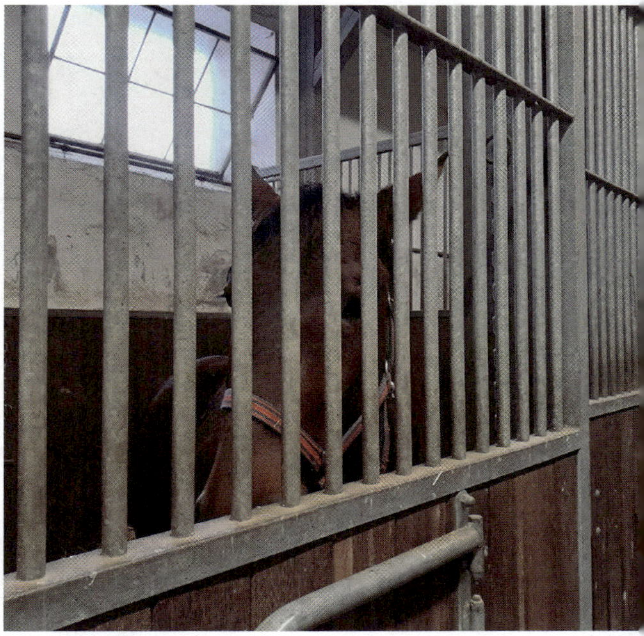

angelegt und winzige Einzelkoppeln zu größeren Gruppenkoppeln zusammengefasst.

In stadtnahen Regionen mit großem Pferdebestand und hohen Pensionspreisen sind Innenboxen in älteren Ställen mit schlechter Belüftung, wo die Boxen nur Mindestmaße haben, aufgrund der im Vergleich zur Paddockbox günstigeren Unterstellkosten leider noch häufiger zu finden.

Wenn wir Pferdemenschen hier etwas bewegen möchten, bedeutet das: Abstimmen mit den Füßen! Also solche Ställe bei der Auswahl meiden oder mit Umzug drohen, wenn sich nichts zum Besseren ändert. Bleiben die Kunden aus, lassen sich viele Stallbetreiber mit Altbeständen überzeugen, dass sie pferdefreundlich umbauen müssen, um zukunftsfähig zu werden!

Fazit: Eine Innenbox bleibt ohne täglich ausreichend freie Bewegung zusammen mit Artgenossen auf matschfreien Ausläufen oder auf der Weide immer ein Kompromiss zu Lasten des Pferdes. Anlagen, in denen die Gebäude nicht pferdegerechter umgebaut werden können, müssen genügend ganzjährig nutzbare Auslaufflächen schaffen. Wenn Pferde das ganze Jahr über ausreichend Auslauf in der Herde haben, kann auch diese Haltung einigermaßen artgerecht sein. Leider zeigt sich in der Praxis, dass viele Stallbetreiber ihre Koppeln bei schlechtem Wetter schonen wollen oder müssen sowie die Investition in matschfreie Allwetterausläufe scheuen und die Einstellpferde sich deshalb 23 Stunden am Tag die Beine in den Bauch stehen.

Außenbox mit Fenster

Eine Außenbox ermöglicht es dem Pferd, durch eine Öffnung nach draußen zu schauen. Ein Fenster nach außen verbessert die Haltungsbedingungen in einer Box gleich in mehreren Punkten: Das Pferd bekommt frische Luft und ist den Klimareizen wie Kälte, Sonne und Regen wenigstens in gewissem Maße ausgesetzt. Die Atemwege werden geringer belastet und das Pferd wird widerstandsfähiger gegen Krankheiten. Es sieht, was draußen passiert, und gewöhnt sich an Umweltreize wie Traktoren,

Wanderreitquartier in einem historischen Stallgebäude

rennende Kinder, ratternde Bobbycars und bellende Hunde. Zumindest, wenn das Fenster nicht gerade zum drögen Hinterhof mit dem Misthaufen liegt oder beim kleinsten Regenschauer, ein bisschen Wind oder Kälte sofort wieder geschlossen wird.

Paddockbox

Als Paddockboxen werden Außenboxen mit einer Tür oder einem Durchgang zu einem angrenzenden kleinen Auslauf bezeichnet. Für die Box gelten die gleichen Mindestmaße wie für Innenboxen. Der Paddock sollte wenigstens die gleiche Fläche wie die Box haben, damit sich das Pferd zumindest problemlos umdrehen und hinlegen kann. Jeder noch so kleine Paddock ist immer noch besser als gar kein Paddock. Durch die größere Gesamtfläche kann das Pferd ein paar Schritte geradeaus machen und hat kleine Bewegungsanreize, wenn das Heu innen gefüttert wird und draußen gibt es etwas zu sehen oder die Möglichkeit, in der Sonne zu dösen.

Durch luftige Abtrennungen mit drei oder vier waagerechten Stahlrohren haben die Pferde bessere

Frische Luft und Aussicht werden gerne angenommen

Moderner Außenboxenstall im Haupt- und Landgestüt Marbach, Baden-Württemberg

Möglichkeiten für Sozialkontakte. Dazu sollten sich benachbarte Pferde gut verstehen und genug Platz zum Ausweichen da sein, falls doch mal eins über den Zaun beißt. Abtrennungen mit Elektrozaun sind für kleine Paddocks verboten, da die Tiere beim Kontakt mit dem Zaun keine Fluchtmöglichkeit haben.

Die Boxentüren zum Paddock sollten ganz entfernt oder zumindest rund um die Uhr geöffnet bleiben, damit das Pferd so viel wie möglich den gesunden Außenklimareizen ausgesetzt ist. Haben sie die Wahl, halten sich fast alle Pferde auch bei Regen (außer stundenlangem kalten Dauerregen oder Starkregen) oder Kälte lieber im Auslauf als im Stall auf, den sie nur zum Fressen, Schlafen im Liegen und zum Pinkeln in die weiche Einstreu aufsuchen.

Auf kleinen Paddocks sollte ein fester, abfegbarer und rutschfester Boden verlegt werden, der nicht durch Sand oder Ähnliches zum Wälzen einlädt. Beim Wälzen besteht Verletzungsgefahr, da Pferde mit den Beinen an den Abtrennungen hängenbleiben können. Für die Sehnen, Muskeln und die Hufqualität ist es von Vorteil, wenn durch einen harten Boden ein gegensätzlicher Reiz zur weichen Einstreu der Box geschaffen wird.

Auch eine Box mit ›Balkon‹ reicht nicht, um das Laufbedürfnis zu befriedigen. Das Pferd braucht täglich zusätzlich freien Auslauf auf größeren Flächen und sollte zusätzlich durch Reiten oder Arbeit am Boden bewegt werden.

Ist genug Platz vorhanden, kann ein längerer, galoppierfähiger Auslauf mit weicherem, rutschfestem Boden angelegt werden, zum Beispiel Paddockplatten mit Sandtretschicht. Werden der Stall oder die Boxen neu gebaut, bietet sich ein System mit flexiblen Abtrennungen an, so dass zum Beispiel zwei Boxen und Paddocks zusammengelegt und als Mini-Offenstall für zwei Pferde oder drei Ponys genutzt werden können.

Gruppenhaltung: Laufstall, Offenstall und Bewegungsstall

In der **Gruppenhaltung** leben Pferde mit einem oder mehreren Artgenossen zusammen. Wird die Pferdegruppe in einem Stall ohne ständigen Zugang nach draußen gehalten, spricht man von einem

Paddockboxen

oben: Innenraumlaufstall im Haupt- und Landgestüt Marbach, Baden-Württemberg

unten: Warmblutstutenherde in Marbach

Innenraumlaufstall. Diese Haltungsform findet man häufig in Gestüten als Winterlösung für Zuchtstuten und Jungpferde. Bei einem Mehrraumlaufstall sind die Auslauf-, Fress- und Liegebereiche durch Einbauten im Stall abgetrennt.

Ein **Offenstall**, etwas sperriger auch **Mehrraum-Außenlaufstall mit Auslauf** genannt, bietet einen ständigen Zugang nach draußen auf einen Paddock oder eine Auslauffläche. In der weiter entwickelten Form als Bewegungsstall sind die Bereiche für die Raufuttergabe, die Tränke und die Liegeflächen getrennt und möglichst weit voneinander entfernt. Die Pferde werden durch deren Lage animiert, täglich längere Strecken zu laufen.

Die Gruppenhaltung auf einer großen Ganzjahresweide oder Sommerweide rund um die Uhr wird als **Freilandhaltung** bezeichnet.

Freilandhaltung

Zuchtstuten, Fohlen und Jungpferde sollten grundsätzlich in Gruppen gehalten werden. Nur Jungpferde, die in einer möglichst altersgemischten Herde aufwachsen, sind in der Lage, ein normales Sozialverhalten zu entwickeln. Viel Bewegung auf großen Flächen das ganze Jahr über sorgt für einen gesunden Bewegungsapparat mit stabilen Sehnen und Gelenken und trainiert das Herz-Kreislauf-System.

Herdenzusammenstellung und Flächenbedarf

Planlos eine Herde zusammengewürfelter Pferde in einem eingezäunten Bereich mit Heuraufe, Tränke und Witterungsschutz zu halten, geht in vielen Fällen gründlich schief. Das größte Konfliktpotenzial bei Gruppenhaltungen ist: Zu viele Pferde auf zu wenig Fläche. Viele Stallbetreiber verfahren nach dem Motto: Wo sechs Pferde stehen können, passen auch acht oder zehn rein. Dann können die Pferde sich weder aus dem Weg gehen noch ihren individuellen Abstand zueinander frei wählen.

In vielen Gruppenhaltungen müssen Pferde unterschiedlicher Rassen, unterschiedlichen Geschlechts und Alters miteinander zurechtkommen. Um Rangkämpfe zu vermeiden, müssen für jedes Pferd ausreichend Bewegungsfläche, Plätze an den Heufutterstellen, unter dem Witterungsschutz und im Liegebereich vorhanden sein.

Laut den Leitlinien für Pferdehaltung des Bundesministeriums soll ein Auslauf für zwei Pferde mindestens 150 Quadratmeter groß sein. Pro weiteres Pferd braucht man zusätzlich 40 Quadratmeter Fläche. Als Liegefläche im Offenstall empfiehlt das BMELV mindestens eine Fläche von 3 x Widerristhöhe^2 (m^2) pro Pferd. Für ein Pferd mit 1,50 Metern Stockmaß ergibt das eine Fläche von 6,75 Quadratmetern.

Nach den Leitlinien der FN sollen bei Gruppenhaltung pro Pferd mindestens 100 m^2 Bewegungsfläche plus 12 m^2 Liegefläche zur Verfügung stehen.

Grundsätzlich gilt: Die Fläche für Gruppenhaltung kann gar nicht groß genug sein. Je mehr Platz sie haben, umso weniger Konflikte gibt es zwischen den Pferden. Geschickt eingesetzte Raumteiler wie ein Baumstamm oder ungiftige Hecken entschärfen die Situation zusätzlich. So entstehen Ausweichmöglichkeiten, die rangniedrigen Pferden viel mehr Rückzugsräume geben. Je größer und strukturierter der Auslauf ist, umso mehr Arbeit ist allerdings das Mist-Aufsammeln. Bei größeren Pferdegruppen sollte der Paddock am besten so angelegt werden, dass überall maschinell ausgemistet werden kann.

Die Tränke muss so platziert sein, dass sie frei zugänglich ist und nicht in einer Ecke von ranghöheren Pferden auf ihrem Lieblingsaufenthaltsplatz blockiert werden kann. Im Zweifelsfall stellt man besser einen zusätzlichen Wasserbottich an einer leichter erreichbaren Stelle auf.

Die meisten Pferde können gut und zufrieden in einer Gruppe leben, wenn die Haltungsbedingungen an ihre Bedürfnisse angepasst sind. Eine Haltung mit ausgesucht verträglichen Pferden in Kleingruppen auf geschickt angelegten Flächen ohne Engstellen, wäre das Optimum für viele eher rangniedrige, ältere oder unsichere Pferde. Neue Pferde sollten sehr behutsam über mehrere Tage bis Wochen in die Herde eingegliedert werden. Das ist in Pensionsbetrieben mit größeren Gruppen, die ohne gezielte Vorauswahl einfach jeden freien Platz mit dem nächsten Einsteller besetzen, leider nur selten der Fall. Daher sind rangniedrige Pferde oft ständigem Vertrieben-Werden vom Futter oder vom Liegebereich oder einem asozialen Mobberpferd, das sie laufend herumscheucht oder sogar verletzt, ausgesetzt. Dieser Dauerstress macht Pferde unglücklich und krank.

Hengstige Wallache sorgen oft für Probleme in einer gemischten Herde. Sie bespringen die Stuten und verteidigen ihre Lieblingsstute oder gar eine ganze Stutenherde mit Hufen und Zähnen gegen andere Wallache als potenzielle Rivalen. Das kann nicht nur zu mehr oder weniger schweren Verletzungen führen, sondern auch für den hengstigen Wallach selbst zum Dauerstress werden. Der Pferdebesitzer sieht sich mit verärgerten Miteinstellern konfrontiert, die Angst um die Gesundheit ihrer Pferde haben. Zeigen einfache Mittel wie die Gabe von Mönchspfeffer oder das Überdecken des Geruchs von rossigen Stuten mit stark riechendem Fliegenspray keine ausreichende Wirkung, sollten solche Pferde in einer reinen Wallachherde gehalten werden.

Aus baulicher Sicht ist es wichtig, dass ein Offenstall mindestens zwei Ausgänge hat, und es auch im Paddock keine Sackgassen oder Engpässe gibt, wo ein rangniedriges Pferd hineingetrieben und verdroschen werden kann. Ein- und Ausgänge müssen entweder so schmal sein, dass nur ein Pferd hindurchpasst (0,80 - 0,90 m) oder breit genug, dass zwei Pferde problemlos aneinander vorbeigehen können (mindestens 1,80 m).

Sicherheit bei der Stalleinrichtung

Generell darf sowohl in Einzel- als auch in Gruppenhaltung von den Einrichtungen keine Gefahr für die Pferde ausgehen. Die Zäune müssen stabil und gut sichtbar sein. Knotengitter und Stacheldraht sind tierschutzwidrig, sprich in der Pferdehaltung verboten.

Scharfe Ecken und Kanten, hervorstehende Haken und Nägel, Löcher in Brettern und ungesicherte Teile stellen eine hohe Verletzungsgefahr für Pferde dar. Deshalb sollten Sie das Stallumfeld laufend auf Sicherheit überprüfen. Fensterscheiben aus Glas dürfen nicht in Reichweite einer Pferdenase sein.

Besonders während des Fellwechsels und im Sommer bei Insektenstichen juckt der Pelz. Viele Pferde kratzen sich gerne ausgiebig an Stallecken, Pfosten, Bäumen und rauen Oberflächen. Pferde entwickeln eine unglaubliche Kraft, wenn sie sich zum Beispiel mit dem Hintern an einem Pfosten reiben, deshalb müssen alle erreichbaren Bauteile wirklich stabil sein.

Die BMEL-Leitlinien formulieren das so: ›Ställe, Stalleinrichtungen und Einfriedungen für Auslauf und Weiden sowie andere Gegenstände, mit denen Pferde in Berührung kommen, müssen aus gesundheitsunschädlichem Material bestehen und so beschaffen sein bzw. angewendet werden, dass sie bei Pferden nicht zu Schmerzen oder vermeidbaren Leiden oder Schäden führen.‹

Offenstall

Der Offenstall ist die bekannteste Art der Gruppenauslaufhaltung. Die ersten einfachen Offenställe wurden in den 60er und 70er Jahren von ›alternativen‹ Pferdebesitzern gebaut, die ihre Robustponys

Offenstall mit Liegematten, Eingewöhnungs- und Krankenbox und Heu-Rundraufe

›Pferdeklo‹ draußen

artgerechter halten wollten. Damals lebten die meisten Pferde in Innenställen im Ständer angebunden, nur die wenigen etwas glücklicheren hatten eine Box. Herdenhaltung das ganze Jahr draußen auf einer eingezäunten Wiese mit einer auf drei Seiten geschlossenen Holzhütte als Witterungsschutz, wo die Pferde selbst entscheiden können, ob sie sich draußen oder unter dem Dach aufhalten möchten, war eine Revolution. Und das nicht nur zum Positiven: Beim Anblick von klatschnassen, zotteligen Ponys im Schneeregen und knietiefen Schlammwüsten im Winter riefen öfter mal mitleidige Passanten den Tierschutz oder das Veterinäramt an. Seit diesen Anfängen hat sich glücklicherweise bei der Einrichtung von Offenställen viel getan. Von wasserdurchlässigen Paddockplatten bis zu zeitgesteuerten Heuraufen gibt es inzwischen viele nützliche Erfindungen, die das Leben für Offenstallpferde und ihre Halter besser und leichter machen.

Zumindest ein größerer Bereich des Auslaufs rund um den Offenstall sollte befestigt sein, sonst versinken die Pferde nach stärkeren Regenfällen oder spätestens im frostfreien Winter im Matsch. Entgegen der häufigen Meinung, schadet ›sauberer‹ Matsch den Hufen – und auch den Pferden generell – überhaupt nicht. Mit ›Matsch‹ ist aber nicht ein stinkendes Gemisch aus Pferdeäpfeln, Urin und etwas schlammiger Erde gemeint, denn der Paddock sollte genau wie der Offenstall mindestens einmal täglich abgeäppelt werden.

Jedes Pferd sollte jederzeit die Möglichkeit haben, sich in matschfreien Bereichen aufzuhalten. Trotzdem sind Pferde aus Offenstallhaltung bei Regenwetter meistens nass und je nach der Art des Auslaufbodens und ihren eigenen Vorlieben mehr oder weniger schmutzig bis schlammverkrustet. Manche Pferde sind pingelig und wälzen sich nur auf trockenem Boden, andere sind leider richtige ›Schlammschweine‹, die an keiner Dreckpfütze vorbeikommen. Das bedeutet: Je ›robuster‹ der Offenstall, umso robuster und mit einem Sinn für Humor begabt sollte der Pferdebesitzer sein.

Viele Reiter wählen auch deshalb einen Offenstall, um das Pferd nicht täglich bewegen zu müssen. Wie viel die Pferde in Offenstallhaltung tatsächlich laufen, hängt auch von der Form des Auslaufs ab. Am wenigsten Bewegungsanreize bietet ein nahezu quadratischer, ebener Paddock mit Mindestmaßen, wo die Heuraufe und die Liegefläche nur wenig Abstand haben. Wenn Sie es genau wissen möchten, können Sie Ihr Pferd für einige Tage mit einem GPS-Tracker an einem Halsband ausstatten. Kommen ein paar Kilometer zusammen, können Sie ohne schlechtes Gewissen auch mal einen Tag mit dem Bewegungsprogramm pausieren.

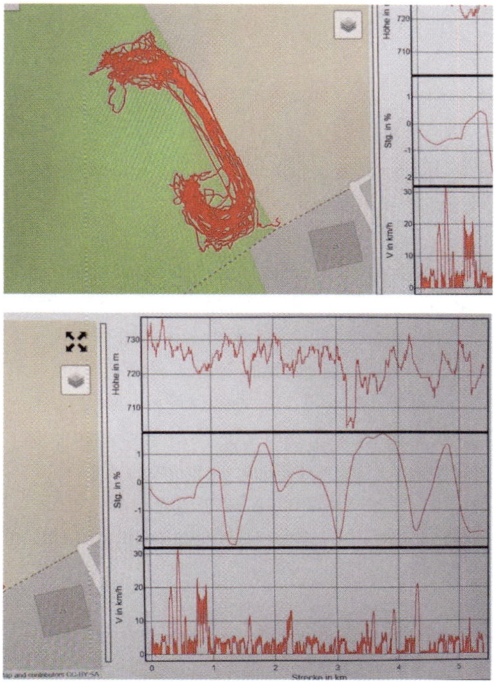

GPS-Auswertung: gut 5 Kilometer Bewegung am Tag

Bewegungsstall und Aktivstall

Bewegungsstall und Aktivstall sind verbesserte Offenstallkonzepte, die versuchen, durch möglichst viele Bewegungsanreize das Pferdeleben so natürlich wie möglich zu gestalten.

Das wichtigste Element im **Bewegungsstall** ist die Trennung der sogenannten Funktionsbereiche. Dabei haben die Pferde mehrere Heufütterungsplätze, eine Liegehalle oder einen Unterstand mit Einstreu, einen Sandplatz zum Wälzen, eine Tränke und meistens eine große Koppel. Um zu den verschiedenen Bereichen zu gelangen, müssen die Pferde jeweils eine möglichst lange Strecke laufen. Dabei kann man die Wege mit verschiedenen Bodenbelägen abwandeln, zum Beispiel Kieselsteine, Baumstämme zum Übersteigen, eine flache Wasserstelle als Schwemme usw. Dieses Konzept ist dem Leben in freier Wildbahn ähnlich: Fressen, hin und her wandern, Trinken und Schlafen an verschiedenen Orten.

In einem **Aktivstall** kommt noch die automatische Fütterung über Computertechnik dazu. Die Pferde tragen meist ein Halsband mit einem sogenannten Transponder. Manchmal ist dieser Chip auch am Halfter oder an einem Fußband befestigt, in die

Überblick Haltungssysteme	Offenstall mit kleinem Auslauf	Aktivstall mit zeitgesteuerter Fütterung	Paddocktrail	Weidehaltung rund um die Uhr	Paddockbox	Innenbox mit täglich Auslauf
Freie Bewegung	X	XX	XXX	XXX		(X)
Direkte Sozialkontakte (ohne Abtrennung)	XXX	XXX	XXX	XXX		(X)
Verletzungsgefahr durch andere Pferde	XX	XX	XXX	XX		(X)
Stress durch unverträgliche andere Pferde	XXX	XX	XX	X	XX	XXX
Individuelle Fütterung (Menge & Art d. Futters)		XXX			XXX	XXX
Arbeitsaufwand bei Versorgung	XX	X	XXX	XX	X	XX
Platzbedarf pro Pferd	XX	XX	XX	XXX	X	X

Mähne eingeflochten oder sogar am Hals unter die Haut gespritzt. Die Equidenpass-Transponder können nicht für Fütterungsautomaten verwendet werden, daher muss ein zusätzlicher Chip gesetzt werden. Das erscheint mir allerdings nicht sinnvoll, denn hier wird ohne Not ein Fremdkörper ins Gewebe injiziert, der bei einem Stallumzug nutzlos wird und nicht mehr entfernt werden kann.

Der Transponder lässt sich auf die Bedürfnisse jedes einzelnen Pferdes programmieren und enthält die Informationen, wie viel und welches Futter die Tiere bekommen und wie lange sie Zugang zu den Futterstationen haben. Der größte Vorteil gegenüber einfacher Gruppenhaltung ist, dass jedes Pferd ohne großen Aufwand individuell gefüttert werden kann. Dafür gibt es verschiedene Futterautomaten für Heu und Kraftfutter.

Auch der Zugang zu bestimmten Bereichen wie zur Koppel oder einem extra Ruhebereich für ältere und rangniedrige Pferde kann über den Chip eingestellt werden. Für berechtigte Pferde geht eine Schranke oder ein Selektionstor auf, unerwünschte müssen draußen bleiben.

Entsprechend der natürlichen Fresszeiten, sollten etwa zehn längere Heumahlzeiten pro Tag und Pferd einprogrammiert werden. Sind die einzelnen Phasen zu kurz, fressen die Pferde zu hastig. Untersuchungen haben gezeigt, dass es bei häufigeren, aber kürzeren Fresszeiten mehr Unruhe in der Herde und Konflikte im Wartebereich vor dem Futterautomat gibt.

Durch die auf den Tag verteilten Portionen kommen die Pferde immer wieder zurück zum Futterautomaten und werden so zur Bewegung angeregt. Sie müssen also ›aktiv‹ werden, mit allen positiven Auswirkungen auf die Sehnen und Gelenke, die Psyche, den Stoffwechsel und die Verdauungsorgane.

Der Stallbetreiber kann die Informationen von den Transpondern am Computer überwachen und so zum Beispiel sehen, ob jedes Pferd oft genug zu den Futterautomaten geht, um sich die eingestellten Portionen abzuholen.

Futterstationen mit mehreren Plätzen, wo die Pferde zwar individuell gefüttert werden, sich aber beim Fressen sehen können, sind artgerechter als einzeln stehende Futterautomaten. Pferde als Herdentiere fühlen sich am wohlsten, wenn sie mit Artgenossen gleichzeitig fressen, dösen und sich bewegen können. Wenn keine extremen Diätpferde dabei sind, kann auch eine Raufe mit Stroh zur freien Verfügung stehen, sodass die Pferde jederzeit gemeinsam fressen können.

Für die Eingewöhnung an die automatisch öffnenden Türen und die schmalen Futterständer sollte man einige Zeit einplanen. Mit Ruhe und Geduld verstehen die meisten Pferde das System recht schnell, zumal innen immer das Futter als Belohnung wartet. Bei empfindlichen oder ängstlichen Tieren kann die Gewöhnung an die Futterautomaten eine ganze Weile dauern, und der Stallbetreiber sollte am Anfang engmaschig kontrollieren, ob die Pferde auch genug Futter bekommen.

Die wichtigste Voraussetzung, um einen Aktivstall für Pferde zu bauen, ist viel Platz. Daher sind solche Ställe eher in ländlichen Regionen zu finden als in einer Großstadt. Zu den teuren Grundstückspreisen im Umfeld von Städten kommen die hohen Anschaffungskosten für Futterautomaten, Computer und Transponder. Der Einstellpreis hängt davon ab, wo sich der Aktivstall befindet und wie gut die Anlage ausgestattet ist. Kommen zur Vollpension noch eine gute Trainingsinfrastruktur wie Halle, Reitplatz, Longierzirkel und Komfort wie Führanlage, Laufband, Solarium, beheizte Sattelkammer und Reiterstübchen dazu, katapultiert das die Pensionskosten schnell in den obersten Bereich.

Pferdehaltung im Aktivstall macht nicht weniger Arbeit als ›normale‹ Offenstall- oder Boxenhaltung. Zwar fällt die zeitliche Bindung an Futterzeiten weg, die Futterautomaten müssen aber regelmäßig kontrolliert und befüllt werden und die Überwachung und das Fütterungsmanagement der Pferde per Computer sind zeitaufwändig.

Bei der Planung eines neuen Bewegungsstalles sollte man darauf achten, dass so viele Arbeiten wie möglich maschinell erledigt werden können, zum Beispiel genug Platz für das Abschieben des Pferdemistes vom Auslauf mit dem Traktor.

Paddocktrail – ein naturnahes Paradies für Pferde

Der Paddocktrail ist ein weiteres Konzept für eine möglichst artgerechte Haltung, die sich an den natürlichen Bedürfnissen der Pferde orientiert. Auf einer Wiese wird ein Gang oder Pfad (Englisch Trail) abgesteckt, oft als Rundweg außen herum. Auch Wegeführungen durch die Mitte, als Acht oder in Schlangenlinien, sind möglich, je nach Platzangebot und Topographie.
Die verschiedenen Funktionsbereiche, Heufutterstellen, Wasser, Sandwälzplatz, Schlafplätze usw. sind so weit wie möglich voneinander entfernt auf dem ganzen Trail verteilt. Die Weide ist in mehrere Parzellen aufgeteilt, die abwechselnd beweidet werden und ihren Eingang jeweils an einer anderen Stelle des Ganges haben. Gerade nicht genutzte Weidestücke können sich regenerieren und nachwachsen. Außerdem haben dadurch die oft besonders gesunden nicht so trittfesten Kräuter und Grassorten bessere Chancen zu überleben.

Der Trail soll breit genug sein, dass sich die Pferde ausweichen können, aber schmal genug, um sie zur Bewegung zu motivieren. Lange gerade Strecken zwischen den Funktionsbereichen regen zum Galoppieren an. Eine gute Breite sind vier bis fünf Meter plus zusätzlich breitere Ausweichstellen, zum Beispiel in den Kurven und im Fress- und Schlafbereich. Ideal ist, wenn zum Beispiel ein Baum oder ein Heufutterplatz umrundet werden können, so dass ein rangniedriges Pferd Abstand von den ranghöheren halten kann. Durch dieses System bewegen sich die Pferde viel und regelmäßig, um ihre Bedürfnisse zu erfüllen, und leben zufriedener und gesünder.

Als Reiter muss man es mögen, sein Pferd zu allen Jahreszeiten naturnah zu halten. Zu den weiten Wegen für die Pferdeversorgung bei jedem Wetter, vom täglichen Mist-Aufsammeln bis zum Heustationen-Auffüllen, kommen die langen Zäune, die über-

Beispiel Grundriss Paddocktrail

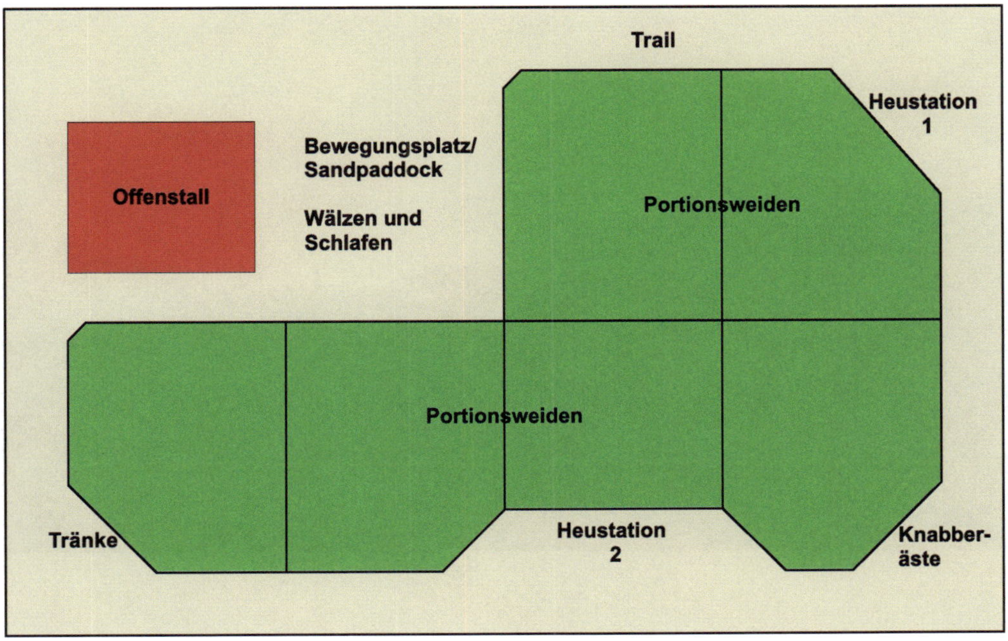

prüft und in Ordnung gehalten werden müssen. Das gilt besonders für den Stromfluss und das Ausmähen unter den Litzen.

Die Nachteile bei Paddocktrails zeigen sich vor allem bei schlechtem Wetter. Unbefestigter Boden auf dem Trail ergibt je nach Bodenart mehr oder weniger tiefen Matsch. Eine Rundum-Befestigung des Trailweges bietet viele Vorteile, ist aber ein enormer Kostenfaktor und wird in den meisten Gemeinden auch nicht genehmigt. Besonders bei schweren oder lehmigen Böden kann es auch sinnvoll sein, den unbefestigten Teil des Trails bei längeren Schlechtwetterperioden oder im Winter bei nicht gefrorenem Boden zu schließen.

Koppelgang und Weidehaltung

Koppel oder Weide?

Viele Pferdemenschen verwenden diese Begriffe synonym und rein formal ist das auch richtig so. Für mich ist eine **Koppel** ein Stück eingezäunte Wiese, die zusätzlich zum Stall zur stunden- oder halbtagesweisen Bewegung und ein bisschen zum Knabbern am Grün gedacht ist. Das Hauptziel ist Wohlbefinden durch Platz, Sonne, Abwechslung und mehr Sozialkontakte (weil Boxenpferde zusammen laufen dürfen oder die Herde auf größerer Fläche auch größer sein kann), Entspannung und gesunde, freie Bewegung in langsamem Tempo beim Grasen. Dazu kommt das Spielen – vor allem bei Wallachen – und ab und zu das Austoben in einem Sprint oder mit ein paar Bocksprüngen. Die aufgenommene Grasmenge ist eher Nebensache, sie dient nicht zur vollwertigen Ernährung.

Vor allem in größeren Pensionsställen in Stadtnähe mit vielen Pferden auf relativ kleiner Grundstücksfläche sind solche Koppeln die Regel.

Dafür ist nicht unbedingt viel Pflege nötig, außer den Zaun intakt zu halten, regelmäßig den Mist abzusammeln und Giftpflanzen zu entfernen, denn die hauptsächliche Raufutterversorgung erfolgt über Heu oder Schnittgras. Sorgfältiges Anweiden ist natürlich trotzdem notwendig! Bei extremem Wetter bleiben die Pferde nur wenige Stunden draußen oder kommen sogar überhaupt nicht raus, so dass auch nicht unbedingt ein Witterungsschutz notwendig ist.

Eine **Weide** bedeutet für mich mehr: Lebensraum und die Nahrungsgrundlage für 24 Stunden im Sommer oder auch halb- bis ganztageweise, aber mit einer großen Menge aufgenommenem Gras als

Hauptnahrungsmittel. Eine gute Weide benötigt daher deutlich mehr Pflege und Management. Sollen sich die Tiere im Sommerhalbjahr ausschließlich von Weidegras ernähren, braucht man je nach Bodenart und Pferdetyp etwa 0,5 bis 1 Hektar Weidefläche pro Pferd.

Zaunsicherheit

Koppeln und Weiden sind heutzutage fast immer mit Elektroband eingezäunt. Feste Holzzäune sind in der freien Landschaft häufig nicht erlaubt, außerdem sehr teuer und aufwändig zu bauen und instandzuhalten. Für mobile Koppeln, die wieder abgebaut werden sollen, bieten sich Steckpfähle aus Kunststoff oder Metall an, die man einfach mit dem Fuß in den Boden treten kann. Wegen der Stabilität sollten jedoch mindestens die Eckpfosten aus stabilem Material bestehen, zum Beispiel dicke Holzpfosten oder Metall-T-Pfosten.

T-Pfosten als stabile Ecklösung

Stacheldraht-, Glattdraht- und Maschendrahtzäune sind wegen der hohen Verletzungsgefahr ungeeignet und zum Glück inzwischen für Pferde verboten.

Besonders bei längeren Zäunen sollten Sie nicht am Zaunmaterial sparen, sondern hochwertige Bänder und Litzen mit hoher Leitfähigkeit und geringem elektrischen Widerstand unter 1 Ohm/m wählen. Ich bevorzuge weiße 1 bis 1,2 cm breite Bänder und hochwertige Litzen, da sie gut sichtbar sind und trotzdem schon bei etwa 100 kg Belastung reißen. Lieber geht das Zaunband kaputt als das Pferdebein! Von Elektrozaunseilen mit 400 kg Reißfestigkeit habe ich schon schlimme Verletzungen an Pferdebeinen gesehen. Egal wie groß die Koppel ist, es gibt immer wieder Spezialistenpferde, die sich unbedingt direkt am Zaun wälzen müssen und prompt hängenbleiben. Breitbänder mit 2 oder 4 cm Breite sind sehr windanfällig und reißen bei Sturm gleich die ganzen Pfosten aus dem Boden oder lassen sie bei Schneelast umbiegen.

Zaunbau und Zaunreparatur – the neverending story

Der Elektrozaun sollte mindestens drei stromführende Leiter und auf der ganzen Länge eine dauerhafte Spannung von 3000 bis 8000 Volt haben. Die Bänder sollen straff gespannt sein und nicht durchhängen.

Für die Zaunhöhe gilt nach den neuen BMEL-Leitlinien die Formel ›Widerristhöhe x 0,9‹. Das ist das Mindestmaß und natürlich kommt es hier auf die Art der Pferde und die Lage der Weide an. Für Hengste und Springpferde ist es sicherer, den Zaun deutlich höher zu bauen. Auch bei Weiden zum Beispiel in der Nähe von stark befahrenen Straßen, Bahnlinien oder in Hanglagen, sollten die Zäune höher als empfohlen gebaut werden und vier oder mehr Elektrozaunbänder und/oder andere Querabgrenzungen haben.

Der Abstand zwischen zwei Weidezaunpfählen soll nach den BMEL-Leitlinien zwei bis vier Meter betragen.

Bei Elektrozäunen in der Nähe von öffentlichen Straßen und Wegen ist die Kennzeichnung mit einem Warnschild gesetzlich vorgeschrieben. Damit die Schilder gut lesbar sind, ist die Mindestgröße 10 mal 20 cm mit gelbem Hintergrund und schwarzer Beschriftung ›Achtung Elektrozaun‹ oder ›Vorsicht Elektrozaun‹ in mindestens 2,5 cm hohen Buchstaben vorgeschrieben. Nach der VDE-Vorschrift sollte alle 100 Meter Zaunlänge, an Einmündungen von Wegen und wo kein Weidezaun erwartet wird ein Warnschild stehen.

Ein möglichst schlagstarkes Elektrozaungerät sorgt auch bei leichtem Bewuchs am Zaun, trockenem Boden an der Erdung und cleveren Ausbrecherkönigen für eine hohe Hütesicherheit. Die schwächeren 9 Volt Geräte mit Trockenbatterie sind nur für kleinere Paddocks im Kurzzeitbetrieb geeignet. Ein leistungsstärkstes 12-Volt-Akkugerät ist für fast alle Zwecke die beste Wahl. Damit die Autobatterie nicht laufend getauscht und wieder aufgeladen werden muss, kann man ein Solarpanel anschließen. Bei uns funktioniert das so gut, dass die Batterie trotz 24-Stunden-Betrieb das ganze Sommerhalbjahr über nie nachgeladen werden muss.

Hat man die Paddocks und Weiden am Haus oder in der Nähe des Stalles mit Stromanschluss, kann ein 230-Volt-Netzgerät sinnvoll sein. Diese Geräte sind am leistungsstärksten und man muss sich nicht um den Ladezustand der Batterie kümmern. Allerdings brauchen Sie möglicherweise ein zweites mobiles Gerät mit Batterie für Weiden außerhalb und falls Sie zum Beispiel auf Veranstaltungen fahren, wo ein Paddock aufgebaut werden darf.

Damit der Strom nicht vom hohen Gras in den Boden abgeleitet wird und die Batterie des Weidezaungeräts leersaugt, muss unter dem Elektrozaun regelmäßig ausgemäht werden. Kleinere Koppeln kann man von Hand mit der Sense ausmähen, für größere Flächen empfiehlt sich eine Motor-Sense möglichst mit Akku. Die Benzinmodelle sind schwer, laut und stoßen ungesunde Abgase aus.

Elektrozäune sollten täglich kontrolliert werden, ob noch alle Bänder intakt und genügend gespannt sind und mit einem Weidezaunprüfgerät nachgemessen werden, ob genügend Spannung auf dem Zaun ist. Für Stallbesitzer kann es aus Haftungsgründen sinnvoll sein, diese Kontrollen zu dokumentieren.

Der sorgfältige Zauncheck ist besonders wichtig, nachdem die angrenzende Wiese gemäht oder der Acker bearbeitet wurde, eine Schafherde über die Nachbarwiese getrieben wurde, nach starkem Wind oder Sturm oder bei bekannten Wildwechseln durch die Weide.

Eine ›Schleuse‹ hilft gegen nachdrängelnde Herdenkumpels, wenn Sie Ihr Pferd alleine von der Koppel holen möchten. Dazu wird direkt hinter dem Eingang ein kleiner Paddock innerhalb der Weide aufgebaut. Jetzt holen Sie Ihr Pferd zuerst in den Paddock und verschließen den Zugang zur Weide wieder, bevor Sie den Weideausgang öffnen. Die Schleuse ist auch praktisch, um das Pferd darin zu putzen und zu satteln oder ihm ungestört eine Extraportion Futter zu geben.

Eine Schleuse am Eingang zur Koppel

Wölfe – ein zunehmendes Problem

Wölfe kehren seit einigen Jahren nach Deutschland zurück und verbreiten und vermehren sich in erschreckendem Tempo. Davon betroffen sind vor allem kleinere Weidetiere wie Schafe und Ziegen, aber Wölfe reißen auch Rinder und Pferde. Besonders Jungtiere und kleinere Ponys sind eine leichte Beute.

Kein Weidetierhalter kann einen wirklich wolfssicheren Zaun bauen, Die Anforderungen an solche Zäune können wir in Wildgehegen mit Wolfshaltung sehen: Mehr als zwei Meter hohe, enge Knotengitterzäune mit einem oberen Abschluss aus nach innen versetztem Stacheldraht und ein tief in den Boden eingelassener Untergrabeschutz. Solche Zäune werden in der Regel in der freien Landschaft nicht genehmigt und wären wegen der hohen Kosten auch nicht machbar. Außerdem durchschneiden sie die freie Landschaft und machen damit die traditionellen Wanderwege für Wildtiere unpassierbar, was sich negativ auf die Vermischung der Populationen, den Biotopverbund und damit auf die Biodiversität auswirkt.

Wölfe sind empfindlich gegen elektrische Schläge. Zumindest wolfsabweisende Zäune mit mehr Querleitern und Höhe können daher mit etwas größerem Aufwand gut selbst aufgebaut werden. Die größte Gefahr besteht darin, dass der Wolf unter dem Zaun durchkriecht oder sich darunter durchgräbt. Eher seltener versuchen Wölfe über den Zaun zu springen.

Als beste Strategie für Weidetierhalter bei der aktuellen Rechtslage erscheint mir, den Zugang zu unseren Tieren für Wölfe möglichst unangenehm und anstrengend zu gestalten. Solange Wölfe genug Wildtiere als Beute finden, meiden sie Stellen, wo sie schlechte Erfahrungen gemacht haben. Ist der Zaun hoch genug (mindestens 120 bis 140 cm) und der niedrigste Leiter tief genug gespannt (max. 20 cm über dem Boden, auch bei Bodenwellen), wird es Wölfen schwerer gemacht, über den Zaun zu springen oder darunter durchzukriechen bzw. sich durchzubuddeln. Für eine wirklich abschreckende Wirkung muss der Wolf gleich bei der ersten Zaunberührung kräftig eins übergebraten bekommen. Dafür muss die Zaunspannung hoch genug sein, also mindestens 4000 bis 5000 Volt, auch bei trockenem Boden, und wenn etwas Bewuchs an die Bänder kommt. Diese wolfsabweisenden Zäune sind nicht nur teurer wegen des vielen Zaunmaterials, sie machen auch viel Arbeit. Nicht nur das Aufbauen, die laufende Kontrolle und das Ausbessern von schadhaften Bändern, sondern vor allem das häufige Ausmähen unter der untersten Zaunreihe sind mühsam und zeitaufwändig.

Einen hundertprozentigen Schutz für Weidetiere gegen den Wolf gibt es leider trotzdem nicht. Jede Schutzmaßnahme stellt einen Kompromiss zwischen Genehmigung, Arbeitsaufwand, Kosten und Schutzwirkung dar.

Ob aktuell ein Wolf oder gar ein ganzes Rudel in der Nähe der Weide unterwegs ist, können Sie mit einer Wildkamera herausfinden. Ein guter Kontakt zu einem Jäger aus der Umgebung kann helfen, da sich Wolfssichtungen im Jägernetzwerk schnell herumsprechen. Auch unruhiges und ängstliches Verhalten der Pferde kann ein Anzeichen dafür sein.

Weideparzellen vorteilhaft anlegen

Haben Sie eine große zusammenhängende Wiese zur Verfügung, ist es ratsam, sie in mehrere Weidestücke abzuteilen. Kleine quadratische Koppeln verleiten eher zum gelangweilten Herumstehen. Auf langen schmalen Rechtecken können Pferde ihren Bewegungsdrang bei gleicher Flächengröße viel besser ausleben. Zusätzlich kann ein in der Mitte oder seitlich angelegter Laufgang sinnvoll sein, über den die Pferde von jedem Teilstück aus zu einem Weideunterstand und zur Tränke laufen können. Der Gang animiert zum flotten Galoppieren und mindert so die Trittschäden auf den Koppeln. Wenn man das Rennen vermeiden möchte oder muss, zum Beispiel bei fußkranken Pferden, kann man Ecken und Schlangenlinien einbauen.

Dieser Gang sollte mindestens vier Meter breit sein, so dass sich die Pferde ausweichen können und um ihn mit dem Traktor und zum Beispiel angehängter Wiesenschleppe befahren zu können. Dadurch geht zwar etwas Fläche zum Grasen verloren, aber der Bewegungsraum für die Pferde wird gleich so viel größer. Geschickt angelegte Gänge funktionieren ähnlich wie ein Paddock-Trail und regen die Pferde durch das Hin und Her zwischen Unterstand, Tränke und Weideparzelle zu mehr Bewegung an.

Weidepflege

Die Nutzung als Pferdeweide wäre wohl nicht gerade das, was sich eine dichte und artenreiche Wiese wünschen würde. Pferde fressen selektiv nur die schmackhaften Gräser und Kräuter sehr kurz ab. Durch den starken Verbiss entstehen Kahlfraßstellen mit geschädigter Grasnarbe, wo sich schnell keimende Unkräuter ansiedeln. Unerwünschte Pflanzen wie Ampfer, Disteln, Hahnenfuß, Brennnesseln und je nach Region einige andere Unkräuter werden verschmäht und bleiben stehen, versamen sich und können sich dadurch immer weiter ausbreiten.

Wenn Pferde laufen, kommt viel Gewicht auf einer relativ kleinen Fläche auf, was zu einer hohen Druckbelastung an den Trittstellen führt. Besonders bei nassen Böden kommt es dadurch an häufig begangenen Stellen zu einer starken Bodenverdich-

Gang auf der Weide

tung – die Wurzeln verkümmern und nach kurzer Zeit wächst dort kein Halm mehr. Ein weiteres Problem sind die Scherkräfte, welche die Grasnarbe beschädigen.

Geilstellen auf der Weide vermeiden

Die meisten Pferde äpfeln immer auf die gleichen Weidebereiche. Wird der Mist nicht abgesammelt, entstehen Geilstellen, an denen das Gras durch die Düngung üppiger (= geil) wächst. Pferde meiden es instinktiv, an den Geilstellen zu fressen, um sich nicht mit den Wurmlarven wieder anzustecken, die aus dem Pferdekot ins Gras gewandert sind. Da sie weitere Pferdeäpfel eher am Rand der Geilstellen absetzen, werden diese im Laufe der Zeit immer größer.
Durch all diese intensiven Belastungen sind Pferdeweiden schwierig zu bewirtschaften. Mit regelmäßiger, durchdachter Weidepflege und gutem Weidemanagement, kann man die Grasnarbe schützen und den Futterwert und die Aufenthaltsqualität erhalten bzw. verbessern.
Die wichtigste Pflegemaßnahme ist regelmäßiges Mistabsammeln, mindestens alle zwei Tage. Mit gründlicher Weidehygiene können Sie die Verwurmung Ihres Pferdes deutlich senken und sich so manche Wurmkur sparen.

Im Service von Pensionsställen ist das Abäpfeln der Weiden oft nicht enthalten, meist bleibt es an den Einstellern hängen. Am einfachsten regeln wöchentliche Abmistpläne diese ungeliebte Arbeit. Wird täglich abgemistet, bleibt die Menge überschaubar. Je mehr Leute mithelfen, desto schneller ist es erledigt.

Bei sehr weitläufigen oder hügeligen Weiden ist das Abmisten mühsam und bei größeren Pferdebeständen oft einfach nicht machbar. Solche Weiden sollten nach dem Abweiden gemulcht werden. Die Haufen werden dabei stark zerkleinert, verteilen sich so besser und werden schneller zu Humus.

Nachmähen

Nach dem Umtrieb auf die nächste Koppel oder am Ende der Weidesaison, sollte die Weide nachgemäht werden. Alle (Un-)Kräuter, überständige Gräser und verholzte Stängel, die nach dem Abweiden stehengeblieben sind, werden entfernt. Auf kleinen Flächen geht das manuell von Hand, mit einer Sense oder Sichel, etwas bequemer mit einem Akku-Freischneider oder mit einem starken Benzinrasenmäher, am besten mit Fangkorb für das Schnittgut. Dabei sollte man nicht tiefer als sechs Zentimeter Stängellänge schneiden, sonst werden die Teile der Gräser entfernt, in denen die zum Wachsen benötigten Nährstoffe eingelagert sind.

Die Verbreitung von Unkräutern wie Ampfer und Disteln dämmen Sie ein, wenn Sie diese noch vor dem Aussamen köpfen, zum Beispiel mit einer Astschere.
Der Stumpfblättrige Ampfer (Rumex obtusifolius) ist das häufigste Unkraut auf ökologisch bewirtschafteten Wiesen und Weiden. Als Lichtkeimer breitet er sich in lückigen Pflanzenbeständen aus und ist wegen seiner tiefgehenden Pfahlwurzel nur mühsam wieder loszuwerden. Bei feuchtem bis nassem

Ampferstechen ist mühsam

Boden können Ampferwurzeln mit einem Ampferstecher herausgezogen werden. Seine Samen haben eine sehr lange Lebensdauer (> 40 Jahre). Die Unkrautsamen sammeln Sie daher am besten in einem großen Plastiksack und entsorgen sie im Restmüll, damit sie nicht über Mist, Kompost oder Grüngut auf damit gedüngte Flächen ausgesät werden.

Bei dieser mühsamen Arbeit ist die Verlockung groß, mit einem Herbizid nachzuhelfen. Viele Pflanzenschutzmittel wie zum Beispiel das umstrittene Glyphosat sind jedoch inzwischen für Privatpersonen verboten. Als verantwortungsvolle Pferdehalter und Naturschützer sollten wir uns um ökologische Alternativen kümmern, nicht zuletzt um unsere Pferde vor Nervengiften im Futter zu schützen.

Pflanzenbestimmung

Je nach Region und Bodenart, vorheriger Nutzung, Düngung und Pflege wachsen neben verschiedenen Gräsern weitere und ganz unterschiedliche Pflanzen auf unseren Wiesen. Es lohnt sich, mit offenen Augen über die Weide zu gehen und die häufigsten Pflanzen zu bestimmen. Zum Glück müssen wir heute dazu nicht mehr mühsam in dicken Büchern die Merkmale von Blättern und Blüten heraussuchen und vergleichen. Nützliche Smartphone-Apps wie plantnet bestimmen die Pflanzen nach einem Foto direkt vor Ort mit hoher Genauigkeit.

Die vorhandenen Gräser- und Kräuterarten und ihre Anteile weisen darauf hin, ob es sich eine ›gesunde‹ artenreiche, fruktanarme Pferdeweide handelt oder eine fruktanreiche ›Turboweide‹ mit viel Weidelgras, bei der Sie den Weidegang besonders bei leichtfuttrigen und EMS-gefährdeten Pferden und Ponys besser einschränken sollten.

Giftpflanzen auf der Weide

Der regelmäßige Kontrollgang auf der Weide kann für Ihr Pferd unter Umständen lebensrettend sein, da manche Giftpflanzen schon in kleinen Mengen tödlich wirken und sich von umliegenden Flächen schnell neu ansiedeln können.

Bergahorn und Eschenahorn

Besondere Vorsicht ist geboten bei Koppeln am Waldrand oder im Umfeld von Bergahorn- und Eschenahornbäumen. Im Herbst trägt der Wind die ›Propeller‹-Samen weit vom Mutterbaum weg. Im Frühjahr sind daraus Keimlinge, nur wenige Zentimeter kleine Ahornbäumchen, entstanden. Besonders gefährdet sind Pferde, die auf abgefressenen Weiden stehen, da sie dann alles Fressbare suchen und so auch Ahornsamen aufnehmen und Keimlinge abnagen. Sowohl die Samen als auch die Keimlinge enthalten das Gift Hypoglycin A (HGA), das die gefürchtete Atypische Weidemyopathie (AM) auslösen kann. In den Blättern sind nur gerin-

Bergahorn: Blätter …

… und Samen

gere Mengen des Giftes enthalten, sie sollten aber trotzdem nicht gefressen werden. Bei einer Vergiftung mit Hypoglycin A wird das Muskelgewebe so massiv geschädigt, dass etwa 70 % der betroffenen Pferde sterben. In anderen bei uns verbreiteten Ahornarten wie Spitz- und Feldahorn wurde das Toxin bisher nicht nachgewiesen.

Als Vorbeugemaßnahmen sollten Sie die Pferde im Herbst, noch bevor die Samen fliegen, frühzeitig von betroffenen Weiden herunternehmen sowie die Wiesen im Frühjahr vor Weideauftrieb bei noch kurzem Gras auf Bergahornkeimlinge kontrollieren und diese mit Stumpf und Stiel ausreißen.

Jacobskreuzkraut

Seit Jahren verbreiten sich giftige Kreuzkrautarten rasant, vor allem das bei Pferdehaltern besonders gefürchtete Jacobskreuzkraut – auch Jakobsgreiskraut oder Jakobskraut genannt.

Die gesamte Pflanze enthält die giftigen, leberschädigenden Pyrrolizidin-Alkaloide. Etwa 40 bis 80 Gramm der frischen Pflanze pro Kilo Körpergewicht können für ein Pferd tödlich wirken. Ein Pferd mit 400 Kilo müsste also etwa 16 Kilo frisches Jacobskreuzkraut fressen, was innerhalb eines Tages relativ unwahrscheinlich ist. Das Gefährliche dabei: Die Giftstoffe des Krautes sammeln sich im Körper an und können von der Leber nicht abgebaut werden. Das bedeutet, eine Vergiftung passiert oft schleichend über Jahre hinweg, auch wenn immer nur wenige Pflanzen auf einmal gefressen werden.

Häufig wurde das von Juni bis September gelb blühende Jakobskreuzkraut über Samenmischungen für Straßenränder ausgesät. Seitdem breitet sich das Kraut von Böschungen, Wegen und Straßenrändern immer weiter auf Wiesen und Weiden aus: Auf den zunehmenden Brachflächen, die von der EU subventioniert werden, können sich die Pflanzen ungestört versamen, vom Wind weitergetragen werden und sich besonders auf extensiv bewirtschafteten Flächen und auf Weiden mit lückiger Grasnarbe ansiedeln.

Um eine weitere Ausbreitung zu verhindern, muss das Kraut auf nicht für Tierfutter genutzten Flächen wie Straßenrändern unbedingt vor der Blüte abgemäht werden. Die Samen, die über mehrere Jahre keimfähig bleiben, entstehen dadurch erst gar nicht. Auch auf Blühflächen für Bienenweiden hat Kreuzkraut nichts verloren, da die Giftstoffe in den Honig übergehen.

Auf Wiesen zur Heugewinnung und Weiden hilft nur das mühsame Ausstechen der einzelnen Pflanzen mitsamt der Wurzel. Dabei sollten Sie unbedingt Handschuhe tragen, da das Gift auch über Hautkontakt in den Körper gelangen kann. Die Pflanzen sollten auf keinen Fall auf dem Misthaufen oder dem Kompost entsorgt werden, sondern in den Restmüll wandern.

Jacobskreuzkraut

Nicht immer meiden Pferde Kreuzkraut auf der Weide. Besonders die jungen Pflanzen sind schwierig zu erkennen und enthaltenen weniger abschreckende Bitterstoffe. Getrocknet im Heu verbessert sich der Geschmack, doch der Giftgehalt bleibt, so dass Pferde es in der Regel nicht aussortieren. Bei Verdacht auf Kreuzkräuter ist das Heu nicht als Futter geeignet und sollte unbedingt entsorgt werden!

Herbstzeitlose

Die Herbstzeitlose ist eine weitere, hochgiftige Pflanze, die vor allem auf extensiv genutzten Wiesen und Weiden mit hoher Feuchtigkeit vorkommt. Die enthaltenen Giftstoffe Colchicin und Colchicein sind nicht nur in der frischen Pflanze ein Problem. Auch nach Trocknung und Lagerung bleiben alle Teile der Pflanze hoch giftig

Die Herbstzeitlose zeigt ab Mitte oder Ende August bis im Oktober ihre violetten krokusähnlichen Blüten. Im Frühjahr und Sommer sind nur Blätter und Samen zu sehen. Ab Mai wachsen die besonders giftigen Samenkapseln gut versteckt zwischen den Blättern heran. Ein erster später Grasschnitt nach Mitte Juni fördert die Verbreitung der inzwischen reifen Samen.

In der Regel meiden die Pferde die frische Pflanze auf der Weide wegen ihres sehr bitteren Geschmacks. Damit sie sich nicht weiter ausbreitet, sollten Sie sie trotzdem gezielt bekämpfen. Am einfachsten geht das durch die Pferde: Intensiv genutzte Weideflächen mag die Herbstzeitlose gar nicht, weil sie sehr trittempfindlich ist. Deshalb sollten Sie im Mai (vor der Samenreife im Juni) mit der Beweidung beginnen und betroffene Areale mehrmals in der Saison abweiden lassen oder gezielt einen Innenzaun so ziehen, dass diese Bereiche besonders oft begangen werden. Die belaufenen Blätter werden schnell welk und gelb und die Knolle bekommt mangels Photosynthese keine neuen Energiereserven für Blüte und Samenbildung.

Hat sich die Herbstzeitlose bereits stark ausgebreitet (ab zwei Pflanzen pro Quadratmeter), sollte sie gezielt bekämpft werden. Im April sind die dunkelgrünen Blätter noch gut im kurzen Gras zu sehen und können herausgezogen, ausgestochen oder gemulcht werden. Die Knollen haben jetzt im Frühling kaum noch Energiereserven, darum wirkt diese Maßnahme um diese Zeit am besten. Beim Ausstechen sollten Sie unbedingt Handschuhe tragen, da alle Teile der Pflanze giftig sind und die Pflanzen über den Restmüll entsorgen. Auch im Herbst sollten die Blüten abgerissen, gemulcht oder abgemäht werden, bevor sich die Samen bilden. Wenn Sie konsequent dranbleiben, sind die meisten Herbstzeitlosen nach zwei bis drei Jahren verschwunden.

Auch für Herbstzeitlose gilt, dass das Gift in den getrockneten Pflanzen im Heu erhalten bleibt. Besonders problematisch: Das meiste Gift ist in der Samenkapsel enthalten, die kurz vor dem ersten Schnitt für Pferdeheu im Juni reif wird. Viele Pferde sortieren die Pflanzen aus, aber gerade bei kleinen Blattstücken oder Samenteilen ist nicht sicher, dass sie nicht doch etwas davon erwischen. Generell ist Heu, das Herbstzeitlose enthält, daher nicht als Futter geeignet und sollte entsorgt werden!

Blüte der Herbstzeitlose

Weitere häufige Giftpflanzen auf der Weide

Je nach Bodenart, Nutzungsintensität und Pflege können auf einer Wiese eine ganze Reihe weiterer Giftpflanzen vorkommen. Die häufigsten Arten sind:

Hahnenfuß

Im Sommer findet man auf vielen Pferdeweiden den gelb blühenden Hahnenfuß, vor allem den Kriechenden Hahnenfuß und den höheren und giftigeren Scharfen Hahnenfuß. Wegen seines sehr bitteren Geschmacks wird Hahnenfuß von Pferden in der Regel gemieden. Oft entstehen deshalb ständig wachsende Hahnenfuß-Inseln, weil die Pferde immer um die Pflanzen herum fressen. Bei stark abgeweideten Wiesen kann es passieren, dass der der Hunger den Instinkt überwiegt und die Giftpflanzen mitgefressen werden.

Im getrockneten Zustand verlieren die Giftstoffe ihre Wirkung, daher ist Hahnenfuß im Heu nicht mehr schädlich. Wiesen mit viel Hahnenfuß können durch Heuen und häufiges Abmähen verbessert werden. Ausreißen und ausstechen der Pflanzen und eine Düngung mit Kalkstickstoff sind weitere Mittel, den Befall zu verringern.

Rainfarn

Rainfarn ist auch als Wurmfarn oder Wurmkraut bekannt, denn früher wurde diese Pflanze bei Pferden gegen Würmer eingesetzt. Dies war allerdings mit vielen Nebenwirkungen verbunden, da die Pflanze mehrere giftige Substanzen enthält.
Die farnfömigen Blätter gabendem Rainfarn seinen Namen, die dicken dunkelgelben Blüten erscheinen von Juni bis September. Charakteristisch ist der starke Eigengeruch der Pflanze, deshalb wird sie von Pferden meist gemieden. Sowohl Blüten, als auch Stängel enthalten viele ätherische Öle, wobei das Nervengift Thujon in der größten Menge vorhanden ist. Daher sollte nicht nur der Gebrauch von Rain-

Getrocknete Herbstzeitlose im Heu (Foto: Andrea Traub)

Hahnenfuß

farn als Entwurmungsmittel vermieden, sondern die Pflanzen auch von Weiden entfernt werden.

Rainfarn

Gemeines Ferkelkraut

Ferkelkraut ist mit Löwenzahn verwandt und sieht auch ähnlich aus. Es wächst besonders gut in trockenen, heißen Sommern und auf kalkarmen Böden. Im Gegensatz zum Löwenzahn liegen die Ferkelkraut-Blätter als Rosette platt auf dem Boden und haben eine borstig behaarte Oberfläche. Es blüht gelb bis orangefarben etwa von Anfang Juni bis Ende August. Sein Name kommt daher, dass es früher oft als Schweinefutter genutzt wurde.
Für Pferde scheint es giftig zu sein und in manchen Fällen Nervenschäden zu verursachen. Typische Vergiftungsanzeichen sind Bewegungsstörungen wie Hahnentritt (Pferde reißen ein Hinterbein ruckartig hoch), Ataxien im Bereich der Hinterhand und Veränderungen am Kehlkopf- und Stimmnerv, so dass das Wiehern eher wie ein Röhren klingt. Welcher Giftstoff diese Nervenschäden verursacht, ist noch nicht endgültig geklärt.

Bei der Bekämpfung des Ferkelkrauts hilft das Abreißen der Blüten nicht wirklich, denn innerhalb weniger Tage bildet es neue Blüten, deren Samen durch den Wind verteilt werden. Um die Vergiftungsgefahr zu verringern, hilft nur sorgfältige Weidekontrolle und -pflege. Ist die Weide abgegrast, sollten die Pferde rechtzeitig auf eine frische Weide wechseln oder Heu zugefüttert bekommen. Die Pflanzen sollten samt ihrer Pfahlwurzel tief ausgestochen, Blüten und Samen sicher in einer Plastiktüte transportiert und nicht auf dem Misthaufen oder Kompost, sondern im Restmüll entsorgt werden. Wichtig ist auch, das Heu regelmäßig zu untersuchen.

Ferkelkraut

Großflächiger Befall mit Ferkelkraut kann auf Wiesen wirksam durch Kalkung mit allen zugelassenen Naturkalken (z. B. kohlensaurer Kalk, Kalkmergel, Kreide, Kalksteinmehl und Algenkalk) eingedämmt werden.

Diese Liste der Giftpflanzen ist natürlich bei weitem nicht vollständig! Neben heimischen Pflanzen können über Ruderalflächen, Straßenränder, Gärten und Parks eine ganze Reihe Neophyten auf die Weide eingeschleppt werden, die Vergiftungen oder allergische Reaktionen verursachen wie Riesen-Bärenklau und Ambrosia oder bei denen der Nicht-Fressen-Instinkt der Pferde eventuell nicht anspringt.

Einjähriges Berufkraut

Das Einjährige Berufkraut ist ein invasiver Neophyt, der sich über Straßenränder und Ruderalflächen auf feuchten und extensiv genutzten Wiesen und Weiden stark ausbreitet. Die Blütezeit geht von Juni bis Oktober. Ihre weißen Blüten ähneln Gänseblümchen, die Pflanze kann aber eine Wuchshöhe bis zu einem Meter erreichen.

Obwohl das Berufkraut nicht giftig ist, wird es von Weidetieren gemieden. Daher kann es sich auf Weiden massiv vermehren und diese stark verunkrauten. Auf Ruderalstandorten und Magerwiesen verdrängt es die einheimischen Gräser und Kräuter. Die effektivste Bekämpfung ist bei kleinen Beständen das Ausreißen oder Aushacken.

Dazu kommen giftige Baumarten wie Robinie, Pfaffenhütchen, Eibe, Tollkirsche, Eiche (Eicheln), und Zierpflanzen wie Buchsbaum, Kirschlorbeer, Thuja, Rhododendron, Goldregen, Engelstrompete, und Oleander, die aus anliegenden Gärten und Parks herüberwachsen und Samen verteilen, die später zu Keimlingen heranwachsen.

Bleiben Sie aufmerksam und gehen Sie regelmäßig mit offenen Augen über Ihre Weiden. Bestimmen Sie unbekannte Pflanzen vorsichtshalber zum Beispiel mit einer App wie plantnet und entfernen Sie sie im Zweifelsfall aus der Reichweite der Pferde. Was Sie nicht abschneiden oder ausreißen können oder dürfen, sollte großzügig ausgezäunt werden.

Zeigerpflanzen

Diese heimischen Wildkräuter weisen auf bestimmte Bodeneigenschaften hin, zum Beispiel stickstoffreichen Boden, vernässten oder verdichteten Boden. Sie sind auf ganz bestimmte Böden spezialisiert und reagieren auf Bodenveränderungen sehr empfindlich, das heißt sie verschwinden oder verkümmern. Zur Bestimmung muss eine große Anzahl der Pflanzen vorkommen, eine einzelne oder vereinzelte Pflanzen haben nichts zu sagen. Richtig gedeutet können uns Zeigerpflanzen bei der Weidepflege unterstützen. Sie zeigen zum Beispiel, ob es einen Düngebedarf gibt oder ob man sich mit der Düngung lieber zurückhält.
Einige Beispiele finden Sie in der Tabelle auf der nächsten Seite.

Düngung

Große Weideflächen, die extensiv nur von wenigen Pferden genutzt werden und dazwischen lange Regenerationsphasen haben, müssen nicht unbedingt gedüngt werden. Gerade auf mageren Böden entwickeln sich oft artenreiche Blühwiesen mit gesunder Vegetation für Pferde.
Bei intensiv genutzten kleineren Weiden und lückigen Flächen oder mit Massen von unerwünschten Pflanzenarten fehlen oft bestimmte Nährstoffe für Gräser und Kräuter. Mit der richtigen Düngung bekommt der Boden die durch das Abweiden entzogenen Nährstoffe zurück und es entwickelt sich wieder eine dichte und strapazierfähige Grasnarbe.

Nun sollten Sie aber nicht einfach zum Raiffeisenmarkt fahren und den erstbesten NPK-Dünger einpacken. Dadurch könnte ein vorhandenes Ungleichgewicht der Nährstoffe im Boden noch schlechter werden. Um den optimalen Dünger für Ihre Wiese zu finden, können Sie zum Beispiel bei einer LUFA eine Bodenprobe untersuchen lassen. Dabei werden Nährstoffe wie Phosphor, Kalium, Magnesium sowie der Kalkgehalt (pH-Wert) analysiert und Spurenelemente wie Kupfer und Zink bestimmt. Anhand dieser Analyse erhalten Sie eine Düngeempfehlung, die allerdings eher hoch ausfällt, da sie für intensiv genutzte Viehweiden gerechnet wird.

Etwa alle drei Jahre wird eine erneute Bodenanalyse empfohlen. Bodenproben und Düngung nach Emp-

Beispiele für Zeigerpflanzen

Bodenzustand	Indikatorpflanzen
Nasser Boden	Krauser Ampfer, Binsen, Mädesüß, Moose, Scharbockskraut, Sumpfdotterblume, Wiesenknöterich, Wiesenschaumkraut, Großer Wiesenknopf
Verdichteter Boden, Staunässe	Ackerkratzdistel, Ackerminze, Ackerschachtelhalm, Ampferknöterich, Beinwell, Breitwegerich, Gänsefingerkraut, Kriechender Hahnenfuß, Huflattich, Löwenzahn Mädesüß, Quecke, Vogelknöterich, Weißklee
Trockener Boden	Färber-Kamille, Kleines Habichtskraut, Hasenklee, Mauerpfeffer, Quendel, Blauer Natternkopf
Stark verschatteter Boden	Giersch, Gundermann, Sauerklee, Moos, Stinkender Storchschnabel
Stickstoffreicher Boden	Ackerwinde, Beinwell, Brennnessel, Franzosenkraut, Giersch, Kohl-Gänsedistel, Raue Gänsedistel, Weißer Gänsefuß, Gänsefingerkraut, Hirtentäschel, Gemeines Kreuzkraut, Kohldistel, Knoblauchrauke, Klettenlabkraut, Krauser Ampfer, Löwenzahn, Rote Lichtnelke, Scharfer Hahnenfuß, Kriechender Hahnenfuß, Rote und Weiße Taubnessel, Vogelmiere, Behaartes Schaumkraut, Stumpfblättriger Ampfer
Stickstoffarmer Boden	Ackerschachtelhalm, Blutwurz, Dost, Echtes Labkraut, Besenginster, Hasenklee, Kleines Habichtskraut, Hauhechel, Hundskamille, Echter Steinklee, Quendel, Blauer Natternkopf, Vogelknöterich, Kleiner Wiesenknopf, Wiesenmargerite, Wilde Möhre, Wundklee
Magerer Boden	Frauenmantel, Frühlingshungerblümchen, Gänseblümchen, Kriechender Hahnenfuß, Hundsveilchen, Mittlerer Wegerich, Kleiner Wiesenknopf, Wiesenschaumkraut
Sandboden	Besenheide, Feldtyhmian, Frühlings-Ehrenpreis, Hasenklee, Hungerblümchen, Heidenelke, Sandmohn, Vogelknöterich
Kalkreicher (alkalischer) Boden	Adonisröschen, Blauer Natternkopf, Brennnessel, Feldrittersporn, Huflattich, Klatschmohn, Kleearten, Kohl-Gänsedistel, Kriechendes Fingerkraut, Löwenzahn, Odermennig, Taubenskabiose, Taubnessel, Wegwarte, Kleiner Wiesenknopf, Wiesensalbei, Wiesenstorchschnabel
Kalkarmer (saurer) Boden	Ackerminze, Adlerfarn, Heidekraut, Heidelbeere, Kleiner Sauerampfer, Moose, Sauerklee, Schachtelhalm, Wildes Stiefmütterchen

fehlung sind teuer und aufwändig, daher lohnt sich das meiner Meinung nach nur für Flächen, die Sie zuverlässig wirklich langfristig nutzen können (langjähriger Pachtvertrag oder Eigentum).

Organischer Dünger wie Pferde- oder Rindermist sollte mindestens ein Jahr abgelagert sein und erst nach vollständiger Kompostierung verwendet werden. Der beste Zeitpunkt für die Düngung ist im Frühjahr, am Anfang der Wachstumsperiode bei einer Bodentemperatur von mindestens 10° C.

Buchempfehlung:

Die Pferdeweide
Ökologie, Nutzung und Pflege, Kompostwirtschaft

Jutta von Grone
Müller Rüschlikon Verlag 2014

Nachsäen

Hat die Grasnarbe viele Lücken, lohnt sich eine Nachsaat, am besten mit fruktanarmem möglichst regionalen Saatgut für Pferdeweiden. Komplett umbrechen und neu einsäen lohnt sich für Pferdeweiden nur, wenn genügend Ausweichflächen vorhanden sind, denn die Weide muss nach der Neueinsaat mehrere Jahre geschont und nur abgemäht werden, bis sich die Grasnarbe für den Pferdetritt genügend stabilisiert hat.
Zum Nachsäen muss die Wiese entweder gleichmäßig kurz abgefressen sein, oder Sie müssen sie nachmähen und das alte Gras abfahren. Kleinere Flächen können Sie von Hand nachsäen. Dazu muss der Boden feucht sein. Drücken Sie die Samen anschließend mit einer Schaufel oder einer Walze ein bisschen in den Boden: So können sie besser keimen und werden weniger von Vögeln gefressen.

Größere Flächen lassen Sie am besten von einem Landwirt mit einer Drillmaschine nachsäen. Diese bringt die Samen relativ tief in den Boden und verhindert, dass sie von Vögeln gefressen werden. Die besten Zeiten für eine Nachsaat sind im Mai oder von August bis Anfang September.

Weidetypen und Weidemanagement

Portionsweide

Bei der Portionsweide laufen die Pferde auf einem kleinen abgegrasten Stück Wiese, der Rest der Weide ist mit einem mobilen Elektrozaun abgesperrt. Ein- oder besser zweimal täglich wird der mobile Innenzaun ein Stück versetzt, also ›zugesteckt‹ oder ›weitergesteckt‹, so dass sie einen frischen Streifen längeres Gras abweiden können.

Der große Vorteil dabei ist, dass das Gras nicht zertrampelt und viel gleichmäßiger abgefressen wird. So bleibt wenig zum Nachmähen und ist damit ideal für ›faule‹ Pferdehalter wie mich und solche, die keinen Traktor samt einer ganzen Reihe dazugehöriger Maschinen zur Wiesenbewirtschaftung kaufen möchten.
Die Pferdeäpfel landen meistens auf dem abgefressenen Teil und lassen sich leicht absammeln, statt dass man auf großen Wiesenflächen lange suchen und mit der Harke mühsam langes Gras ›auskämmen‹ muss.

Bei leichtfuttrigen Pferden kann man auf diese Weise die tägliche Grasmenge gut steuern. Das abgeweidete Stück Portionsweide sollten Sie allerdings hinten wieder auszäunen, da das kurze Gras extrem viel Fruktan enthält, und die Pferde sonst dauernd das nachwachsende Gras abknabbern. Außerdem wird durch die nur kurzzeitige Beweidung die Grasnarbe geschont. Das Prinzip ist also ein dauerhafter Außenzaun und zwei mobile, wandernde Innenzäune.

Im wieder ausgezäunten Teil kann sich die Grasnarbe erholen und das Gras nachwachsen. Während der Vegetationszeit und bei genügend Regen kann das Stück nach etwa sechs bis acht Wochen ein weiteres Mal beweidet werden. Dabei gilt: im Mai wächst das Gras viel schneller nach als im Septem-

oben: Portionsweide frisch weitergesteckt, rechts der wieder ausgezäunte abgeweidete Teil

unten: Links hohes Gras, wo gerade weitergesteckt wird, Mitte bereits abgeweideter Teil ausgezäunt zum Nachwachsen, rechts Gang, ganz rechts Außenzaun

ber. In kühleren Lagen, zum Beispiel in den Mittelgebirgen, ist die Vegetationszeit im Oktober oft schon vorbei.
Gerade für das System Portionsweide, wo die Pferde immer nur auf einem kleineren Stück Wiese stehen, ist es ideal, die Weideparzellen mit möglichst langen Gängen als temporären Paddocktrail zu erschließen.

Umtriebsweide

Wer nur wenige Wiesen zur Verfügung hat, muss die Flächen geschickt abteilen und die Beweidung managen, um im ganzen Sommerhalbjahr eine gewisse Futtergrundlage zu schaffen und die Grasnarbe nicht zu zerstören. Dabei hilft die Aufteilung in mehrere Weideparzellen, die abwechselt beweidet werden und dann wieder ausreichend lange Ruhezeiten (Wachstumszeiten des Aufwuchses, je nach Vegetationszeitpunkt etwa drei bis sechs Wochen) bekommen.

Durch dieses System der Umtriebsweiden kann die Wiesenfläche optimal ausgenutzt werden, ohne einen zu kurzen Verbiss zu riskieren. Je kleiner die Gesamtfläche und je weniger Weideparzellen, desto kürzer ist die Regenerationsphase. Das bedeutet neben eingeschränktem Weidegang und Zufütterung von Heu auch einen höheren Pflegeaufwand mit regelmäßigem Nachmähen, Nachsäen und Düngen, um eine gute Futtergrundlage zu erhalten.

Standweide

Standweiden sind typisch für dünn besiedelte Gegenden mit großen Wiesenflächen, zum Beispiel in der norddeutschen Tiefebene. Die Tiere bleiben während der gesamten Weidesaison auf der gleichen Weide. Manchmal befindet sich direkt auf der Weide eine von Grundwasser gespeiste Tränke, so dass Futter und Wasser ständig vorhanden sind und die Pferde nicht täglich versorgt werden müssen. Trotzdem sollte eine tägliche Kontrolle des Zaunes, der Wasserversorgung und auf Gesundheitsprobleme selbstverständlich sein! Solche Weiden werden oft zur Jungpferdeaufzucht und für Zuchtstuten genutzt.

Die Vorteile sind die Bewegungsfreiheit auf sehr großer Fläche und das geringe Konfliktpotenzial, da sich Pferde, die sich nicht mögen, problemlos aus dem Weg gehen können. Vor vielen Jahren verbrachten meine Freundin Tina und ich einen vierwöchigen Urlaub mit unseren beiden Pferden auf der Insel Norderney. Dort kamen unsere Pferde auf eine mindestens 10 Hektar große Weide, auf der sich bestimmt 30 einander fremde Urlauberpferde tummelten. Der Hofbesitzer versicherte uns, dass wegen der großen Fläche zum Ausweichen keine ernsthaften Verletzungen vorkämen. Tatsächlich passierte auch nichts, außer einer kleinen Bisswunde an der Gurtlage, so dass Tina ein paar Tage ohne Sattel am Strand reiten musste.

Die Nachteile: Pferde fressen selektiv, daher findet ein ständiger Verbiss der gut schmeckenden Gräser und Kräuter statt. Diese Stellen werden überweidet, oft mit einer Grasnarbe so kurz wie ein Golfrasen. Bei nassem Boden entstehen Trittschäden, auf denen sich Unkräuter wie Ampfer und Disteln ansiedeln. Unbeliebte Pflanzen werden nicht abgefressen, versamen sich und nehmen überhand.

Weil auf so großen Flächen der Mist nicht abgesammelt werden kann, werden die Geilstellen immer größer. Ein weiteres Problem ist die Verwurmung. Als Lösung wird oft die Mischbeweidung mit Rindern empfohlen. Eine gutes Entwurmungsmanagement mit regelmäßiger Kontrolle ist aber trotzdem unbedingt nötig! Mein Exmoorpony Lavena verbrachte ihre ersten beiden Lebensjahre in einem Beweidungsprojekt auf riesigen Flächen zusammen mit Heckrindern. Bei mir bekam sie die erste Wurmkur ihres Lebens und ich einen großen Schreck: so viele Würmer in einem Kothaufen hatte ich in Jahrzehnten der Pferdehaltung noch nie gesehen!

Winterweide

Echte Winterweiden – gemeint ist nicht die kleine Matschkoppel als Auslauf – gibt es aus Flächenmangel in Deutschland nicht so häufig und sie sind auch nicht in allen Bundesländern erlaubt. Zwar vertragen Pferde Kälte besser als Hitze, ein paar Dinge

müssen im Winter trotzdem besonders beachtet werden.
Verholztes, überständiges Gras, ›Heu am Stiel‹, fressen Pferde nicht besonders gerne. Sie zertrampeln viel und suchen sich das frisch und grün nachgewachsene Untergras heraus. Spätestens wenn das Gras knapp wird, muss ausreichend Heu zugefüttert werden.

Das Märchen, dass gefrorenes Gras zu Koliken führt, hält sich hartnäckig. Für Pferde, die an Gras gewöhnt sind, ist das überhaupt kein Problem. Werden nicht angeweidete Pferde bei gefrorenem Boden auf die Koppel gelassen, nachdem sie vorher bei nassem Wetter wochenlang gesperrt war, sieht das natürlich ganz anders aus. Eine größere Menge Gras kann hier schnell eine Kolik verursachen, egal ob das Gras gefroren ist oder nicht.

Die Wassertränke sollte nicht zufrieren oder zumindest mehrmals am Tag mit heißem Wasser aufgetaut werden. Thermobehälter oder beheizte Tränken (zum Beispiel ein Selbstbau, der ohne Strom auskommt, aus einem metallenen Wurstkessel mit einer lange brennenden Grabkerze darunter) verhindern das schnelle Einfrieren des Wassers.

Auch die Bodenbeschaffenheit ist ein wichtiger Faktor. Ideal ist Sandboden oder Flächen mit einem leichten Gefälle, wo das Wasser ablaufen kann. An den häufig begangenen Stellen und generell bei zu kleinen Flächen kommt es häufig zu Trittschäden, Bodenverdichtung und Überweidung. Tiefe Trittspuren werden bei Frost zur löchrigen Buckelpiste mit hoher Stolper- und Verletzungsgefahr.

Nach den Leitlinien zur Beurteilung von Pferdehaltungen unter Tierschutzgesichtspunkten müssen alle Pferde, die ganzjährig oder über einen längeren Zeitraum ganztägig draußen gehalten werden, auf Flächen stehen können, die nicht morastig aufgeweicht sind. Wie weiter vorne im Buch beschrieben,

legen sich Pferde auf nassen Boden und Matsch nicht zum Schlafen hin, sondern brauchen ein trockenes, weiches Plätzchen. In der Praxis bedeutet das für fast alle Rassen einen ausreichend großen, trockenen Unterstand mit Einstreu und einer befestigten Fläche davor. Für dickpelzige Nordponys wie Isländer kann unter Umständen auch ein Wind- und Witterungsschutz durch eine dichte Baumgruppe reichen.

Die Vorteile der Winterweide: Viel Bewegung besonders für Jungpferde, Zuchtpferde, Senioren und sonstige nicht gerittene oder anderweitig bewegte Pferde. Im Frühling weiden sich die Pferde durch das Graswachstum selbst an, so dass sie direkt auf eine Sommerweide umziehen können.

Die stark strapazierte Winterweide sollte man im Sommer ruhen und sich erholen lassen. Bereiche mit vielen unerwünschten Pflanzen sollte man einmal abmähen, damit sie nicht aussamen und sich weiter verbreiten und kahle Stellen mit für Pferdeweiden geeignetem Saatgut nachsäen.

Verpilzung bei Gras

Je länger das Gras steht, umso mehr steigt die Gefahr von Verpilzung an den Halmen. Besonders bei überständigem Gras, das im Frühling oder Sommer nicht gemäht wurde und wenn die Halme umgefallen sind und auf dem feuchten Boden liegen, erkennt man in Herbst und Winter oft schon mit bloßem Auge die braunen Pilzstellen oder bemerkt den typischen muffigen Schimmelgeruch. Der Pilz kann direkt giftig sein zum Beispiel der Rostpilz oder giftige Substanzen bilden (Mykotoxine) wie die sehr häufigen Schimmelpilze oder wie Mehltau zu Allergiesymptomen führen. Gesunde Pferde können kleine Mengen verpilztes Gras in der Regel kompensieren. Sie sollten jedoch nicht gezwungen sein, aus Hunger viel davon zu fressen, deshalb sollte immer genügend Heu zugefüttert werden. Stark befallenes Gras ist als Futter nicht mehr geeignet und sollte gemäht und am besten abgefahren werden.

Einige Gräsersorten leben ganzjährig in Symbiose mit endophytischen Pilzen, die von außen meist unsichtbar sind. Für Weidetiere können die Pilze gefährlich werden, denn einige der Endophyten bilden giftige Alkaloide. Besonders betroffen sind Hochleistungsgräser wie das Deutsche Weidelgras und der Wiesenschwingel. Während der Befall mit Endophyten in Australien und Neuseeland ein großes Problem ist, sind aus Deutschland bisher jedoch kaum Vergiftungsfälle bekannt.

Anweiden – nicht nur im Frühling

Warum müssen Pferde eigentlich angeweidet werden? Der Pferdedarm verdaut die Nahrung mit Hilfe von Darmbakterien (Mikroorganismen), die pflanzlichen Stoffe wie Cellulose zerkleinern und aufschließen. Die Darmflora enthält immer die passenden Bakterien für die Art Futter, die das Pferd hauptsächlich aufnimmt. Nach einem Winter mit Heu sind daher kaum noch Darmbakterien vorhanden, die das Pferd für die Verdauung von frischem Gras mit hohem Stärke- und Zuckeranteil, zum Beispiel Fruktan, braucht.

Frisst das Pferd nun plötzlich große Mengen Gras, sterben die vorhandenen Mikroorganismen für die Heuverdauung massenhaft ab und setzen dabei Giftstoffe (Endotoxine) frei. Andere sogenannte Fäulnisbakterien vermehren sich sprunghaft. Das kann zu Durchfall, Kotwasser, starken Blähungen bis zu Gaskoliken und Hufrehe durch die Schädi-

gung der Blutgefäßwände führen. Daher braucht die Darmflora die Anweidezeit, um die passenden Darmbakterien zu bilden. Auch das viele Eiweiß im frischen Weidegras kann zu Problemen führen, besonders mit den Entgiftungsorganen Leber und Nieren.
Wildpferde in der Natur oder Pferde, die das ganze Jahr über auf wirklich großen Wiesenflächen gehalten werden, weiden sich durch das langsam sprießende Gras im Frühling von selbst an. Der Anteil an frisch nachgewachsenem Gras steigert sich langsam im Verhältnis zum stängeligen Altgras, so dass sich die Darmbakterien anpassen können.

Wird das tägliche Anweiden unterbrochen, muss man leider wieder bei Tag eins anfangen, da sich die Darmbakterien sehr schnell vom Gras entwöhnen.

Der Anweideplan – von Null auf 100 in drei bis vier Wochen

Der richtige Zeitpunkt ist gekommen, wenn das Gras so hoch wie eine Bierflasche ist, also mindestens 15 bis 20 cm. Im Idealfall beginnen Sie am Nachmittag, da besonders nach kalten Nächten morgens die Fruktanwerte sehr hoch sein können.

Weidezeit nur langsam steigern und Bewegung abziehen

Füttern Sie eine große Portion Heu vor dem Weidegang. Das beschäftigt den Darm mit der Raufaserverdauung und dämpft im Idealfall die Fressgier aufs Grün ein wenig (nicht unbedingt bei Ponys ...). Kraftfutter sollten Sie reduzieren oder am besten ganz weglassen, sonst kann die Kombination von Fruktanen aus dem jungen Weidegras und schwerverdaulicher Stärke aus Getreide zu Fehlgärungen im Darm und als Folge zu Kolik oder Hufrehe führen.
Beginnen Sie mit 15 Minuten Grasen am ersten Tag. Steigern Sie die Fresszeit jeden Tag um fünf bis zehn Minuten oder jeden zweiten Tag um zehn bis 15 Minuten und beobachten Sie sorgfältig, ob das Pferd Blähungen, Kotwasser oder Durchfall bekommt. Solange alles normal ist, können Sie täglich weiter steigern, ansonsten mehr Heu füttern und wieder bei 15 Minuten Grasen anfangen. Falls Ihr Pferd auf der Weide viel herumgaloppiert oder mit seinen Pferdekumpels spielt, verlängern Sie die tatsächliche Weidezeit entsprechend.

Achtung: Dieser Anweideplan ist für gesunde, schlanke Pferde und Ponys gedacht. Ponys und Pferde mit Übergewicht, EMS, Stoffwechselproblemen, einem sensiblen Verdauungsapparat oder einer Hufrehe-Vorgeschichte sollten, wenn überhaupt, extrem vorsichtig und langsam angeweidet werden. Lassen Sie sich von Fachleuten beraten, ob und falls ja, wie lange das Pferd auf die Weide darf. Warten Sie, bis das Gras sehr hoch steht und abgeblüht ist und achten Sie auf die Fruktanwerte (siehe Tabelle). Wählen Sie im Zweifel lieber kürzere Fresszeiten.
Inzwischen gibt es Programme, die tagesaktuell die Fruktanwerte für jede Region anzeigen, zum Beispiel die horseanalytics-health-app.

Nach etwa drei bis vier Wochen, wenn man bei einer Anweidezeit von sechs Stunden angekommen ist, kann das Pferd ganztags bzw. rund um die Uhr auf die Weide. Vorsicht: Falls die tägliche Anweidephase unterbrochen wird, müssen Sie wieder bei 15 Minuten beginnen. Die Mikroorganismen im Darm brauchen täglich Gras, sonst sterben sie wieder ab.

Tabelle Fruktanwerte

Temperatur nachts unter 8 Grad Celsius	Fruktanwerte und Reherisiko
Wetter am Tag	
sonnig	hoch
bewölkt	mittel
Regen	mittel
längere Trockenheit, sonnig und Frost nachts	extrem hoch!
Temperatur nachts über 8 Grad Celsius	
Wetter am Tag	
sonnig	mittel
bewölkt	gering
Regen	gering
längere Trockenheit (Stress für Gräser)	sehr hoch

Das Problem ›Koppeln bei Regen gesperrt‹

Nicht nur beim An- und Abweiden, auch während der gesamten Weidesaison sollte das Pferd täglich auf die Wiese, damit die Darmflora für die Grasverdauung erhalten bleibt. In vielen Ställen gilt leider immer noch die Regelung, dass die Koppeln bei Regen nicht genutzt werden dürfen. Ist nur wenig Weideland vorhanden oder bei manchen Bodenarten, wie sehr lehmigen Böden, kann das sinnvoll sein, stellt den Pferdebesitzer aber vor ein Problem. Dafür gibt es verschiedene Lösungsansätze: Reiterfreunde von mir haben sich in der Nähe ihres Pensionsstalles eine eigene Pachtwiese gesucht und lassen ihre Pferde bei schlechtem Wetter darauf grasen. Das macht etwas mehr Arbeit, weil die Wiese auch eingezäunt und gepflegt werden muss, ist aber ansonsten eine gute Lösung.

Alternativ kann man den Stallbesitzer fragen, ob er Gras mähen und im Stall verfüttern kann. Oder man mäht selbst mit einer (Motor-)Sense. Ansonsten bleibt einem als verantwortungsvoller Pferdebesitzer nicht viel anderes übrig, als mindestens eine halbe Stunde an der Hand grasen zu gehen.

Die Futterration anpassen

Gras ist ein leckeres Futter mit hohem Energiegehalt. Mit steigenden Weidezeiten sollten Sie deshalb bei leichtfuttrigen Pferden die Heumenge (und falls zutreffend die Kraftfutterration) entsprechend verringern, sonst nimmt das Pferd automatisch zu. Dabei gilt: vier Kilo Gras entsprechen vom Nährwert ungefähr einem Kilo Heu oder einem halben Kilo Hafer.

Wie viel Gras frisst ein Pferd eigentlich pro Stunde? Das hängt von der Höhe, Dichte und Art des Aufwuchses, der Pferdegröße und nicht zuletzt vom Hunger bzw. der Fressgier und der Dauer des Weidegangs ab. Je kürzer der Aufenthalt auf der Weide ist, desto schneller und länger am Stück grasen die meisten Pferde. Je kürzer die Halme, desto weniger Kilo Gras frisst das Pferd. Dafür enthält kurzes Gras in den allermeisten Fällen mehr Energie, Eiweiß, Fruktan und andere Zucker und auf jeden Fall weniger Rohfasern als längeres Gras.

Ganz grob kann man schätzen, dass ein 500 Kilo schweres Pferd bei kürzerem Gras (Halmlänge ca.

5 cm) und kurzer Weidezeit etwa 4 kg Gras pro Stunde frisst, bei längerem Gras mit Halmen über zehn Zentimetern Länge etwa 7 kg. Überständiges Gras hat in seinen härteren Stängeln einen höherem Trockensubstanzgehalt als frisches Gras. Pferde brauchen dafür mehr Zeit zum Kauen, deshalb ist die aufgenommene Menge pro Stunde geringer als bei weichen, kurzen Halmen. Außerdem verändern sich die Nährwerte des Weidegrases im Laufe der Saison: Frisches Weidegras im Mai hat andere, höhere Werte als überständiges Weidegras im September.

Genaue Futterberechnungen sind daher eher schwierig, deshalb verlässt man sich am besten auf Beobachtungen und den gesunden Menschenverstand. Bei kürzeren Weidezeiten, während denen das Pferd die meiste Zeit frisst, kann man zum Beispiel pro Stunde auf der Weide das Heu um ein Kilo reduzieren und schauen, wie sich das auf das Pferd auswirkt. Am genauesten ist es, das Pferd regelmäßig zu wiegen, zum Beispiel auf einer Lkw-Waage. Alternativ kann man regelmäßig den Halsumfang und den Brustumfang messen und notieren, um schleichendes Zunehmen rechtzeitig zu bemerken und das Futter entsprechend anpassen zu können.

Knabberäste gegen die Langeweile

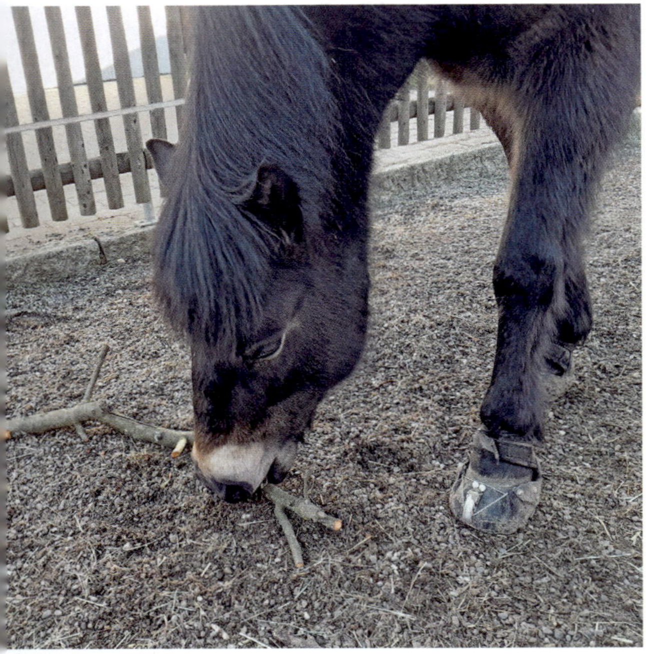

Bäume und Sträucher als gesunde Futterergänzung

Blätter, Zweige, Blüten, Früchte und Rinde von ungiftigen Laubbäumen und Sträuchern sind eine sinnvolle Nahrungsergänzung für Pferde. Sie liefern eine Vielzahl von Vitaminen, Mineralstoffen und sekundären Pflanzenstoffen, die, in Maßen gefüttert, für die Gesundheit förderlich sind. Knabberäste von Laubbäumen sind eine gute Möglichkeit, lange Fresspausen zu überbrücken, ohne zu viele Kohlenhydrate und Kalorien zuzufüttern. Das Knabbern an Ästen ist zudem eine natürliche und zufrieden machende Beschäftigung.

Erkennen Sie die geeigneten Baum- und Straucharten, können Sie Ihr Pferd auf einem Spaziergang unterwegs von Feldhecken, an Waldrändern oder im Wald fressen lassen oder Äste abschneiden bzw. Früchte ernten, wo es erlaubt ist und im Stall oder auf dem Paddock verfüttern.
Mit Baum- und Strauchpflanzungen tun Sie zusätzlich Gutes für die Natur: Heimische Arten bieten wertvolle Lebensräume für viele Tierarten: Bienen und andere Insekten- und Schmetterlingsarten, Vögel und kleine Säugetiere. Sie verbessern damit die Biodiversität, also die Artenvielfalt an Tieren, Pflanzen und Mikroorganismen, wirken als Trittsteinbiotope und tragen zum Landschaftsschutz bei.

Baum- und Strauchreihen, wie die typischen ›Knicks‹ in Küstennähe, verringern die Windgeschwindigkeit um bis 50 Prozent und schützen den Boden vor dem Austrocknen. Gehölze verdunsten Wasser über ihre Blätter und senken damit die Umgebungstemperatur. So verbessern sie das Mikroklima und tragen damit zum Klimaschutz bei.

Im Idealfall dürfen Sie ungiftige, heimische Bäume und Sträucher im Paddock oder auf der Weide anpflanzen, die am Anfang vor Verbiss geschützt werden müssen. Später können Sie einfach einen Holzzaun so dicht vor die Baumstämme oder Sträucher setzen, dass die Pferde alles, was durch den Zaun wächst, abknabbern können, ohne dass die Pflanze abstirbt. Als Einsteller können Sie vielleicht den Stallbesitzer von den vielen Vorteilen der Bepflanzung überzeugen.

Eine weitere Möglichkeit im Paddock ist Totholz von ungiftigen Bäumen als Hecke aufzustapeln: Äste und Zweige bieten einen sinnvollen Zeitvertreib beim Knabbern und Rinde-Abschälen und wirken bei entsprechender Höhe und Breite als Raumteiler und Windschutz.

Für Pferde geeignete heimische Baum- und Straucharten

Grundsätzlich sind alle ungiftigen Laubbäume und -sträucher als Pferdefutter geeignet. Von manchen Blättern und Früchten sollten die Pferde jedoch höchstens ganz geringe Mengen fressen.

Eichenlaub, -rinde und Eicheln enthalten viele Gerbstoffe (Tannine), die im Übermaß zu Koliken und Nierenversagen führen können. Daher ist es ratsam, auf Paddocks und Weiden keine Eichen neu anzupflanzen. Bereits vorhandenen Eichen sollten im Herbst ausgezäunt werden, damit die Pferde die heruntergefallenen Eicheln nicht fressen.

Zarte junge **Buchenblätter** sind im Frühling bei unseren Ponys besonders begehrt. Ihre Früchte im Herbst, die Bucheckern, sind jedoch giftig. Schon 300 Gramm können für ein Pferd tödlich wirken. Deshalb gilt auch für Buchen: Besser die Pferde unterwegs am Waldrand ein paar junge Zweige naschen lassen oder welche abschneiden, wo es erlaubt ist, statt sich mit einer Buche eine potenzielle Vergiftungsquelle in den Paddock zu setzen.

Unter einem **Walnussbaum** finden Pferde im Sommer Schutz vor stechenden Insekten, denn die Plagegeister meiden sein Umfeld wegen der ätherischen Öle, die er ausdünstet. Walnussblätter, kurweise in kleinen Mengen (25 Gramm täglich) verfüttert, wirken durch die enthaltenen Gerbstoffe entzündungshemmend und helfen gegen Durchfall und Kotwasser. Ein Sud aus gekochten Walnussblättern kann äußerlich bei Hauterkrankungen angewendet werden.

Leider gehört auch die Walnuss zu den Giftpflanzen für Pferde. Die Rinde und die Nussschalen und besonders stark das Kernholz sind giftig. Steht bereits ein Walnussbaum im Pferdebereich, sollten Sie also den Baumstamm und die Zweige vor Verbiss schützen und auch keine Walnussäste zum Knabbern anbieten. Im Herbst, zur Erntezeit der Nüsse, sollte der gesamte Baum ausgezäunt werden. Neupflanzungen sind daher nur außerhalb des Pferdebereiches zu empfehlen.

Die Blätter, die Rinde, das Holz und die Früchte von **Obstbäumen** wie Apfel, Birne, Pflaume und Zwetschge sind ungiftig und werden gerne gefressen. Haben Sie viel Platz auf einer eigenen Wiese, können Sie gleich mehrere Bäume pflanzen.

Buchenzweige-Snack unterwegs

Streuobstwiesen mit hochstämmigen Obstbäumen sind ein wertvoller Lebensraum für viele Tierarten und generell eine sinnvolle Maßnahme, um eine Wiese ökologisch aufzuwerten. Ein dichtes Baumraster, zum Beispiel alle zehn Meter ein Baum, macht jedoch die maschinelle Bewirtschaftung, wie Mähen und Heuen, schwierig.

Wegen der möglichen Gefahren durch zu viele gefressene Früchte, sollten Obstwiesen besser nur im Frühling und Frühsommer vor dem Fruchtansatz und im Herbst nach der Ernte beweidet werden. Wenn Sie die Bäume nicht zu dicht aufeinander pflanzen, zum Beispiel im 20-Meter-Raster, können Sie sie im Sommer und Herbst einfach auszäunen und die Pferde drum herum grasen lassen.

Baumstamm vor dem Anfressen schützen

Eine aufwändigere Methode ist das tägliche Absammeln der meisten vom Baum gefallenen Früchte. Das funktioniert nur, wenn entweder die Bäume samt der Früchte tragenden Äste sehr hoch oder die Ponys sehr niedrig sind. Manche Pferde mutieren zu Giraffen, um unreife grüne Früchte vom Baum zu pflücken. Hier drohen Gaskoliken. Aber auch zu große Mengen reifer Äpfel, Birnen und Pflaumen können zu Fehlgärungen, Durchfall und Koliken führen.
Unsere Ponys und Pferde lebten über 20 Jahre lang ganzjährig auf großen Streuobstwiesen, da das die einzigen Wiesen waren, die wir im Ballungsraum als Pferdeweiden pachten konnten. In all den Jahren hatte nur ein einziges Mal ein neu eingezogenes Jungpferd eine leichte Kolik von zu vielen unreifen Pflaumen. Weil die Pferde sich langsam an die Früchte gewöhnen konnten und beliebig viele zur Verfügung hatten, waren sie nichts Besonderes mehr und sie fraßen nie so viele, dass sie davon krank wurden.

Ideal ist das natürlich nicht. Neben dem hohen Zuckergehalt, der besonders für übergewichtige, magen- und darmempfindliche, EMS-kranke und rehegefährdete Pferde ungesund und gefährlich ist, kann es bei hastig fressenden Pferden schnell zu einer Schlundverstopfung durch Äpfel und Birnen kommen. Das passiert besonders dann, wenn die Pferde von einer Wiese ohne Ostbäume auf eine Baumwiese mit großen Mengen an herumliegendem Obst umziehen.
Ich habe das nur wenige Male erlebt: Einmal schnappte meine Arabo-Haflingerstute Sirky beim Ausritt nach einer der für ihre extreme Säure berüchtigten schwäbischen Mostbirnen, wo es einem die ganzen Schleimhäute zusammenzieht, so dass ihr die Stücke im Hals steckenblieben. Meine Islandstute Sída bekam im Alter von über 20 Jahren durch altersbedingte Abnutzung immer glattere Kauflächen an den Zähnen und konnte die Früchte nicht mehr gut zerbeißen, so dass sie bei hastigem Fressen Schlundverstopfung bekam. Zum Glück zogen wir in dieser Zeit um auf die Schwäbische Alb und fanden dort Wiesen ohne oder mit nur wenigen Obstbäumen, die ich dann konsequent auszäunte.

Steinobstkerne enthalten eine Vorstufe von Blausäure, darum wird oft vor einer Vergiftung durch zerkaute Pflaumen- und Zwetschgenkerne gewarnt. Die meisten Pferde zerkauen die Kerne aber gar nicht, sondern schlucken sie ganz herunter oder spucken sie sogar wieder aus. Außerdem müsste ein Pferd eine sehr große Anzahl Kerne gründlich zerkauen, um sich zu vergiften.

Ein anderes Problem sind Wespen, die gerne kleine Löcher in die süßen Früchte nagen und darin sitzen, um weiter zu fressen. Ihre Stiche sind nicht nur schmerzhaft, sondern können auch lebensgefährlich werden, wenn das Pferd im Maul oder im Schlund gestochen wird. Ein Stich in diesem Bereich kann das umliegende Gewebe so stark anschwellen lassen, dass das Pferd keine Luft mehr bekommt und erstickt.
Auch damit hatten wir glücklicherweise bisher nie Probleme. Meine Beobachtungen zeigen, dass unsere erfahrenen Pferde jede Frucht vorsichtig mit der Nase ein wenig bewegen, um eventuelle Wespen zu verscheuchen, bevor sie herzhaft hineinbeißen.

Wer aufgesammeltes Fallobst verfüttern möchte, sollte angefaulte, schimmelige oder gefrorene Früchte aussortieren und die Pferde mit kleinen Mengen langsam daran gewöhnen.

Haselnusssträucher, Weiden und Hainbuchen sind perfekt für Paddocks und Koppeln: Ihre Blätter und Ästchen werden mit Begeisterung gefressen. Die Pflanzen sind robust und schnellwüchsig und auch wenn sie völlig abgefressen werden, treiben sie unermüdlich wieder aus. Werden die Sträucher oder Bäume zu hoch oder zu breit, können sie problemlos in Form geschnitten werden. Als Bonus können Sie im Herbst leckere Haselnüsse ernten und Eichhörnchen und andere Wildtiere finden wertvolles Winterfutter.

Weiden fühlen sich an feuchten Standorten am wohlsten und enthalten Salycilate, die als ›natürliches Aspirin‹ die Fließfähigkeit des Blutes verbessern und Schmerzen lindern, ohne den Magen anzugreifen. Sie sind daher auch für Rehepferde besonders geeignet. Manche Weidenarten wie Korbweide lassen sich gut biegen, in eine Wuchsrichtung leiten und zu begrünten Wänden und sogar Pavillons flechten, die als Windschutz oder Schattendach eingesetzt werden können.

Holunder hat eine jahrhundertelange Tradition als Hausbaum, der zum Schutz gegen böse Geister und Blitzeinschlag gepflanzt wurde. Holunderäste, -blätter und Früchte werden von Pferden gar nicht gefressen, daher brauchen die Sträucher keinen Verbissschutz und sind auch was den Standort betrifft recht anspruchslos. Holunderbüsche spenden Schatten und Witterungsschutz auf der Weide, Pferde kratzen sich gerne an ihrer rauen Rinde und ihr Geruch soll Insekten fernhalten.

Dornige Sträucher wie Wildrose, Weißdorn, Schwarzdorn (Schlehe) und Sanddorn (wächst nur auf trockenen, sandigen Standorten) eignen sich wegen ihrer abschreckenden Wirkung gut als Abgrenzung zum Beispiel zum Spazierweg mit unerlaubt fütternden Fußgängern, der außen an der Weide vorbeiführt. Unsere Pferde nagen die jungen Blätter und Triebe ab, wenn auf der Weide nicht mehr viel steht. Dabei fressen sie sehr geschickt um die Dornen herum.

Hagebutten, die Früchte der Wildrosen, sind sehr gesund für Pferde und werden von vielen als Leckerli gerne genommen. Einige Pferde pflücken sie sogar selbst ganz vorsichtig direkt vom Strauch. Sie enthalten Galaktolipide, die bei Gelenkproblemen und Arthrose helfen und viel Vitamin C. Sie können Hagebutten direkt frisch ab Strauch verfüttern oder einige Stunden bei 50 Grad und Umluft im Backofen trocknen. Getrocknet sind sie quasi ›ewig‹ haltbar.

Manche Pferde lieben Hagebutten, andere spucken einem die ganzen Früchte direkt wieder vor die Füße. Soll das Pferd die Hagebutten wegen ihrer Inhaltsstoffe aus gesundheitlichen Gründen fressen, kann man sie zerschnitten oder mit einer Haushaltsmaschine klein zerhackt unter das Kraftfutter mischen.

Alle diese stacheligen Sträucher werden ruckzuck mehrere Meter hoch und breiten sich extrem aus. Schlehen, Weißdorn und Sanddorn bilden Wurzelausläufer und ehe man sich versieht, ist die Wiese übersät von unzähligen Trieben mit fiesen Stacheln.

Wir hatten und haben mehrere Wiesen, wo bereits Dornbüsche standen bzw. stehen. Gezielt anpflanzen würde ich sie niemals, denn das Zurückschneiden ist eine echte Quälerei. Von Hand mit der Astschere ist es hoffnungslos, am besten man nutzt eine große motorisierte Heckenschere. Die abgeschnittenen Dornenzweige werfen wir mit der Mistgabel auf einen Anhänger und fahren sie zum Häckselplatz. Dabei tragen wir dicke Leder- oder Schnittschutzhandschuhe, robuste alte Kleidung, wo es auf ein Loch mehr nicht ankommt und eine Schutzbrille.

Weitere gesunde Pflanzen für Pferde

Brombeeren und Himbeeren schmecken Menschen und Pferden, auch die Blätter und die noch dornlosen jungen Triebe werden gerne gefressen. Trotzdem würde ich niemals gezielt welche pflanzen, denn auch sie breiten sich über lange Ranken, die sich neu einwurzeln, extrem schnell aus und man bekommt sie kaum wieder los.

Unkomplizierter sind diese **kleineren Pflanzen**, die wild auf vielen Wiesen wachsen oder gezielt ausgesät werden können:

Spitzwegerich löst den Schleim in den Bronchien, wirkt antibakteriell und stärkt das Immunsystem.

Löwenzahn regt durch seine Bitterstoffe die Verdauung an und wirkt positiv auf Leber, Galle und Nieren.

Schafgarbe lindert Verdauungsbeschwerden und dient der Blutreinigung.

Kamille wirkt krampflösend und entzündungshemmend und unterstützt dadurch den Verdauungsapparat.

Brennnesseln mäht oder schneidet man ab und lässt sie ein paar Stunden in der Sonne liegen. Angetrocknet verlieren sie ihre Brennwirkung und werden mit Begeisterung gefressen. Sie wirken blutreinigend und entwässernd liefern viele Mineralstoffe und Spurenelemente.

Wilde Möhre ist nicht nur ein Leckerbissen für Pferde, sondern enthält viel Beta-Carothin und ätherische Öle, die gegen Verdauungsbeschwerden helfen.

Thymian wächst nur auf sehr trockenen und mageren Böden und wirkt durch seine ätherischen Öle hustenlösend und keimtötend bei Bronchitis und entkrampfend bei Gaskoliken.

Ackerschachtelhalm enthält besonders viel Kieselsäure die wichtig für den Knochenaufbau, das Bindegewebe und die Haut ist. Vorsicht: nicht mit dem giftigen Sumpfschachtelhalm verwechseln!

Kletten-Labkraut (Klebkraut) regt den Stoffwechsel an und wirkt unterstützend auf das Lymphsystem. Auf einer unserer Weiden wuchs eine Menge Klebkraut, aber keines unserer Pferde fraß jemals etwas davon. Bei Bedarf müsste man vermutlich eine kleine Menge häckseln und mit etwas leckerem anderen Futter vermischen.

Frauenmantel hat eine positive Wirkung auf die Hormonregulierung bei Stuten. Obwohl er wild auf vielen unserer Weiden wächst, habe ich noch nie erlebt, dass ein Pferd ihn gefressen hat. Auch hier müsste man ihn wohl kleingehackt zum Beispiel ins Kraftfutter mischen.

Mariendistel, die wirksamste Heilpflanze bei Leberproblemen, ist in Deutschland nicht heimisch, wächst aber inzwischen auf vielen Paddocks, wo ganze Samen an die Pferde verfüttert werden und ab und zu welche danebenfallen. Trotz der fiesen Stacheln zupfen unsere Pferde die Disteln vorsichtig mit spitzen Lippen ab und verspeisen sie mit Genuss.

Mariendistel im Paddock

Wie finde ich den passenden Stall für mein Pferd und für mich?

Nach diesem umfassenden Überblick über die verschiedenen Haltungsformen haben Sie wahrscheinlich eine Wunschvorstellung für die ideale Haltung für Ihr Pferd entwickelt. Bei der Stallsuche können Sie nun das vorhandene Angebot mit Ihren Vorstellungen abgleichen und die beste mögliche Lösung heraussuchen.

Checkliste Vorauswahl

Listen Sie hier Ihre persönlichen absoluten Ausschlusskriterien auf, wie zum Beispiel ›Innenbox‹ oder ›kein Koppelgang im Winter‹ oder ›kein Reitplatz‹ oder die Obergrenze beim Pensionspreis.

Bekommt der angebotene Stall auch nur bei einem No-Go-Punkt ein Häkchen, können Sie sich die Anfrage und Besichtigung direkt sparen und Ihre Zeit lieber für die Suche nach einem besser passenden Stall nutzen.

Checkliste Stallbesichtigung

Bevor Sie zu einer Stallbesichtigung starten, sollten Sie sich eine Checkliste mit den wichtigen Kriterien vorbereiten. Damit können Sie vor Ort Punkt für Punkt durchgehen und später zuhause die Plus- und Minuspunkte der einzelnen Ställe vergleichen.

Entfernung

Die gefühlte ›Schmerzgrenze‹ für viele Menschen ist eine einfache Wegezeit bis 30 Minuten, egal ob man sie zu Fuß, per Fahrrad, mit öffentlichen Verkehrsmitteln oder mit dem Auto zurücklegt.

Die Pensionspreise für einen Stall in Ballungsgebieten können fast das Doppelte betragen wie bei Ställen auf dem Land. Ländliche Ställe haben meistens mehr Platz für große Koppeln und Ausläufe und ein schönes Ausreitgelände. Das können handfeste Gründe sein, einen weiter entfernten Stall zu wählen. Zum günstigeren Pensionspreis kommen jedoch der Zeitaufwand für die Anfahrt, die Fahrtkosten und das Unfallrisiko. Die Zeit unterwegs geht meistens von der Zeit beim Pferd ab.

Bei der Entscheidung kommt es nicht nur auf die tatsächliche Kilometerzahl an. Im Feierabendverkehr über die viel befahrene Pendlerroute oder mitten durch die Stadt kann die Fahrt locker doppelt so lange dauern. Testen Sie die Anfahrtsdauer zu Ihren üblichen Stallzeiten. Liegt der Stall verkehrsgünstig auf dem Weg von der Arbeit nach Hause oder müssen Sie noch in die andere Richtung weiterfahren?

Falls Sie nicht täglich kommen können oder wollen, muss das Pferd auch im Winter stallseits genug freien Auslauf haben. Verlassen Sie sich nicht darauf, eine Reitbeteiligung zu finden. Erfahrungsgemäß ist das auf dem Land noch viel schwieriger, da insgesamt weniger Menschen dort leben und wegen der günstigeren Haltungsmöglichkeiten mehr Reiter eigene Pferde besitzen, statt sich eine Reitbeteiligung zu suchen.

Wird das Pferd krank und muss versorgt werden, zum Beispiel mehrmals täglich Augentropfen bekommen, können Sie das bei einer weiten Anfahrt nicht selbst leisten. Hier sollte der Stallbetreiber einen Medikamenten-Service anbieten und Sie sollten darauf vertrauen können, dass er sich umsichtig um Ihr Pferd kümmert.

Lage und Umgebung des Stalles

Liegen stark befahrene Straßen, eine Autobahn oder eine Bahnlinie im Umfeld des Stalles? Wie hoch ist die Lärmbelastung? Ist das Ausreitgelände dadurch eingeschränkt, zum Beispiel weil man immer erst zur weit entfernten Autobahnbrücke oder Bahnunterführung reiten muss, um in ein geeignetes Reitgebiet zu kommen? Liegen die Koppeln in der Nähe, so dass Gefahr droht, dass das Pferd überfahren wird, falls es ausbricht?

Läuft eine Hochspannungsleitung über das Stallgelände oder die Koppeln (Elektrosmog)?

Liegt der Stall in einem Flusstal oder Feuchtgebiet oder sind viele Entwässerungsgräben zu sehen? Gibt es ein Moor oder Seen in der näheren Umgebung und deshalb mehr Stechinsekten? Das ist besonders für Sommerekzemer und auf Insekten empfindliche Pferde wichtig!

Merkmale für einen guten Pensionsstall

Schon der erste Eindruck sagt einiges über den Stall und seine Betreiber aus: Ist die Anlage gepflegt oder wirkt sie eher wie ein Schrottplatz für landwirtschaftliche Maschinen mit Gefahrenquellen wie herausstehenden Zinken? Liegen die alten Heuschnüre der letzten Jahre oder anderer Müll, Zigarettenkippen, Bierdosen oder Hundesch... herum? Müssen Sie vom Parkplatz durch Matsch oder große Pfützen waten, um zum Stall zu kommen?
Eine ungepflegte Anlage kann ein Hinweis sein, dass der Betreiber eher unmotiviert und gleichgültig oder schlicht mit der Arbeitsbelastung überfordert ist. Alles triftige Gründe, das eigene Pferd lieber nicht in seine Obhut zu geben.

Achten Sie auf ein sicheres Stallumfeld ohne offensichtliche Verletzungsgefahren. Pferde haben trotzdem noch genügend lustige Ideen, wo sie ihre Beine durchstecken, sich die Mähne abschubbeln oder ein geschwollenes Auge holen können.

Ist alles solide gebaut und sauber verarbeitet? Gibt es scharfe Kanten, ungeschützte Glasscheiben in Kopfhöhe oder herausstehende Nägel, an denen sich das Pferd verletzen kann? Stehen die Mistgabeln im Weg auf der Stallgasse herum?

Kommt Ihnen schon beim Betreten des Stalles ein beißender Geruch nach Mist und Ammoniak entgegen? Riecht anschließend sogar Ihre Kleidung nach Stall, ist das ein sicheres Zeichen für ein schlechtes Mistmanagement. Hier wird zu selten und/oder nicht sauber genug gemistet oder es gibt sogar eine uringetränkte, ungepflegte Matratzenstreu. Hier würde Ihr Pferd mit den Nüstern direkt über dem Ammoniaksee auf dem Boden liegen und Schäden an den Atemwegen wären vorprogrammiert.

Wird das Pferd vom Stallpersonal ausgemistet? Wie oft wird gemistet? Hier sollten Sie genauer nachfragen: Wer macht das? Der Stallbetreiber selbst, immer derselbe fachkundige Angestellte oder laufend andere Aushilfen? Auch Deutschkenntnisse beim Stallpersonal sind spätestens dann wichtig, wenn das Pferd nach einer Kolik einige Stunden nichts fressen darf. Oder müssen die Einsteller (teilweise) selbst misten, eventuell mit festgelegten Stalldiensten, für die Sie regelmäßig Zeit einkalkulieren sollten?

Sind die Tränke und die Tröge sauber?

Werfen Sie einen Blick auf die eingestellten Pferde im Stall: Wirken sie zufrieden und entspannt? Wie ist die Stimmung unter den Pferden? Sind in der Gruppenhaltung ständiges Gescheuche und angelegte Ohren zu sehen? Fragen Sie nach, ob erst kürzlich neue Pferde eingegliedert wurden oder ob das immer so ist.

Sind die meisten Pferde in einem guten Futterzustand, nicht zu dick und nicht zu dünn? Sehen sie gepflegt aus? Damit meine ich nicht auf Hochglanz geputzt, ganz im Gegenteil: Eine dicke Erdkruste vom Wälzen bedeutet, sie dürfen auch bei schlechtem Wetter auf die Koppel.

Bei mehreren Pferden in einem schlechten Zustand: mager oder verfettet oder verwahrlost, zum Beispiel mit viel zu langen oder schiefen Hufen, stumpfem Fell, übersät von kleinen Verletzungen oder Scheuerstellen, die nach Pilz aussehen, spricht das für einen gleichgültigen oder inkompetenten Stallbetreiber. Auch Ihre eventuellen zukünftigen Miteinsteller haben entweder wenig Ahnung oder ihre Pferde nur ›abgegeben‹ und kümmern sich zu wenig. Sieht nur ein Pferd besonders schlecht aus, sollten Sie vor einem negativen Urteil vorsichtshalber nachfragen: vielleicht ist es akut oder chronisch krank oder ein sehr altes Rentnerpferd.

Fütterung

Wird Heu frei verfügbar (ad libitum) gefüttert? Wenn ja, passt das für Ihr Pferd?
Falls nicht: Gibt es die Möglichkeit für eine rationierte und abgewogene Heufütterung? Wie häufig am Tag wird Heu gefüttert? Gibt es (zu) lange Fresspausen? Welche Möglichkeiten zur Verlängerung der Fresszeiten werden angeboten? Sind Heunetze erlaubt? Falls ja: Müssen sie selbst vorbereitet werden oder wird das vom Stallpersonal übernommen?
Für Pferde mit Atemwegserkrankungen und Allergien: Gibt es die Möglichkeit für nasses, getauchtes oder bedampftes Heu? Silage und Heulage hat viele gesundheitliche Nachteile für Pferde und sollte wirklich nur in absoluten Ausnahmefällen verfüttert werden.
Prüfen Sie die Heuqualität, indem Sie genau hinschauen, riechen und fühlen: Gutes Pferdeheu ist vom ersten Schnitt und enthält viele längere Halme, die sich trocken und fest anfühlen. Es riecht angenehm, aromatisch oder neutral, auf keinen Fall muffig oder modrig. Außerdem sollte es eine grünliche oder auch beige ausgeblichene Farbe haben, nicht grau oder bräunlich, das kann auf Schimmelbefall hinweisen. Zusammengeklebte Erdreste oder Giftpflanzen sollten nicht zu finden sein.

Fragen Sie nach, ob der Stallbetreiber das Heu selbst macht. Das bedeutet in der Regel eine gleichbleibende Heuqualität von bekannten und im Idealfall gut gepflegten Wiesen, die Sie sogar selbst auf Giftpflanzen usw. prüfen können. Wird es von wechselnden Lieferanten zugekauft, können die Qualität und die enthaltenen Zucker- und Eiweißwerte stark schwanken.

Falls Ihr Pferd Kraftfutter bekommen soll: Ist das Kraftfutter im Pensionspreis enthalten? Wenn ja, welches? Können Sie alternativ eigenes Futter mitbringen? Wird es vom Stallpersonal verfüttert oder müssen (bzw. dürfen) Sie das selbst machen?

Paddocks und Koppeln

Gibt es ausreichend Weiden und Paddocks für alle Pferde oder können immer nur wenige Pferde gleichzeitig draußen sein? Sind sie groß genug und vernünftig eingezäunt? Wolfsabweisender Zaun?

Wie viele Pferde kommen gemeinsam auf die Koppel bzw. den Paddock? Gemischte Herde oder getrennt nach Stuten- und Wallachherde? Tageszeit und tägliche Dauer der Paddockzeit bzw. des Weidegangs? Koppelnutzung auch bei Regen? Dürfen die Pferde im Hochsommer über Nacht draußen sein?
Wie sehen die Weiden landschaftlich aus? Große ›wilde‹ Weiden bieten gesunden Pferden viel Abwechslung und Bewegungsanreize. Feldhecken, Gebüsche und Baumgruppen sind nicht nur Witterungsschutz und Schattenspender, sondern sorgen mit Ästchen und Blättern für eine gesunde Ergänzung zum Weidegras. Prüfen Sie vorsichtshalber, ob giftige Bäume wie Bergahorn vorhanden sind. Streuobstwiesen können im Sommer und Herbst ein Problem werden, wenn Pferde unreife oder zu viele Früchte fressen. Hier sollten Sie fragen, ob für diese Zeit andere Weiden zur Verfügung stehen oder die Obstbäume ausgezäunt werden. Steile Hänge sind für gesunde Pferde ein super Training, bei rutschigem Boden können sie jedoch besonders für fußkranke und alte Pferde zur Verletzungsgefahr werden. Für sie sind ebene Koppeln besser geeignet.

Ist eine Tränke auf der Koppel vorhanden und wenn ja, sind Bottich und Wasser sauber oder trüb und schmutzig oder mit einem grünen Algenteppich übersät? Wird aus lebensmittelechten Behältern getränkt oder aus schwarzen Mörtelkübeln, über die Gifte ins Wasser gelangen können? Gibt es einen Windschutz oder Unterstand und wenn ja, ist er groß genug für alle Pferde oder stehen rangniedrige immer draußen?

Sind die Winterpaddocks matschfrei befestigt? Ist der Paddockbelag barhufgeeignet? Raue Beton(knochen)steine oder grober Schotter sorgen manchmal für zu viel Abrieb bei empfindlichen Hufen. Die Hufe der meisten Pferde passen sich mit der Zeit an den harten Untergrund an. Bis dahin kann es nötig sein, dass das Pferd zeitweise Hufschuhe trägt, damit es nicht fühlig wird oder sogar eine Huflederhautentzündung bzw. Belastungsrehe bekommt.

Gibt es einen Bring- und Holservice für Koppel und Paddock? Falls ja: Werden Extrakosten dafür berechnet? Oder müssen die Einsteller selbst raus- und reinbringen? Falls ja: Sprechen sich die Einsteller untereinander ab und helfen sich gegenseitig oder muss sich jeder täglich selbst darum kümmern?

Werden die Weiden regelmäßig abgemistet? Wer macht das, das Stallpersonal oder die Einsteller? Gibt es regelmäßige Weidedienste?

Wie viel Zeit für Auslauf und Koppelgang?

Bei der Stallbesichtigung hört man oft vollmundige Versprechungen wie: ›Die Pferde sind auch im Winter immer den ganzen Tag draußen.‹ Hier sollten Sie explizit nachfragen: Wie lange sind die Pferde wirklich auf dem Paddock oder auf der Koppel?

›Den ganzen Tag draußen‹ kann nämlich vieles bedeuten, zum Beispiel: Die Pferde stehen sich von 11 bis 16 Uhr auf einem kleinen Matschpaddock ohne Futter und Bewegungsanreize die Füße in den Bauch, dann wieder 19 Stunden in der Box, wenn der Besitzer nicht zum Bewegen kommt. ›Immer‹ kann unter Umständen den unausgesprochenen Zusatz ›bei schönem Wetter‹ enthalten oder tat-

Freier Auslauf zu jeder Jahreszeit ist wichtig

sächlich heißen: täglich von 7 Uhr morgens bis 21 Uhr ohne Witterungsschutz, auch bei strömendem Dauerregen oder waagerechtem Schneefall, im ungünstigsten Fall auch noch ohne Raufutter und Wasser.
Auch für Paddocks gilt: Fresspausen über vier Stunden sind ungesund und können schnell zu Magengeschwüren führen. Deshalb sollte im Auslauf Heu gefüttert werden, mit genügend Futterplätzen, damit auch rangniedrige Pferde jederzeit fressen können, und ein Wasserbottich aufgestellt werden.

Trainings- und Bewegungsmöglichkeiten

Liegt der Stall in einem landschaftlich schönen und weitläufigen Ausreitgelände? Müssen Sie große Straßen oder eine Bahnlinie überqueren? Gibt es Reitverbote in der Umgebung, zum Beispiel im Wald?

Trainingsmöglichkeiten

Besonders wenn Sie zu den Arbeitnehmern mit Vollzeitjob und relativ unflexiblen Arbeitszeiten gehören oder klar umrissene sportliche Ziele haben, ist eine Reithalle vor Ort (oder wenigstens ein rund ums Jahr nutzbarer Reitplatz) eine praktische Sache. Trotzdem sollte das erst das zweitwichtigste Kriterium für die Stallwahl sein. Denn wenn die sonstigen Haltungsbedingungen eklatante Mängel aufweisen oder nicht zu den Bedürfnissen Ihres Pferdes passen, nützt auch die schönste Reithalle nichts. Ganz böse ausgedrückt: Vermutlich wird Ihr Pferd sowieso in absehbarer Zeit zu krank für Ihre Trainingsziele sein.

Unbedingt notwendig ist jedoch eine Möglichkeit für freien Auslauf zu jeder Jahreszeit! Sonst sitzen (oder hängen oder fliegen) sie bald auf einem schnaubenden Drachen, der bockend oder durchgehend versucht, seinen Bewegungsstau loszuwerden.

Eine Führanlage oder ein Laufband sind gerade bei Boxenhaltung oder in kleineren Offenställen eine gute Ergänzung für mehr ruhige Bewegung (aber kein alleiniger Ersatz für Freilauf und Training!).

Reithalle und Reitplatz

Ist der Boden in einem guten Zustand, nicht zu tief und nicht zu hart? Werden die Böden regelmäßig glattgezogen? Wird der Hallenboden regelmäßig gewässert?
Dürfen die Pferde frei laufen und sich wälzen? Ist Longieren erlaubt? Bei Stoßzeiten in der Reithalle oder falls Longieren oder Freilaufen in der Halle oder auf dem Platz verboten sind, ist ein zusätzlicher Roundpen oder Longierzirkel eine tolle Sache.

Eine Wohltat nach dem Training

Gibt es einen Schulbetrieb? Falls ja, kann das einige **Nachteile** haben: Die Reithalle ist häufig durch den Reitunterricht gesperrt und zu den offenen Zeiten drängeln sich vor allem im Winter viele Privatreiter. Generell ist immer viel Publikumsverkehr und Umtrieb auf der Anlage. Kinder streicheln sämtliche Pferdenasen mit der Gefahr von Keimübertragung, die Pferde werden heimlich mit Leckerli und anderen ungeeigneten Dingen gefüttert usw. Oder stehen Schulpferde und Privatpferde getrennt?
Mehr Menschen auf der Anlage bietet natürlich auch **Vorteile**, zum Beispiel bei der Suche nach einer Reitbeteiligung: Man kann sich die ReitschülerInnen in Ruhe beim Umgang und Reiten anschauen und gezielt ansprechen. Und die Pferde werden quasi nebenbei an Trubel in ihrem Umfeld gewöhnt.

Reitweise und Ausrichtung

Sind die Stallbetreiber und quasi sämtliche Einsteller auf eine bestimmte Reitweise und/oder Pferderasse festgelegt, egal ob Englische Reitweise (FN), Western, Klassisch-Barock, Springen oder Gangpferdereiten, kann das zu Konflikten führen, wenn Sie und Ihr Pferd einer ›anderen Richtung‹ angehören.

Als Gelände- und Freizeitreiter ohne größere Ambitionen würden Sie vermutlich in einem Turnierstall voller ehrgeizig trainierender Hochleistungssportler nicht besonders glücklich werden – natürlich auch andersherum! Am entspanntesten ist es oft in einem Stall mit ganz unterschiedlichen Rassen und Reitweisen, wo alle sich gegenseitig respektieren und voneinander lernen können.

Ein Reitpferd in einem Zuchtstall einzustellen, kann manchmal zu Problemen führen, besonders wenn man häufig auswärts auf Kursen und Veranstaltungen mit Kontakt zu fremden Pferden unterwegs ist. Viele Züchter haben Angst vor eingeschleppten Krankheiten. Besonders gefürchtet ist eine Infektion mit dem Equiden Herpesvirus Typ 1 (EHV-1), die zum Verfohlen führen kann. Ziemlich sicher wird der Züchter eine Pflicht zu Herpesimpfung in seinem Stall festsetzen, das sollten Sie bedenken, falls Sie Ihr Pferd nicht impfen lassen möchten. Manche haben ein striktes Quarantänemanagement, nicht nur beim Einzug eines neuen Pferdes. Ich kenne einen Isländerstall, in dem die Pferde nach jedem Auswärtstermin ausnahmslos 14 Tage auf einer abgelegenen Weide in Quarantäne stehen müssen, bevor sie wieder zur Herde dürfen.

Steht die passende Infrastruktur für Ihre Rasse bzw. Reitweise zur Verfügung, zum Beispiel ein Reiningboden für Sliding Stops, eine Ovalbahn für Gangpferde, ein Springplatz, ein Trailparcours oder eine Geländestrecke?

Gibt es ein Unterrichtsangebot durch einen Trainer vor Ort, das Ihnen zusagen würde? Haben Sie freie Trainerwahl? Oder sind Reitlehrer von außerhalb auf der Anlage nicht erlaubt? In manchen Ställen, besonders wenn der Stallbesitzer selbst Unterricht gibt, müssen Sie eine (oft hohe) Gebühr für die Anlagenbenutzung durch Fremdtrainer bezahlen.

Keine Reitbahn – mach' das Beste draus!

In den über vier Jahrzehnten meines Reiterlebens hatte ich die meiste Zeit weder eine Reithalle noch einen Reitplatz in zu Fuß erreichbarer bzw. erreitba-

rer Nähe. Dafür leben meine Pferde in der Herde im Offenstall und auf großen Weiden in maßgeschneiderter Eigenregie und wir erfreuen uns an einem landschaftlich schönen Ausreitgelände.

Bei schlechtem Wetter, besonders mit jungen oder noch wenig ausgebildeten Pferden, fahre ich regelmäßig ein- bis dreimal wöchentlich mit dem Hänger zum Training in eine Reithalle. Das ist zwar zeitaufwändig, hat aber den Vorteil, dass meine Pferde Hängerfahren als etwas so Normales wie ›zur Weide führen‹ oder ›Ausreiten‹ ansehen. Bei trockenem Boden nehme ich ein relativ ebenes Stück Weide als Übungsplatz. Diese Reitwiese wird nur bei gutem Wetter abgeweidet und genutzt, damit nichts vermatscht und keine Löcher entstehen.

Unter diesen (von vielen Reitern als schlecht bis untauglich angesehenen) Voraussetzungen haben einige ReiterfreundInnen und ich im Laufe der Jahrzehnte eine ganze Reihe Pferde der verschiedensten Rassen zu vielseitigen, zuverlässigen Freizeitpferden ausgebildet und laufend weiter gymnastiziert. Bestimmt dauert manches länger als unter ›optimalen‹ Trainingsbedingungen – aber wer hat diese idealen Möglichkeiten tatsächlich? Die vielen Jammerposts auf Social Media über den ›Hallenkoller‹ im Winter in überfüllten Reithallen lassen anderes vermuten.

Stallbetreiber (m/w/d)

Ein ganz wesentlicher Faktor ist der Stallbetreiber, sein Können und Wissen, die Motivation und Verlässlichkeit bei der Versorgung. Haben Sie einen Termin für die Stallbesichtung vereinbart, sollte sich der Verantwortliche genug Zeit für Sie und Ihre Fragen nehmen.

Wirkt er hektisch und gestresst ohne speziellen Grund (nachfragen, vielleicht ist ja gerade ein Unfall passiert oder ein Regenguss droht bei der Heuernte)? Lässt er Sie schon nach ein paar Minuten stehen, würde Ihnen das vermutlich auch passieren, wenn Sie Einsteller wären und ein Problem besprechen möchten.

Welche Qualifikationen hat er für professionelle Pferdehaltung und wie viele Jahre Erfahrung bringt er mit? Hat er keine einschlägige abgeschlossene Berufsausbildung wie Pferdewirt oder Landwirt, muss er nach § 2 des Tierschutzgesetzes nachweisen, dass er die entsprechenden Kenntnisse und Fähigkeiten für die Haltung besitzt. Dafür gibt es den Sachkundenachweis Pferdehaltung, für den nach einem mehrtägigen Vorbereitungskurs eine mündliche und eine schriftliche Prüfung abgelegt werden müssen.

Erzählt er beim Rundgang über die Anlage mit Elan und Begeisterung von seinen Lösungen für Stalleinrichtung, Haltung usw.? Wie wichtig ist ihm das Wohlergehen der einzelnen Pferde? Zeigt er Flexibilität gegenüber besonderen Bedürfnissen?

Gute Stimmung im Stall? Die lieben Miteinsteller …

Wichtig ist auch das Stallklima zwischen dem Stallbetreiber und den Einstellern und der Einsteller untereinander. Gibt es den Stall schon länger und trotzdem sind viele Plätze frei? Das spricht für Ärger, besonders wenn kürzlich mehrere Einsteller gleichzeitig gegangen sind. Andererseits kann es auch positiv sein, wenn eine Gruppe, mit der es immer Konflikte gab, weg ist. Oder aber die verantwortungsvollen Pferdebesitzer sind ausgezogen, weil es unzumutbare Zustände gab wie dauerhaft schimmeliges Futter etc.

Falls möglich, bleiben Sie nach dem Rundgang mit dem Stallbesitzer noch ein bisschen und schauen sich alleine weiter um. Gibt es ein Schwarzes Brett mit aktuellen Infos zum Beispiel über Veranstaltungen und gemeinsame Aktivitäten oder nur ein paar vergilbte Zettel mit Regeln und Verboten?

Vielleicht treffen Sie andere Einsteller. Sitzen einige in der ›Raucherecke‹ zusammen und ignorieren Sie oder werfen Ihnen unfreundliche Blicke zu? Oder grüßen die anderen Einsteller freundlich und fragen sogar nach, ob sie helfen können? Suchen Sie das Gespräch: Wie lange sind sie schon im Stall? Wer schon länger Einsteller ist, ist wahrscheinlich zufrieden. Sind dagegen die meisten erst kurz dort, kann das auf eine hohe Fluktuation hinweisen. Gibt es eine Stall-WhatsApp-Gruppe? Gemeinsame Ausritte und Grillfeste? Gegenseitige Krankheits- und Urlaubsvertretung?

Schön nur bei schönem Wetter?

Kommt ein Stall in die engere Auswahl, sollten Sie an einem Regentag nochmal vorbeischauen. Sind die Pferde tatsächlich auch bei schlechtem Wetter draußen? Wie sehen die Weiden und Paddocks dann aus? Wenn Sie zu den Stoßzeiten kommen, sehen Sie auch gleich, wie voll die Reithalle und andere neuralgische Punkte auf der Anlage, wie der überdachte Putzplatz, an solchen Tagen werden.

Thema Öffnungszeiten

Passen die Öffnungszeiten zu Ihrem Tagesablauf und Ihren Präferenzen? Sind die offiziellen Öffnungszeiten nur theoretisch oder ist es wirklich kein Problem, morgens um 7 Uhr zum Ausritt oder zum Turnier zu starten oder von 21 bis 22 Uhr noch in der Halle zu reiten?

Manche Hofbesitzer, die vor Ort wohnen, sehen es nicht gerne, wenn sich abends noch jemand in ihrem ›privaten Bereich‹ aufhält. Mir ist das, trotz der offiziellen Öffnungszeiten bis 22 Uhr, gleich in zwei Pensionsställen passiert, als ich nach 19 oder 20 Uhr noch Kundenpferde bewegen wollte. Der Hofbesitzer einer weitläufigen Anlage hatte keine Lust, statt seines um 19 Uhr geplanten Feierabends später nochmal zum Abschließen rauszugehen und erklärte mir seine 30-minütige Abendprozedur, welche Türen und Tore abgeschlossen und welche Lichter wo ausgeschaltet werden müssen, was dann meine Aufgabe wäre. Seine regulären Einsteller hatte er offensichtlich damit schon auf ›tagsüber oder gar nicht zum Stall‹ erzogen und auch mich hat er damit erfolgreich vergrault.

Ein anderer ›typisch schwäbisch sparsamer‹ Stallbesitzer war völlig entsetzt, dass ich im Winter um 19 Uhr noch das Hoflicht und das Reithallenlicht einschalte und damit ›unnötig‹ Strom verbrauche. Sein Argument:»Die anderen Einsteller kommen im Hellen oder wer da keine Zeit hat, kommt eben abends gar nicht mehr.« Wir einigten uns schließlich darauf, dass ich beim Gang über den Hof meine Stirnlampe benutze und in der Reithalle das Licht einschalten darf. Das mulmige Gefühl, unerwünscht zu sein, blieb jedoch.

Weitere wichtige Fragen und Punkte

(ohne Anspruch auf Vollständigkeit)

Gibt es eine Sattelkammer mit genügend Platz für alle Einsteller? Stellt der Stall einen Spind und einen Sattelhalter zur Verfügung? Wird die Sattelkammer im Winter beheizt oder muss man nasse Decken, Hufschuhe usw. zum Trocknen mit nach Hause nehmen und das Lederzeug schimmelt möglicherweise?

Gibt es eine Toilette?
Ist ein (beheiztes?) Reiterstübchen vorhanden?

Gibt es einen Waschplatz für Pferde?

Gibt es einen überdachten Putzplatz?

Gibt es genügend Stellplätze für alle Pferdeanhänger? Kostet ein Stellplatz extra?

Offenstall: Gibt es eine Notbox, in der kranke oder verletzte Pferde untergebracht werden können und für die Eingewöhnungszeit?

Sind die Tränken im Offenstall oder Aktivstall jederzeit für alle Pferde zu erreichen, auch rangniedrige?

Gibt es im Stall eine Impfpflicht für Influenza und/oder Herpes?

Entwumungsmanagement: Gibt es vom Stall organisierte regelmäßige Kotproben-Untersuchungen? Oder sind regelmäßige Wurmkuren Pflicht?

Gibt es im Stall eine freie Tierarzt-/Therapeuten- und Hufbearbeiter-Wahl? Haben bestimmte Behandler Stallverbot?

Ist eine Vereinsmitgliedschaft vorgeschrieben? Falls ja, wie hoch ist der Mitgliedsbeitrag? Sind Arbeitsdienste zu leisten?

Steht Trainingsausrüstung zur Verfügung (Stangen, Ständer, Dualgassen, Pylonen, Trailhindernisse ...)?

Dienstleistungen

Sind zusätzliche Serviceleistungen möglich, wie Pferd auf die Koppel bringen und holen, Fliegenmaske aufsetzen vor dem Weidegang, Decken an- und ausziehen oder wechseln, Medikamente geben, Pferd in die Führanlage oder auf das Laufband stellen? Kosten sie extra und wenn ja, wie viel? Kleinere oder gelegentliche Arbeiten sind manchmal im Pensionspreis inbegriffen, aber spätestens, wenn es um regelmäßige und zeitaufwändige Leistungen geht, wie Ekzempflege oder Bandagieren, müssen Sie mit einem Aufpreis rechnen. Wird eine komplette Urlaubsbetreuung inklusive Bewegen angeboten?

Kleiner oder großer Stall?

Vielleicht haben Sie das Glück, zu einem moderaten Preis bei einem kleinen privaten Pensionsstall unterzukommen, wo die Arbeitszeit nicht oder kaum berechnet wird. Solche Stallbetreiber sind oft Idealisten und bieten individuelle Lösungen für besondere Haltungsansprüche beim Pferd. Dafür gibt es meist keine Halle, und es wird erwartet, dass Sie bei der Pferdeversorgung einspringen, wenn der Stallbesitzer krank ist oder in Urlaub fährt.

In einem kleinen Stall ist es viel wichtiger, sich mit dem Stallbesitzer und den Miteinstellern gut zu verstehen als im großen Pensionsstall. Die grundsätzlichen Ansichten über die Pferdeversorgung und den Umgang sollten zusammenpassen, sonst knirscht es schnell im Stallgetriebe.
In großen Ställen hat man mehr Auswahl, mit wem man sich unterhalten oder gemeinsam ausreiten möchte. Ist der Stallbetreiber fachlich kompetent und korrekt im Umgang, muss er einem persönlich nicht unbedingt sympathisch sein (nach dem Motto: Ich will den Stallbesitzer ja nicht heiraten, er soll nur mein Pferd gut versorgen ...).

Preiskalkulation im Pensionsstall

Pensionsbetriebe, mit denen der Betreiber seinen Lebensunterhalt verdient, haben ihren Preis. Auf den ersten Blick kann einem da schon mal die Luft wegbleiben. Warum sind die Pensionspreise eigentlich so teuer? Stimmt das Preis-Leistungsverhältnis? Und wie setzt sich eine Preiskalkulation zusammen?

Zunächst einmal braucht man einen Hof, also mindestens Stall und Scheune und Weideflächen. Der Preis für den Hof ist von der Lage und Infrastruktur abhängig, entweder als Kauf mit Finanzierungskosten oder zur Pacht mit laufenden Pachtzahlungen. Vor der Nutzung als Pensionsstall kommen die Kosten für die Einrichtung, zum Beispiel Gebäude, Stallausbau, Tränken, Bodenbefestigung, Zäune und vieles mehr, eventuell Reitplatz oder Reithalle und Rückstellungen für die nötige Wartung und Reparaturen.
Dazu kommen laufende Kosten für Strom (Licht, beheizte Tränken, elektrische Geräte usw.), Trinkwasser für die Pferde, Wasser zum Abspritzen und für die Toiletten; Personalkosten für Angestellte und Aushilfen und die notwendigen Versicherungen für einen Pferdebetrieb (Betriebshaftpflicht, Tierhüterhaftpflicht, Gebäudeversicherung, Berufsgenossenschaft usw.).

Macht der Stallbetreiber sein Heu selbst, braucht er nicht nur genug Wiesenflächen, sondern auch die Maschinen und die Arbeitskraft dafür. Reicht das eigene Heu nicht oder ist der Betrieb nicht auf Heuen eingerichtet, muss Heu von außerhalb dazugekauft werden. Wie gut der Heuertrag ist, hängt stark vom Wetter ab. Der Heupreis variiert daher je nach der Erntemenge und ist in den letzten Jahren generell extrem gestiegen. Für die meisten Haltungssysteme kommt noch die die Einstreu (Stroh, Späne, Leinstreu usw.) dazu.

Ein Pferd produziert täglich etwa zehn bis 20 kg Pferdeäpfel und drei bis zehn Liter Urin. Zusammen mit der Einstreu ergibt das etwa 20 bis 40 kg Mist am Tag pro Pferd, der entsorgt werden muss. Kann der Betrieb den Mist nicht als Dünger für eigene

Flächen nutzen oder zu einem anderen Landwirt oder einer Biogasanlage abfahren, muss er die teure Mistentsorgung per Container mit einkalkulieren.

Gewerbliche Stallbetreiber müssen von ihren Kunden den vollen Umsatzsteuersatz von aktuell 19 Prozent verlangen, was natürlich den Pensionspreis weiter erhöht. Kleine private Ställe mit nur wenigen Einstellern fallen meist unter die Kleinunternehmerregelung und sind damit nicht mehrwertsteuerpflichtig.

Nicht zuletzt sollte ein Gewinn für den Stallbesitzer übrigbleiben, sprich sein Arbeitslohn, von dem er nicht nur die Lebenshaltungskosten, sondern auch noch seine Absicherung, wie Renten-, Kranken- und Unfallversicherung, bezahlen muss.

Selbstversorgung oder Vollpension oder irgendwas dazwischen? Pro und Contra

Für diese Entscheidung müssen Sie Ihre eigenen langfristigen Möglichkeiten realistisch einschätzen. Was nützt Ihnen der perfekte und auch noch günstige Selbstversorgerstall in 30 km Entfernung, wenn Sie einen 40-Stunden-Job in der entgegengesetzten Richtung haben?

Haben Sie wenig Freizeit und möchten möglichst viel davon reitend mit Ihrem Pferd verbringen, ist Vollpension inclusive Misten sehr wahrscheinlich die beste Lösung.

Viele Ställe bieten auch Halbpension in unterschiedlicher Form an, zum Beispiel abends selbst misten oder einzelne Mistdienste am Wochenende oder selbst auf die Koppel bringen und holen, im Offenstall tageweise abwechselnd alle Pferde versorgen usw. Hier sollten Sie genau nachfragen, wie viel Zeit Sie dafür aufwenden müssen und umrechnen, ob Ihnen das die dadurch ersparte Stallmiete wert ist.

Luftschlösser oder echte Baumaßnahmen?

Motivierte Stallbesitzer haben meistens viele Ideen für Verbesserungs- und Baumaßnahmen und reden gerne darüber, was für die nächste Zeit geplant ist: ›Der befestigte Auslauf soll noch vor dem Winter fertig werden und nächstes Jahr wird eine Reithalle gebaut.‹

»Versprechen macht noch keinen Besitz«
Johann Wolfgang von Goethe

Lassen Sie sich bei Ihrer Entscheidung besser nicht zu sehr davon beeinflussen, was in Zukunft passieren soll. Für Ihr Pferd und Sie wirklich wichtige Dinge sollten bereits vorhanden sein. Zumindest sollten Sie mit dem aktuellen Zustand notfalls auch für längere Zeit ohne große Abstriche klarkommen. Umso schöner, wenn tatsächlich alles nach Plan verläuft und Sie und Ihr Pferd im nächsten regnerischen Herbst fröhlich und trocken unter dem neuen Reithallendach trainieren können.

Der Einstellvertrag und seine Fallstricke

Sobald Sie vereinbaren, Ihr Pferd in einem fremden Stall oder auf einer fremden Wiese unterzubringen, haben Sie automatisch einen Einstellvertrag (auch Pferdepensionsvertrag oder Einstellungsvertrag) abgeschlossen – egal ob mündlich oder schriftlich.

Bei kleinen privaten Ställen gibt es oft nur eine mündliche Vereinbarung. Das kann gutgehen – aber auch zu Ärger und Problemen führen. Wenn Sie den Stall und seine Betreiber nicht schon länger kennen oder eine Freundin dort seit Jahren zufriedene Einstellerin ist, sollten Sie besser nach einem schriftlichen Vertrag fragen. An mündliche Absprachen erinnert sich sonst vielleicht später niemand mehr. Es kann passieren, dass für Sie wichtige Vereinbarungen über die Pferdeversorgung nicht eingehalten werden und zum Beispiel statt der versprochenen drei Heumahlzeiten nur zweimal täglich gefüttert wird.
Viele Ställe verwenden standardisierte Einstellerverträge mit vorgegebenen Bedingungen. Falls Sie

selbst einen Vertrag aufsetzen dürfen oder müssen: Vertragsmuster für Einstellverträge finden Sie auf verschiedenen Webseiten, zum Beispiel bei der FN, bei Pferdezeitschriften und auf Pferderecht spezialisierten Anwälten.

Geht es nur um die Überlassung einer Pferdebox oder eines Stalles zur Selbstversorgung, handelt es sich um einen reinen Mietvertrag. Kommen noch Dienstleistungen wie Füttern und Ausmisten dazu, ist es ein typengemischter Vertrag, der sich aus Elementen des Mietvertrages, des Dienstvertrages und des Verwahrungsvertrages zusammensetzt. Die rechtliche Einordnung in einen Vertragstyp hat Folgen für die gesetzlichen Kündigungsfristen und falls es Streitigkeiten gibt, die gerichtlich geklärt werden müssen.

Während bei einem Mietvertrag gesetzlich eine Kündigungsfrist von drei Monaten gilt, verringert sich die Frist bei einem Dienstvertrag auf 15 Tage bzw. einen Monat, während bei einem Verwahrungsvertrag jederzeit ohne Frist und formlos gekündigt werden kann.

Eine sehr lange Kündigungsfrist kann bei einem Stallwechsel den Nachteil haben, dass der Betreiber im neuen Stall den freien Platz schnell wieder besetzen möchte, so dass man eventuell einen oder zwei Monate doppelt Stallmiete im alten und im neuen Stall bezahlen muss, um den neuen Platz zu reservieren.
Ist das Verhältnis zum alten Stallbetreiber schon durch Differenzen getrübt und Sie können nicht vor Ende der Vertragslaufzeit umziehen, weil Sie keine doppelte Stallmiete bezahlen können oder wollen, kann sich die monatelange Wartezeit bis zum Umzug gefühlt endlos hinziehen.

Sehr kurze Kündigungsfristen wie zwei Wochen oder sogar ganz ohne Frist haben viele Nachteile für beide Parteien: Weder möchte man als Einsteller mit seinem Pferd von einem Tag auf den anderen ›auf der Straße stehen‹ und hektisch in den erstbesten unpassenden Stall umziehen oder um Verlängerung ›betteln‹ müssen, bis man einen neuen Platz gefunden hat, noch möchte der Stallbetreiber plötzlich wochen- bis monatelang auf die Einnahmen von einem Einsteller verzichten, weil er erst jemand Neues suchen muss, der wiederum eine längere Kündigungsfrist hat. Hat der Stallbesitzer nur einen kleinen Stall mit (s)einem einzigen weiteren Pferd, bleibt das bei einem schnellen Auszug plötzlich alleine zurück.

In der Praxis ist es daher sinnvoll, dass beide Parteien (Einsteller und Stallbesitzer) eine individuelle Kündigungsfrist im Einstellvertrag vereinbaren. Überlegen Sie sich, welche Frist Ihren Bedürfnissen entspricht und die Interessen beider Parteien fair berücksichtigt und verhandeln Sie entsprechend mit dem Stallbesitzer.

Häufige Regelungen sind zum Beispiel:
- ›Sechs Wochen auf Monatsende‹, das heißt bei Kündigung am 5. Juli endet der Vertrag am 31. August; bei Kündigung am 22. Juli endet der Vertrag am 30. September.
- ›Kündigung spätestens am 3. Werktag eines Kalendermonats zum Ablauf des nächsten Kalendermonats‹, das bedeutet, wenn Sie am 2. Juli kündigen, endet der Vertrag am 31. August, bei Kündigung am 4. Juli erst am 30. September.

Leerboxenmiete

Bei einem Pensionsvertrag inclusive Futter und/oder Dienstleistungen, sollten Sie möglichst eine ›Leerboxenmiete‹ für längere Abwesenheit (zum Beispiel ab zwei Wochen) Ihres Pferdes vereinbaren. Steht das Pferd länger in der Klinik, im Berittstall, nehmen Sie es mit in den Urlaub oder zieht es schon vor Ablauf der Kündigungsfrist in einen neuen Stall um, können Sie die ersparten Aufwendungen für Futter und Service von der Stallmiete abziehen. Das ist zwar rechtlich gesehen auch ohne extra Klausel im Vertrag möglich, in der Praxis wird es aber meistens Differenzen deshalb oder über die Höhe der abzugsfähigen Kosten geben.

Haltung in Eigenregie

Sie haben genug vom Zickenkrieg im Pensionsstall, nicht eingehaltenen Versprechungen, schimmeligem Heu und Stroh, schlecht gemisteten Boxen, Koppelverbot bei Regenwetter, viel zu vielen Pferden auf engem Raum mit häufigem Wechsel und Verletzungsgefahr? Spätestens bei Ärger im Stall, der letzten saftigen Pensionspreiserhöhung oder einer Krankheit des Pferdes, bei der es besondere Haltungsanpassungen braucht, hat sich wohl fast jede(r) PferdebesitzerIn schon einen eigenen Stall gewünscht.

Viel Arbeit

Pferdehaltung ist im wahrsten Sinne des Wortes unendlich viel Arbeit! Jeden Tag im Jahr, egal ob kalt oder heiß, Regen oder Schnee ... Ihr zweiter Name wird Sisyphos sein: Sie wissen schon – der arme Kerl, der ununterbrochen einen runden Fels einen Berg hinaufschleppt, der daraufhin wieder herunterrollt.

Eine Möglichkeit zur Selbstversorgung, ohne gleich einen eigenen Hof zu kaufen, ist bei einem Bauern oder Pensionsstall einen Stalltrakt zu pachten und einen Teil der Hof-Infrastruktur mit zu nutzen, zum Beispiel Mistentsorgung und Heulieferung.

Ansonsten brauchen Sie einen ausreichend großen, trockenen und gut belüfteten Lagerplatz für Heu. Haben Sie genügend Platz, ist es günstiger und stressfreier, den gesamten Jahresbedarf direkt ab Wiese zu kaufen und einzulagern. Ist das Heu von guter Qualität und die Lagerung stimmt, brauchen Sie sich keine Sorgen mehr zu machen, ob später im Winter noch Heu zu bekommen ist und wenn ja, wie teuer es wird und ob es vielleicht verschimmelt oder von Giftpflanzen durchsetzt ist.

Als Selbstversorger ohne große Maschinen und/oder mit einem Heuboden unter dem Scheunendach in einem alten Hof brauchen Sie kleine Heuballen, die von Hand bewegt und gestapelt werden können. Haupterwerbslandwirte pressen heutzutage fast nur große Rund- und Quaderballen, die mit dem Frontlader am Traktor bewegt werden müssen. Es lohnt sich jedoch herumzufragen: Manche Nebenerwerbs- und Hobbylandwirte nutzen noch die alten kleinen Ballenpressen. In meinem Umfeld haben sogar gleich mehrere Landwirte die privaten Pferdehalter als gute Kunden entdeckt und in neue Kleinballenpressen investiert.

Nun müssen Sie ›nur noch‹ die Pferdeversorgung organisiert bekommen. Heutzutage gibt es dafür praktische technische Helferlein wie Heufütterungsautomaten mit Zeitschaltuhr, die mehrmals täglich eine Heuportion freigeben, Online-Videokameras, mit denen Sie jederzeit auf Ihrem Smartphone nachschauen können, ob bei den Pferden alles in Ordnung ist, zeitgesteuert öffnende Weidetore, hydraulische Kippanhänger für den Mist, Maschinen wie elektrische Schubkarren und Hoftracs und einiges mehr.

All das kann für zeitliche Flexibilität und Arbeitserleichterungen sorgen – trotzdem müssen Sie täglich immer noch eine ganze Menge Zeit und Energie einbringen, die im Idealfall vorher ›übrig‹ war oder durch Reduzierung von anderen Verpflichtungen frei wird. Ansonsten geht es Ihnen wie vielen Selbstversorgern, deren Hobby inzwischen eher ›Pferdehaltung‹ statt ›Reiten‹ heißt.

Verlassen Sie sich nicht darauf, dass Sie jederzeit jemanden finden, der zum Beispiel jeden Morgen an Wochentagen gegen Bezahlung die Pferde versorgt. Im Notfall sollten Sie die Pferdeversorgung auch langfristig selbst oder innerhalb der Familie organisiert bekommen.

Auch wenn Sie nur zwei eigene Pferde am Haus halten und normalerweise alles alleine stemmen können, brauchen Sie eine oder besser mehrere eingearbeitete Vertretungen für plötzliche Notfälle wie Krankheit und geplante Abwesenheit wie Urlaub oder Dienstreisen. Fragen Sie frühzeitig im Fami-

lien-, Freundes- und Bekanntenkreis und falls Sie dort niemanden finden, schauen Sie nach professionellen Pferdesittern. Liegt Ihr Haus mit Stall in einer landschaftlich reizvollen Gegend, finden Sie vielleicht nette Leute mit Pferdeerfahrung, die dort während Ihrer Abwesenheit einziehen und nach dem Konzept ›Urlaub gegen Hand‹ die Pferdeversorgung übernehmen. Man braucht etwas Mut dafür, ›fremde‹ Leute in seinem Haus wohnen zu lassen und ihnen seine Tiere anzuvertrauen, ich habe aber schon mehrmals sehr gute Erfahrungen damit gemacht.
Sinnvoll ist auch, einen laufend aktualisierten Plan über die täglichen Arbeiten und Besonderheiten der Pferde im Stall aufzuhängen.

Mein heißgeliebter Offenstall ...

Der Himmel grau, die Bäume kahl,
ach, der Sommer WAR einmal!
Doch was nützt denn das Gewimmer,
lieber Selbstversorger, es kommt noch schlimmer!

Dicke Wolken, nicht zu fassen,
die unaufhörlich Wasser lassen,
verleiden Dir auf jeden Fall
Deinen Weg zum Offenstall.

Dabei stapfst Du nun durch Pfützen,
versuchst mit Gummistiefeln Dich zu schützen,
mit Wachsjacke und Regenhut
– das klappt mal mehr, mal weniger gut.

Kämpfst Du Dich durch Modderecken,
bleibt schon mal ein Stiefel stecken.
Und Du verfluchst auf Deinem Wege
die sonst geliebte Pferde-Hege.

Der Winter bringt Dir dann im Nu
einen Schneesturm noch dazu.
Der, als wär es seine Pflicht,
Dir nun gänzlich nimmt die Sicht.
Halbblind bahnst Du Dir Deinen Weg
zum Offenstall, so gut es geht.

Schweigen wir von Minusgraden,
auf die andre Leut schon warten!
Während sie fröhlich Schlittschuh laufen,
hab'n Deine Pferde nix zu Saufen.
Alles Wasser eingefroren,
ins Eis lässt sich kein Loch mehr bohren.

So darfst Du nun Kanister schleppen,
hältst Dich selbst schon für nen Deppen,
fragst Dich sicher dann und wann
›Warum tu ich mir das an?!‹

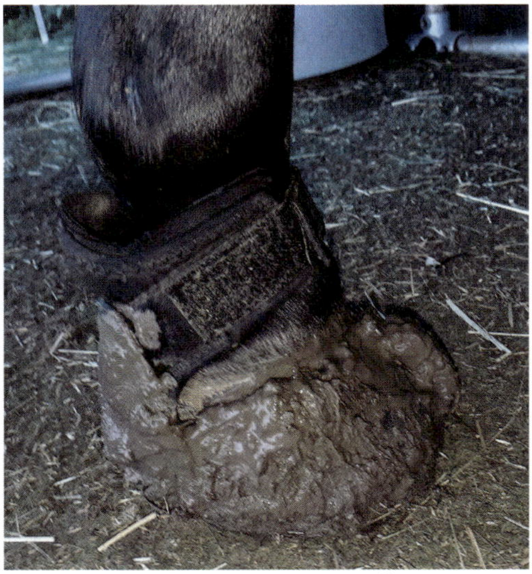

An Reiten ist nicht mehr zu denken,
musst zu viel Zeit der Arbeit schenken.
Mit steifen Fingern, roten Ohren,
die Füße längst zu Eis gefroren,
verteilst Du Heu und sammelst Mist,
guckst, ob der Zaun in Ordnung ist.

So schlidderst Du durch Schnee und Eis,
denkst des öftren ›Welch ein Scheiß!‹
und beneidest heimlich schon
den Pferdefreund mit Vollpension.

Der geht zum Pferd nur, wenn er mag,
bleibt warm zuhaus so manchen Tag,
hat in der Box ein saubres Pferd,
die Reithalle ist Gold ihm wert.

Doch wenn Du Dein Pferd dann siehst,
wie seine Freiheit es genießt,
wie's glücklich durch die Wiese tobt,
dass der Schnee nur noch so stobt,
ohne Gitter, nicht im Knast,
dann weißt Du, warum Du das machst!

Du hörst, wie's Dir entgegen brummelt,
in dicken Winterpelz gemummelt
schnaubt es dankbar auf Dich ein:
›Hier bin ich Pferd, hier darf ich's
sein!‹

Und schon wird Dir ganz warm ums Herz,
vergessen all der Frostbeul'n-Schmerz!
Du pfeifst auf Regen, Schnee und Mist,
solang Dein Pferd nur glücklich ist.

Du siehst die Pferde frei und froh,
schöner als jede Gala-Show!
Glücklich denkst Du ›Auf jeden Fall
behalt ich meinen Offenstall!‹

Für all die Arbeit lange schon
sind glückliche Pferde der schönste Lohn.
Wie Du magst, kannst schalten und walten,
musst Dich nicht an Regeln halten.

Zufriedenheit macht sich dann breit,
unbemerkt verrinnt die Zeit.
Verzückt schaust Du die Pferde an,
›SO muss es sein!‹ denkst Du Dir dann,
›Wenn auch ein kalter Wind mal weht,
ich bleib Selbstversorger solang es geht!‹

(Autor unbekannt)

Haltergemeinschaft

Wenn Sie nur ein eigenes Pferd halten möchten oder im Stall noch Platz für weitere Pferde ist, bietet sich die Arbeitsteilung in einer Haltergemeinschaft mit einem oder mehreren anderen Pferdebesitzer(n) an. Ich selbst habe einen Großteil meiner Pferdebesitzerzeit in Haltergemeinschaften verbracht und finde das nach wie vor die beste Lösung für Pferdehaltung in Eigenregie – wenn die richtigen Menschen und Pferde dabei sind. Der Erfolg einer Haltergemeinschaft steht und fällt mit den Mitgliedern, ihrer Motivation, ihrem Zeitmanagement, ihrer Einstellung zur Pferdehaltung und nicht zuletzt ihren Prioritäten im Leben.

Einige Tipps aus meiner langen Haltergemeinschaftszeit:

Günstige Voraussetzungen für eine(n) HaltergemeinschaftspartnerIn:

- Sympathischer Mensch, die Chemie zwischen Ihnen und Einstellung gegenüber der Pferdehaltung stimmen auf Anhieb
- Pferde passen vom Typ, den Haltungsansprüchen und dem Futterbedarf zusammen
- Wohnort und Job in der Nähe des Stalles
- Bereits jahrelange Erfahrung mit Selbstversorgung oder Mithilfe und den Wunsch, sein Pferd so zu halten
- Perfekt ist ein Pferd mit mehreren Menschen, zum Beispiel zwei Besitzer oder eine zuverlässige Reitbeteiligung. Hier hat fast immer jemand Zeit für das Pferd und den Stalldienst und Sie müssen kaum Vertretung machen.
- Flexible Arbeitszeiten und/oder Teilzeitjob
- Mensch mit Partner, der mitzieht und Spaß am Aufenthalt im Stall hat, vielleicht handwerklich

begabt ist oder vertretungsweise Stalldienste übernimmt oder einfach nett ist beim zusammen Grillen
- Mensch ohne Partner, der einen Großteil seiner Freizeit, Liebe und Energie in sein Pferd und dessen möglichst gute Lebensqualität steckt

Ungünstige Voraussetzungen für eine(n) HaltergemeinschaftspartnerIn:
- Sehr jung und noch in der Schule oder in Ausbildung; hier ändert sich laufend sehr viel im Leben: während der Prüfungszeit muss sie so viel lernen, dass sie wochenlang nicht kommen kann oder der neue Freund ist plötzlich viel wichtiger als der Stalldienst, sie zieht weg zum Studium oder zum ersten Job usw.
- Hat kleine Kinder (ohne zuverlässige Betreuungsmöglichkeit wie eine Oma vor Ort); hier müssen Sie ständig damit rechnen, dass ein Kind krank wird oder zu irgendeinem Termin gebracht werden muss und Sie den Stalldienst übernehmen müssen
- Pferd passt vom Typ und den Haltungsansprüchen nicht zu den vorhandenen Pferden, zum Beispiel ein Warmblut in eine Isländerherde
- Pferd hat besondere Bedürfnisse, für die der Stall nicht eingerichtet ist oder die nur schwer und mit viel Arbeitsaufwand abgedeckt werden können, zum Beispiel eine grasfreie Haltung bei chronischer Hufrehe, während die vorhandenen Pferde rund um die Uhr auf der Sommerweide leben
- Verständnisloser Partner, der das Pferd als Konkurrenz betrachtet und bei der geringsten Verspätung vom Stall ein Beziehungsdrama inszeniert
- Wohnt zu weit entfernt vom Stall, Anfahrt länger als eine halbe Stunde
- Hatte das Pferd bisher in Vollpension und zieht jetzt nur in Selbstversorgung, weil das Geld nicht mehr reicht. Hier finden wir oft das Modell ›sieht nix‹, ›kann nix‹, ›weiß nix‹ und hat eigentlich auch keinen Bock auf den Scheiß, vor allem wenn es Katzen regnet oder körperlich mal richtig anstrengend wird, wie Heustapeln bei 35 Grad.
- Karrierejob mit vielen Überstunden und Geschäftsreisen – wobei das oft auch in der Freizeit engagierte und verlässliche Menschen sind
- Ein Mensch mit zwei oder mehr eigenen Pferden ohne Reitbeteiligung oder andere Unterstützung; das ist neben einem Vollzeitjob zeitlich nur schwer zu schaffen und wenn dieser Mensch länger ausfällt, haben Sie gleich mehrere Pferde vertretungsweise zu versorgen
- Körperlich angeschlagen, zum Beispiel ›hatte schon einen Bandscheibenvorfall, aber jetzt ist wieder alles o.k.‹. Nur wenn der Rücken bei der Stallarbeit doch nicht hält, sind Sie für die wochen- oder gar monatelange Vertretung zuständig.
- Schlechtes Bauchgefühl, diesen Menschen eigenverantwortlich mein(e) Pferd(e) versorgen zu lassen

Manche Stallbetreiber vermieten einzelne Einstellplätze in einem Offenstall für eine Gruppenhaltung in gemeinschaftlicher Selbstversorgung. Dabei haben die Einsteller meist kein Mitspracherecht, sondern der Stallbesitzer entscheidet, welche Pferd-/Reiterpaare zur Gruppe dazukommen. Solche zusammengewürfelten Konstellationen können sehr schwierig sein und sind oft schon von vornherein zum Scheitern verurteilt.

Auch vom gemeinschaftlichen Pachten eines Stalles rate ich ab. Sind alle Pferdebesitzer gleichberechtigt, kann es immer wieder Themen geben, über die man sich absolut nicht einigen kann. Besonders schlimm sind solche Konflikte, wenn sich alle Parteien mit dem Stall identifizieren, weil sie viel Herzblut, Arbeit und Geld investiert haben, damit sie ihr Pferd möglichst optimal halten können. Sind nun die Fronten verhärtet, aber verständlicherweise möchte niemand den Stall verlassen, kann das zu einem jahrelang vergifteten Klima führen.

Optimal ist meiner Erfahrung nach, wenn eine Person der Pächter oder Eigentümer und damit auch der ›Boss‹ mit der letzten Entscheidungsgewalt ist.

Die anderen sind Mitglieder der Haltergemeinschaft mit klar definierten Rechten und Pflichten, deren Meinungen und Ideen gehört und wertgeschätzt und falls möglich auch umgesetzt werden.

Der Traum vom Pferd am Haus

(baurechtliche & praktische Voraussetzungen)

Was für eine schöne Vorstellung – Sie schauen morgens zum Küchenfenster heraus und da steht schon Ihr Pferd und wartet auf sein Frühstück. Oder Sie huschen abends noch schnell im Schlafanzug nach draußen, um nach den Pferden zu sehen.
Sind Sie Eigentümer eines Wohnhauses mit größerem Grundstück in ländlicher Lage oder planen einen Hauskauf, kommt schnell die Frage auf, ob Sie Ihr Pferd nicht einfach im Garten hinterm Haus halten könnten. Was verlockend und eigentlich auch logisch klingt, ist leider im dicht besiedelten und bürokratischen Deutschland nicht einfach so erlaubt.

Blick aus meinem Küchenfenster

Gerade in beliebten Wohngemeinden im Speckgürtel größerer Städte sind Pferdehalter häufig unerwünscht bei den politisch Verantwortlichen (Gemeinderat und Bürgermeister) und den Gemeindeverwaltungen, hauptsächlich weil es Probleme mit den Nachbarn geben könnte. Deren Schutz vor Geruchs- und Geräuschemissionen hat rechtlich gesehen Vorrang vor Ihrer individuellen Lebenszufriedenheit. Solche Gemeinden haben keine Probleme, ihre Einwohnerzahl zu halten oder sogar zu vergrößern und können es sich daher leisten, Pferdehalter als mögliche Hauskäufer abzuweisen und auf ›unkomplizierte‹ Neubürger zu warten.

Ob Pferdehaltung auf einem Grundstück grundsätzlich möglich ist, regelt zunächst einmal das Baurecht: Die übergeordnete gesetzliche Grundlage bildet das bundesweit gültige Baugesetzbuch (BauGB), in dem das Bauplanungsrecht geregelt ist.

Bauplanungsrecht

Dazu gehören der Flächennutzungsplan (FNP), der für das komplette Gemeindegebiet gilt. Er regelt die übergeordnete Entwicklung einer Stadt bzw. Gemeinde und zeigt die aktuellen Bodennutzungen sowie die Planungen für die Zukunft. Der Flächennutzungsplan kann meist auf der Homepage der Gemeinde eingesehen werden, ansonsten direkt auf dem Rathaus oder im Stadtplanungsamt. Auch bei den Kartendiensten der Umweltministerien mancher Bundesländer, zum Beispiel der LUBW (Landesanstalt für Umwelt Baden-Württemberg), sind die Daten zu finden (siehe Beispielfoto auf Seite 135).

Der Bebauungsplan (B-Plan) wird aus dem Flächennutzungsplan entwickelt und ist ein verbindlicher Bauleitplan für einen festgelegten Bereich der Gemeinde. Er regelt die Art und das Maß baulichen Nutzung im konkreten Plangebiet und die Zulässigkeit von Vorhaben.

Für uns als Pferdehalter sind dabei vor allem folgende Regelungen wichtig:

1. Zulässigkeit von Bauvorhaben im Bebauungsplangebiet

›Bauvorhaben‹ bedeutet im Planerdeutsch nicht nur ›ein neues Haus bauen‹, sondern auch der Umbau oder die Nutzungsänderung eines Bestandsgebäudes, zum Beispiel Pferdehaltung in einem vorhandenen Schuppen, der vorher als Lagerfläche genutzt wurde.
Die Festsetzungen im B-Plan und die Vorschriften der Baunutzungsverordnung (BauNVO) regeln die grundsätzliche Zulässigkeit von Vorhaben in den ausgewiesenen Gebieten. So gibt es zum Beispiel Festlegungen für allgemeine Wohngebiete, reine Wohngebiete, Gewerbegebiete und Mischgebiete. Je nach Art des festgelegten Gebietes sind bestimmte Nutzungen oder Bauweisen zulässig oder ausgeschlossen.
Die aktuelle Bauleitplanung ist öffentlich und kann bei der Gemeinde eingesehen werden. Viele Kommunen veröffentlichen ihre Bauleitpläne auch im Internet.

Reine Wohngebiete nach § 3 BauNVO sind vor allem in älteren Bebauungsplänen aus den Fünfziger- bis Neunzigerjahren ausgewiesen. Hier stehen die Wohnbedürfnisse der dort lebenden Menschen im Vordergrund.
Auszug aus dem Gesetzestext: ›Reine Wohngebiete dienen dem Wohnen. Zulässig sind Wohngebäude, Anlagen zur Kinderbetreuung, die den Bedürfnissen der Bewohner des Gebiets dienen. Ausnahmsweise können zugelassen werden Läden und nicht störende Handwerksbetriebe, die zur Deckung des täglichen Bedarfs für die Bewohner des Gebiets dienen, sowie kleine Betriebe des Beherbergungsgewerbes, sonstige Anlagen für soziale Zwecke sowie den Bedürfnissen der Bewohner des Gebiets dienende Anlagen für kirchliche, kulturelle, gesundheitliche und sportliche Zwecke.‹

Kleintierhaltung ist zulässig, wenn sie dem betreffenden Gebiet üblich und ungefährlich ist und den Rahmen der für eine Wohnnutzung typischen Freizeitbetätigung nicht sprengt. Das entspricht in der Regel einem kleinen Stall für ein paar wenige Hühner oder Kaninchen. Die Großtierhaltung ist in reinen Wohngebieten verboten.

Schaut man sich die Kommentare und die Rechtsprechung zu § 3 BauNVO an, gibt es in der Praxis so gut wie keine Ausnahmen von dieser Regelung.

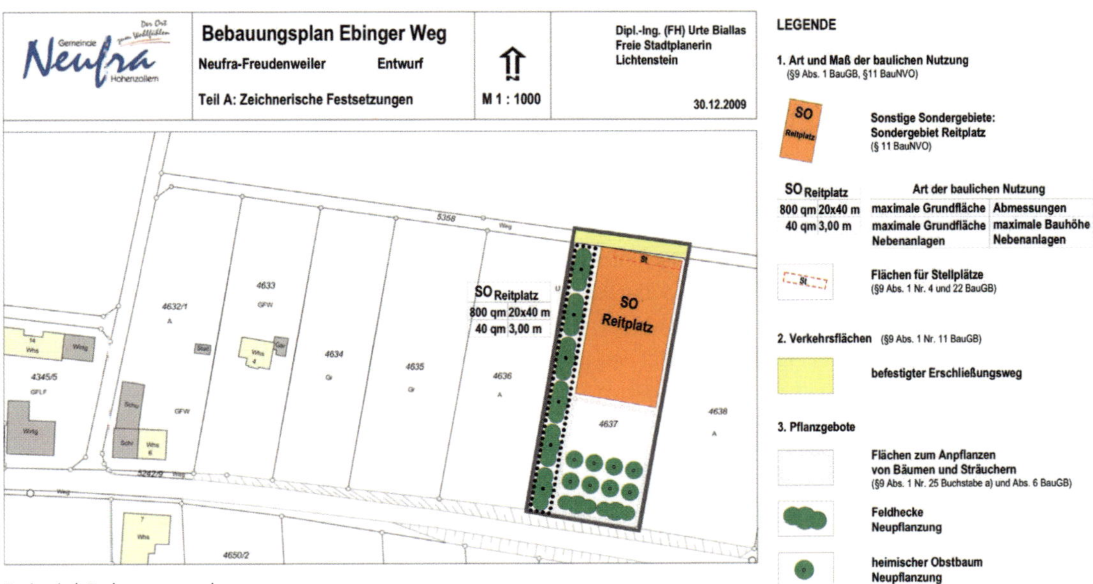

Beispiel Bebauungsplan

Liegt Ihr Haus also in einem reinen Wohngebiet, müssen Sie leider entweder von Ihrem Traum vom Pferd am Haus oder von dem Haus selbst Abschied nehmen.

Allgemeine Wohngebiete nach § 4 BauNVO werden schon ein wenig lockerer gehandhabt. Sie dienen überwiegend dem Wohnen. Außerdem zugelassen sind der Versorgung des Gebiets dienende Läden, Schank- und Speisewirtschaften sowie nicht störende Handwerksbetriebe sowie Anlagen für kirchliche, kulturelle, soziale, gesundheitliche und sportliche Zwecke. Ausnahmsweise können zugelassen werden Betriebe des Beherbergungsgewerbes, sonstige nicht störende Gewerbebetriebe, Anlagen für Verwaltungen, Gartenbaubetriebe und sogar Tankstellen.
Befinden sich bereits Bauernhöfe, ein Reiterhof (Anlage für sportliche Zwecke) oder Handwerksbetriebe im Wohngebiet, hat man gute Chancen, dass kein generelles Großtierhalteverbot besteht. Im Einzelfall kann dann eine Pferdehaltung genehmigt werden, oft mit Auflagen wie eine maximale Pferdezahl, Mistlagerung unter Dach oder Auslauf nicht direkt neben Nachbars Garten.

Steht Ihr Haus in einem **Dorfgebiet nach § 5 BauNVO** oder ist ein **Dörfliches Wohngebiet nach § 5a BauNVO** festgesetzt, können Sie sich schon mal vorsichtig freuen.
Hier heißt es explizit im Gesetzestext: ›Dorfgebiete dienen der Unterbringung der Wirtschaftsstellen land- und forstwirtschaftlicher Betriebe, dem Wohnen und der Unterbringung von nicht wesentlich störenden Gewerbebetrieben sowie der Versorgung der Bewohner des Gebiets dienenden Handwerksbetrieben. Auf die Belange der land- und forstwirtschaftlichen Betriebe einschließlich ihrer Entwicklungsmöglichkeiten ist vorrangig Rücksicht zu nehmen.‹
›Dörfliche Wohngebiete dienen dem Wohnen sowie der Unterbringung von land- und forstwirtschaftlichen Nebenerwerbsstellen und nicht wesentlich störenden Gewerbebetrieben.‹
Auch wenn Sie keinen landwirtschaftlichen (Nebenerwerbs-)Betrieb, sondern nur eine private Pferdehaltung ohne Gewinnerzielungsabsicht vorhaben, gibt es hier in der Regel bauplanungsrechtlich keine Probleme mit der Genehmigung.

Mischgebiete nach § 6 BauNVO dienen dem Wohnen und der Unterbringung von Gewerbebetrieben, die das Wohnen nicht wesentlich stören. Zulässig sind neben Wohn-, Geschäfts- und Bürogebäuden und Gewerbebetrieben auch Gartenbaubetriebe sowie Anlagen für Verwaltungen sowie für kirchliche, kulturelle, soziale, gesundheitliche und sportliche Zwecke, Tankstellen und Vergnügungsstätten.

Hier schützt der Gebietscharakter das ›ungestörte‹ Wohnen deutlich weniger, zum Beispiel sind höhere Grenzwerte bei Lärm zulässig als in allgemeinen Wohngebieten. Daher stehen auch in Mischgebieten, vor allem in dörflicher Lage, die Chancen für eine genehmigte Pferdehaltung nicht so schlecht.

2. Zulässigkeit von Bauvorhaben in Gebieten ohne Bebauungsplan

Nicht für jeden Fleck auf dem bebauten Gemeindegebiet existiert ein Bebauungsplan. Das ist vor allem in Ortsteilen mit älterem Gebäudebestand der Fall. Um die Möglichkeiten für eine geplante Pferdehaltung zu überprüfen, müssen wir zunächst einmal nach ›Innenbereich‹ und ›Außenbereich‹ unterscheiden.

Innenbereich

Nach § 34 BauGB wird das Gebiet ›innerhalb der im Zusammenhang bebauten Ortsteile‹ als Innenbereich bezeichnet, also alles, was ›im Dorf‹ liegt. Die genaue Grenze zum Außenbereich können Sie auf dem Bauamt der Gemeinde erfragen. Manchmal verläuft die Grenze sogar mitten durch ein großes Baugrundstück am Ortsrand, so dass nur ein Teil im Innenbereich liegt. Im Innenbereich darf im Allgemeinen gebaut werden, wenn keine wesentlichen Gründe dagegensprechen. Gibt es für einen Bereich keinen Bebauungsplan, müssen sich neu geplante Bauvorhaben (und Nutzungen wie Pferdehaltung) an der Umgebungsbebauung orientieren. Liegt Ihr

Haus in einem dörflich geprägten Gebiet und im näheren Umfeld gibt es Pferdehaltung oder einen Bauernhof, haben Sie daher gute Chancen für eine Baugenehmigung für einen Pferdestall.

Das gilt nicht nur bei einem Neubau, sondern auch für die Nutzung von Bestandsgebäuden: Der ehemalige Holzschuppen darf nicht einfach zum Offenstall für Ponys umfunktioniert werden, und der Carport ist keine Pferdebox. Beides ist eine genehmigungspflichte Umnutzung eines Gebäudes.

Vorsicht: Sogar ein früherer Pferde- oder Rinderstall darf nicht ohne Weiteres wieder in Betrieb genommen werden. Wenn er länger als sieben Jahre leerstand, gilt die Nutzung als ›aufgegeben‹. Damit erlischt normalerweise der Bestandsschutz und für die ›Nutzungsänderung‹ muss eine neue Baugenehmigung beantragt werden. Hat sich der Charakter der Umgebung seitdem stark verändert und sieht eher nach Wohngebiet als nach Dorfgebiet aus, könnte es dabei Probleme geben, zum Beispiel wegen dem Misthaufen an der Grundstücksgrenze zum Nachbarn. Auch wenn Ihnen der Hausverkäufer oder Makler erzählt, das sei alles kein Problem – erkundigen Sie sich vor Vertragsabschluss auf der Gemeinde, ob im vorhandenen Stall wirklich noch Großtiere gehalten werden dürfen!
Bei der Beurteilung des Gebietscharakters kann zusätzlich die Einstufung im Flächennutzungsplan helfen: Ist das Gebiet dort als gemischte Baufläche ausgewiesen, sind das günstigere Voraussetzungen als bei einer Wohnbaufläche.

Ein altes Bauernhaus kaufen?

In vielen Dörfern stehen Resthöfe und alte Bauernhäuser leer und sind je nach baulichem Zustand und Region mehr oder weniger günstig zu kaufen. Diese

Flächennutzungsplan

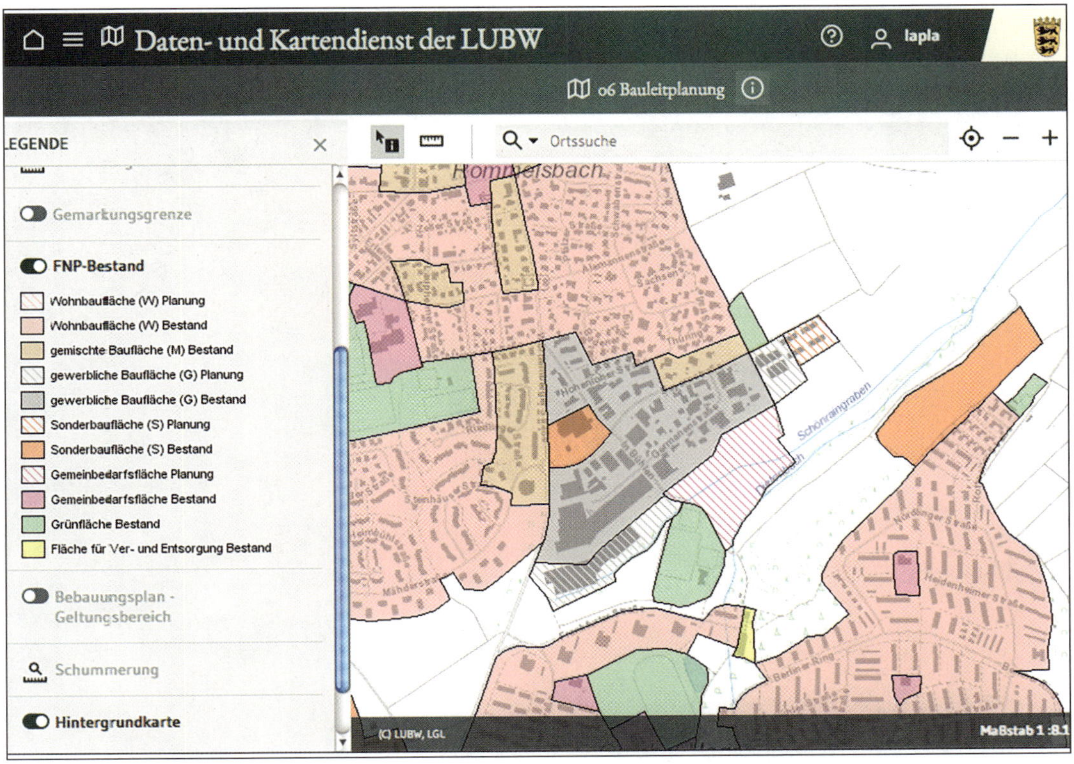

alten Hofstellen liegen oft in der Dorfmitte, manchmal an der Hauptdurchgangsstraße und sind mehr oder weniger baufällig.

Bei vielen Hauskäufern sind sie wegen ihrer Lage mitten im Dorf und/oder des starken Sanierungsbedarfs nicht so beliebt. Sie kaufen lieber ein Baugrundstück im verkehrsberuhigten Neubaugebiet am Ortsrand und lassen sich ein modernes Fertighaus hinstellen. Dadurch wächst die Gemeinde in den Neubaugebieten an den Rändern, während es im alten Dorfkern immer mehr Leerstände gibt. So entsteht der bei Bürgermeistern und Stadtplanern gefürchtete Donut-Effekt (außen voll und innen hohl).
Manche Gemeinden versuchen der Verödung der Dorfmitte entgegenzuwirken, indem sie Sanierungsgebiete ausweisen, in denen Hausbesitzer Prämien für Renovierungsarbeiten bekommen und heißen neue Einwohner für diese alten Gebäude auch dann willkommen, wenn sie besondere Wünsche wie Pferdehaltung haben. Diese Häuser haben meist einen hohen Sanierungsbedarf, sind aber dafür günstig im Kaufpreis. Alte Ortskerne sind baurechtlich häufig als Dorfgebiet ausgewiesen, wo Großtierhaltung grundsätzlich erlaubt ist.

Haben Sie ein geeignetes Haus gefunden, lohnt es sich zu prüfen, wie viel Durchgangsverkehr tatsächlich am Haus vorbeikommt. Vielleicht ist nur morgens und abends zur Rushhour etwas mehr los und nachts ist es dafür sehr ruhig? Oder liegt das Haus an einer beliebten Lkw-Strecke, die Tag und Nacht als Abkürzung oder zum Maut-Sparen genutzt wird?

Abgelegene ländliche Landkreise mit Einwohnerschwund sind grundsätzlich toleranter gegenüber Stallbauwünschen als dicht besiedelte beliebte Kreise in der Nähe von größeren Städten. Auch die Grundstückspreise sind häufig nur ein Bruchteil so hoch wie im Ballungsraum. Haben Sie die Möglichkeit, überwiegend im Homeoffice zu arbeiten, kann sich also unter Umständen die Suche nach einem Haus mit Stall in einer ganz neuen Region lohnen.

Der Charme eines alten Bauernhauses

Anfragen bei Ämtern

Bevor Sie den Kaufvertrag für ein Haus mit geplanter Pferdehaltung unterschreiben, sollten Sie bei der Gemeinde und den zuständigen Ämtern nachfragen (Bauamt, untere Baurechtsbehörde (meist das Landratsamt), Landwirtschaftsamt, Veterinäramt).

Vereinbaren Sie einen Gesprächstermin und bereiten Sie sich und Ihre Unterlagen sorgfältig vor. Beschreiben Sie Ihr Vorhaben konkret, zum Beispiel: geplante Offenstallhaltung von zwei Ponys in einem bestehenden Schuppen mit 30 Quadratmetern Fläche und befestigter Auslauf von 150 Quadratmetern, Mistentsorgung über einen abgedeckten Hänger bei der Biogasanlage, im Umkreis von 200 Metern liegen ein Bauernhof mit Rinderhaltung, drei größere Hühnerställe und zwei Handwerksbetriebe, so dass das Gebiet bereits ›vorbelastet‹ ist.

Am besten, Sie erstellen eine kurze schriftliche Beschreibung der Planung mit allen Zahlen und einen einfachen, gerne auch handgezeichneten Lageplan auf der Katastergrundlage. Den Katasterplan für Ihr Grundstück und die unmittelbare Umgebung bekommen Sie vorab beim Bauamt als Ausdruck oder digitale Grundlage.

Sie brauchen nicht den demütigen Bittsteller zu geben, aber bleiben Sie unbedingt freundlich und sachlich, auch wenn Sie den Eindruck haben, dass der Sachbearbeiter Sie möglichst schnell abwimmeln will. Die Mitarbeiter in Bauämtern sind häufig überlastet und unter Druck und versuchen manchmal, Projekte mit wenig Erfolgsaussichten oder möglichen Problemen schon im Vorfeld zu vermeiden.

Ist das Vorhaben fraglich, zum Beispiel wegen einer Festsetzung als allgemeines Wohngebiet, können Sie zusätzlich auf einem Ausschnitt des Ortsplans oder eines Luftbildes sämtliche anderen Tierhaltungen im weiteren Umfeld Ihres Hauses farblich markieren. Benutzen Sie verschiedene Farben für landwirtschaftliche Betriebe, andere Pferdehaltungen und Kleintierhaltungen wie Hühnerställe mit Aus-

Plan Tierhaltung im Umfeld

lauf. Ist Ihr Haus von anderen Ställen quasi ›eingekreist‹, kann das eine gute Argumentationshilfe sein.
Im optimalen Fall ist die Pferdehaltung ohne weitere Anträge direkt möglich, zum Beispiel weil ein bestehender Stall bis vor fünf Jahren zur Pferdehaltung genutzt wurde und daher noch Bestandsschutz genießt. Ansonsten werden Sie in der Regel die Empfehlung bekommen, eine Bauvoranfrage oder gleich einen Bauantrag zu stellen.

Tipp: Bei einer mündlichen Auskunft machen Sie für sich unbedingt eine Gesprächsnotiz: Halten Sie das Datum und die Uhrzeit des Gesprächs fest, den Namen des Mitarbeiters und natürlich den Inhalt. Die Gesprächsnotiz kann hilfreich sein, falls es später Unstimmigkeiten gibt. Im Idealfall nehmen Sie eine Begleitperson mit zum Gesprächstermin, deren Name ebenfalls in der Gesprächsnotiz vermerkt werden sollte. Die Alternative: Sie schicken Ihre Anfrage schriftlich und formlos per E-Mail – auch das ist in der Regel kostenlos.

Bauvoranfrage – viel Planungssicherheit für wenig Geld

Mit einer Bauvoranfrage können Sie ohne hohe Kosten abklären, ob Ihr Vorhaben, egal ob Neubau oder Umnutzung eines vorhandenen Gebäudes zur Pferdehaltung, grundsätzlich genehmigungsfähig wäre. Eine Bauvoranfrage können Sie auch stellen, bevor Sie ein Grundstück erwerben. Dafür muss nur eine Vollmacht des Grundstückseigentümers vorliegen. So erfahren Sie bereits im Vorfeld, ob sich der Aufwand eines Bauantrages lohnt bzw. ob das Haus und/oder Grundstück überhaupt zum Kauf infrage kommt.
Ist ein Pferdestall auf dem Grundstück grundsätzlich zulässig, erhalten Sie einen Bauvorbescheid. Die Zusagen des Bauvorbescheides sind verbindlich, das heißt, diese Punkte gelten im späteren Bauantrag als geklärt und dürfen nicht mehr anders entschieden werden. Der Bauvorbescheid gilt in der Regel drei Jahre und kann auf Antrag bis zu drei weitere Jahre verlängert werden. Danach erlischt die Bindungswirkung des Bauvorbescheides. Nun können Sie sich überlegen, ob Sie den Stall tatsächlich bauen wollen und dafür eine Baugenehmigung beantragen.
Die Bauvoranfrage wird immer in schriftlicher Form beim zuständigen Bauordnungsamt oder der Bauaufsichtsbehörde eingereicht. Dafür müssen Sie kein Architekt oder Planer sein. Schildern Sie Ihr Vorhaben und Ihre Fragen dazu möglichst konkret, wie im vorigen Absatz beschrieben. Die Fragen müssen so gestellt sein, dass sie mit ›Ja‹ oder ›Nein‹ beantwortet werden können.

Warum lohnt sich eine Bauvoranfrage?

Die Bearbeitung auf dem Bauamt geht in der Regel schneller, weil nur einzelne Punkte geprüft werden. Das ist besonders wichtig, falls Sie sich für den Kauf eines Hauses oder Grundstücks entscheiden müssen. Es muss noch keine Detailplanung, Statik usw. wie im Bauantrag vorgelegt werden. Falls Ihr Bauvorhaben abgelehnt wird, sparen Sie umfassende Planungskosten und auch die Bearbeitungsgebühren sind deutlich niedriger als für einen Bauantrag.

Antrag auf Baugenehmigung

Bevor Sie mit dem (Um-)Bau starten und Ihre Pferde einziehen dürfen, brauchen Sie eine Baugenehmigung und den Baufreigabeschein, der sogenannte ›Rote Punkt‹.
Für den Bauantrag müssen eine ganze Reihe Formulare ausgefüllt und sowie Pläne und Unterlagen in mehrfacher Ausführung abgegeben werden. Welche genau regelt die jeweilige Landesbauordnung (LBO). In Baden-Württemberg sind das zum Beispiel: Antrag auf Baugenehmigung, Lageplan im Maßstab 1:500 mit zeichnerischem Teil und schriftlichem Teil, Bauzeichnungen (Grundrisse, Schnitte, Ansichten im Maßstab 1:100; Darstellung baulicher Anlagen, die abgerissen werden sollen in Gelb, neu geplante in Rot, Bestand in Schwarz), Baubeschreibung, Darstellung der Grundstücksentwässerung, Statistischer Erhebungsbogen, Bautechnische Nachweise, Erklärung zur Standsicherheit, Bauleiterbenennung usw. Die Formulare erhalten Sie auf dem Bauamt oder können auf der Webseite der Gemeinde heruntergeladen werden.

Ohne fachlich-kompetente Unterstützung wird es kaum gehen. Für große Gebäude brauchen Sie einen bauvorlagenberechtigten Architekten oder Bauingenieur, kleinere Gebäude, Schuppen oder Umbauten können in den meisten Bundesländern auch von einem Zimmerer-, Betonbauer- oder Maurermeister und Absolventen der Studiengänge Architektur, Innenarchitektur und Bauingenieurwesen geplant werden, der die Verantwortung als Objektplaner oder Planfertiger trägt. Die Landesbauordnungen und Regelwerke der Architektenkammern und Ingenieurkammern regeln die Anforderungen an den Entwurfsverfasser. Bei einem Neubau oder größeren Umbauten ist zusätzlich ein Statiker nötig. Der Bauantrag muss vom Bauherrn und vom Entwurfsverfasser, die Bauvorlagen nur vom Entwurfsverfasser unterschrieben werden. Die von einem Sachverständigen erstellten Bauvorlagen (zum Beispiel Statiker) müssen von diesem unterschrieben sein.

Die Baurechtsbehörde prüft innerhalb von zehn Arbeitstagen, ob die Bauvorlagen vollständig sind und welche anderen Ämter und Dienststellen am Verfahren beteiligt werden müssen. Sind die Bauvorlagen unvollständig, teilt Ihnen die Baurechtsbehörde mit, welche Ergänzungen erforderlich sind. Bevor die Bauvorlagen nicht vollständig sind, kann das Verfahren nicht gestartet werden.

Die Eigentümer der an das Baugrundstück angrenzenden Grundstücke (Angrenzer) und in manchen Fällen auch sonstige Nachbarn, deren Grundstücke nicht direkt an das Baugrundstück angrenzen, werden innerhalb von fünf Arbeitstagen ab dem Eingang der vollständigen Bauvorlagen benachrichtigt. Sie können innerhalb von vier Wochen Einwendungen zu dem Bauvorhaben vorbringen.

Sprechen Sie am besten schon im Vorfeld mit den Nachbarn über Ihre Pferdehaltungspläne. Mit einem offenen Gespräch können viele Sorgen und Einwände schon von vorneherein abgewendet werden. Laien können Pläne häufig nicht gut lesen und befürchten zum Beispiel, dass ihr lauschiges Sitzplätzchen im Garten plötzlich an einen riesigen stinkenden Misthaufen voller Fliegen oder an einen Reiterhof mit viel Publikumsverkehr angrenzt.

»Es kann der Frömmste nicht in Frieden leben, wenn es dem bösen Nachbarn nicht gefällt.«

Friedrich Schiller (aus Wilhelm Tell)

Die Baurechtsbehörde prüft den Bauantrag auf Übereinstimmung mit den öffentlich-rechtlichen Vorschriften und hört diejenigen Fachämter an, deren Aufgabenbereich berührt wird, zum Beispiel die Wasserbehörde wegen der Mistlagerung. Wenn sämtliche Stellungnahmen vorliegen und der Bauantrag geprüft wurde, bekommen Sie Bescheid. Entweder wird die Baugenehmigung erteilt oder Sie erhalten die Rückmeldung, dass der Antrag nicht genehmigungsfähig ist oder nur mit Änderungen Aussicht auf Genehmigung besteht.

Die Baugenehmigung kann an Auflagen gekoppelt sein, die erfüllt werden müssen, zum Beispiel können bestimmte Baumaterialien festgesetzt werden, wie eine wasserundurchlässige Befestigung des Paddocks oder eine bestimmte Betongüte für die Mistplatte; eine Regelung zur Entsorgung des Mis-

Buchtipp

Baugenehmigungen für Pferdeställe: Hintergründe, Tipps und Vorgehensweisen
Sudden Inspiration Verlag e.K.;
1. Edition (9. Januar 2013)
Dr. Tanja Romanazzi

tes wie ein überdachter Anhänger oder eine Mistplatte in bestimmter Mindestgröße und eine Pflicht zur Anzeige des Entsorgungsbetriebes. Weitere Auflagen können zum Beispiel die Anpflanzung einer Ausgleichsfläche sein oder eine begrünte Versickerungsfläche für das anfallende Regenwasser.

Der Mist mit dem Mist

Für neugegründete Pferdebetriebe (egal ob gewerblich oder Hobbypferdehalter) gilt seit 2020 die neue Düngeverordnung mit strengeren Regeln für die Mistlagerung und -entsorgung. Laut der Verordnung müssen Pferdehalter die anfallende Mistmenge von zwei Monaten sicher lagern können.

Die benötigte Größe der Mistplatte richtet sich nach der Anzahl und Größe der Pferde und der Haltungsform. Aus Gewässerschutzgründen muss die Mistplatte flüssigkeitsundurchlässig und gegen mechanische, thermische und chemische Einflüsse widerstandsfähig sein. In der bauordnungsrechtlichen Norm (DIN 11 622) findet man den erforderlichen Betontyp und die Anforderung, dass Festmistplatten seitlich einzufassen und gegen das Eindringen von Oberflächenwasser aus dem umliegenden Gelände zu schützen sind.

In der Praxis hat kaum ein kleines Hofgrundstück im Ort genug Platz für einen so großen Misthaufen und auch für die Nachbarn wäre das nicht zumutbar.

Andere mögliche Lösungen sind die Mistlagerung auf einem Anhänger, der auf einer wasserundurchlässigen Betonplatte steht oder in einem wasserdichten Container, der regelmäßig geleert wird. Aus Gewässerschutzgründen müssen der Anhänger oder Container entweder abgedeckt werden oder unter Dach stehen, damit nicht durch Regenwasser ausgelaufene Jauche in den Untergrund gelangen kann. Zusätzlich müssen Sie eine schriftliche vertragliche Vereinbarung (Mistabnahmevertrag) mit einem Dritten (Landwirt, Biogasanlage) nachweisen, dass der Mist dort gelagert und verwertet wird. Der lagernde Landwirt muss wiederum nachweisen, dass er eine genügend große, genehmigte Mistplatte für die anfallende Mistmenge hat und selbst nicht so viele Tiere, dass sie den als Dünger benötigten Mist für seine Flächengröße produzieren.

»Denk ich an Deutschland
in der Nacht,
dann bin ich von der
Bürokratie um den Schlaf
gebracht,
Ich kann nicht mehr die
Augen schließen,
Und meine heißen Tränen
fließen.«

Frei nach Heinrich Heine
(Nachtgedanken)

Für meinen kleinen Stall mit drei Kleinpferden hat sich seit vielen Jahren ein Pkw-Anhänger mit hydraulischer Kippvorrichtung bewährt. Der Mist wird direkt beim Abmisten auf den Anhänger geladen und alle zwei bis drei Wochen beim Bauern vor Ort abgekippt, mit dem ich einen Abnahmevertrag habe. Der Kipphänger ist eine enorme Arbeitserleichterung, weil jeder Äpfelhaufen nur einmal ›in die Hand genommen‹ wird und weder vom Misthaufen auf den Anhänger noch beim Abladen auf die Mistplatte des Bauern nochmal umgeschaufelt werden muss.

3. Außenbereich

Alle Gemeindeflächen, die nicht im zusammenhängend bebauten Innenbereich liegen und für die es keinen Bebauungsplan gibt, gehören zum Außenbereich. Also alles ›außerhalb vom Dorf‹.

Während der Innenbereich für eine Bebauung vorgesehen ist, gilt für den Außenbereich genau das Gegenteil. Mit dieser Regelung soll in unserem dicht besiedelten Land der Rest des zusammenhängenden Naturraumes geschützt und eine Zersiedelung der

oben und Mitte: Überdachter Mistanhänger
unten: Abkippen mit der Hydraulikvorrichtung

Landschaft verhindert werden. Im Außenbereich sind daher nur sogenannte ›privilegierte Vorhaben‹ nach § 35 BauGB zulässig, zum Beispiel land- und forstwirtschaftliche Bauten, Gartenbaubetriebe oder auch Wind- und Solarenergieanlagen.

Ein Sonderfall im wahrsten Sinne des Wortes sind Reitvereine und große Reitanlagen ›auf der grünen Wiese‹. Sie werden in der Regel im Flächennutzungsplan als Sonderbaufläche ausgewiesen und vor dem Bau muss ein Bebauungsplan mit der Festsetzung als ›Sondergebiet Reitanlage‹ o.ä. aufgestellt werden.

Privilegiertes Bauen im Außenbereich nach § 35 und § 201 BauGB für Pferdehalter

Für die Privilegierung muss zunächst eine Landwirtschaft bestehen (§ 201 BauGB), mit Pferdehaltung auf überwiegend eigener Futtergrundlage. Ein Pferdepensionsbetrieb ohne genügend Flächen für die eigene Futtergrundlage gilt nicht als Landwirtschaft, sondern als Gewerbe und kann daher nicht privilegiert werden. Als ausreichende Flächen für Pferdepensions- und Zuchtbetriebe gelten zwischen 0,25 und 0,5 Hektar pro Pferd (egal ob Klein- oder Großpferd) Eigenland oder langfristig (für mindestens zwölf Jahre) gepachtetes Land. Die privilegierte Pferdehaltung muss zwingend auf wirtschaftlichen Erfolg angelegt sein. Für einen Zuchtbetrieb bedeutet das zum Beispiel mindestens 20 Zuchtpferde, wenn keine anderen Tierarten gehalten werden. Für einen großen Pensions- oder Zuchtstall können im Rahmen der Privilegierung im Außenbereich neben Ställen und Paddocks weitere Anlagen wie Reithalle, Reitplatz, Scheunen, Maschinenhallen und Dunglagerstätten genehmigt werden, ebenso ein Wohnhaus für den Betriebsleiter und seine Familie.

Für private Pferdehalter besteht darum in der Regel keine Möglichkeit, im Außenbereich eine Genehmigung für einen neuen Stall zu bekommen. Anders sieht es bei bereits vorhandenen Objekten aus.

Einen bestehenden Resthof oder Stall im Außenbereich kaufen

Wer einen ehemaligen Bauernhof im Außenbereich kauft, selbst aber keinen Status als Landwirt hat, darf in der Regel dort wohnen und vorhandene Ställe für seine Pferde nutzen, wenn die Tierhaltung nicht länger als sieben Jahre her ist (siehe ›Bestandsschutz‹ im vorherigen Absatz ›Innenbereich‹).

Bauliche Veränderungen wie größere Um- oder Ausbauten werden jedoch in der Regel für ›nicht privilegierte‹ Nutzer, also Nicht-Landwirte, nicht genehmigt. Als privater Pferdebesitzer müssen Sie also damit auskommen, was auf dem Hof bereits vorhanden ist. Gibt es zum Beispiel keinen befestigten Auslauf oder keine Dunglege, die der neuen Düngemittelverordnung entspricht, dürfen Sie nicht einfach neu bauen. Das sind genehmigungspflichtige Bauten und selbst feste Zäune für Paddocks oder Weiden werden in der Regel nicht genehmigt.

›Einfach so‹ einen kleinen Reitplatz anzulegen oder einen Anbau an den Offenstall zu setzen, ist übrigens weder im Außen- noch im Innenbereich ratsam. Wenn Sie nicht von missliebigen Mitmenschen angezeigt werden, bemerken die (Naturschutz-)Behörden die Veränderung trotzdem früher oder später auf den Luftbildern der Region. Dann müssen Sie die Schwarzbauten nicht nur wieder abreißen und die Landschaft in ihren ursprünglichen Zustand zurückbauen, sondern auch ein Bußgeld in bis zu vierstelliger Höhe bezahlen.

Einen Weideunterstand bauen

Hier krachen zwei deutsche Gesetze ganz gewaltig gegeneinander – zum Nachteil der privaten Pferdehalter und ihrer vierbeinigen Freunde!
In den Leitlinien zur Beurteilung von Pferdehaltung unter Tierschutzgesichtspunkten heißt es: ›Ein Witterungsschutz muss unabhängig vom rassespezifischen Typ vorhanden sein, wenn Pferde ganzjährig oder über einen längeren Zeitraum ganztägig auf der Weide gehalten werden. Auch in anderen Fällen muss geprüft werden, ob ein geeigneter Witterungsschutz erforderlich ist.‹

Möchten Sie als privater Pferdehalter nun dem Tierschutzgesetz entsprechend auf Ihrer gepachteten oder eigenen Wiese im Außenbereich eine Weidehütte als Witterungsschutz aufstellen, kommt Ihnen § 35 des Baugesetzbuches in die Quere. Nach aktuellem Gesetzesstand 2022 dürfen nur privilegierte Landwirte im Außenbereich einen festen Unterstand für Weidetiere bauen. Je nach Landesbauordnung sind Unterstände für landwirtschaftliche Betriebe in vielen Bundesländern sogar verfahrensfrei, das heißt, sie können ohne Baugenehmigung errichtet werden.

Die VFD (Vereinigung für Freizeitreiter und -fahrer in Deutschland e.V.) hat daher 2021 eine Gesetzesinitiative für Privilegierung auch der privaten Tierhaltung gestartet, mit dem Ziel, dass § 35 des Baugesetzbuches entsprechend geändert wird. Bis diese Initiative hoffentlich Erfolg hat, gibt es einige praktikable Lösungen für private Pferdehalter:

Pflanzen

Wer keinen Weideunterstand bauen darf, pflanzt sich einen! Baumgruppen, Hecken und Knicks aus heimischen ungiftigen Pflanzen (oder Pflanzen, die nicht gefressen werden wie Holunder), sind Windbrecher, Schattenspender und bieten gesunde Knabberäste. Mehr dazu finden Sie unter der Überschrift ›Für Pferde geeignete heimische Baum- und Straucharten‹. Besonders vielseitig und schnell wachsend sind Weiden, aus denen man schnell Wände, Rundbögen und sogar ganze Pavillons flechten kann.

Kooperation mit einem Landwirt

Vielleicht finden Sie einen privilegierten Landwirt, bei dem Sie einen Weideplatz für Ihre Pferde auf seinen Wiesen mieten können (nicht eine ganze Wiese pachten, sonst werden Sie zum (nicht-privilegierten) Nutzer). Falls kein Unterstand vorhanden ist, dürfen Sie vielleicht in seinem Namen selbst einen aufstellen, entweder eine feste Weidehütte, die dann allerdings in das Eigentum des Bauern übergeht oder eine mobile Lösung wie eine fahrbare Weidehütte oder ein Weidezelt.

Weidezelte und fahrbare Weidehütten – die mobile Lösung

Weidezelte und fahrbare Weidehütten bieten viele Vorteile. Sie sind flexibel, auf verschiedene Weiden mitnehmbar und schnell auf- und abgebaut. Von Herstellern und Verkäufern werden sie oft als grundsätzlich genehmigungsfrei beworben. Das stimmt jedoch nicht ganz.

Mobile Systeme wie Weidezelte und Weidehütten auf Rädern gelten baurechtlich als ›fliegende Bauten‹. Ihre Aufstellung und Genehmigung sind in den Landesbauordnungen der einzelnen Bundesländer geregelt.

§ 69 der LBO Baden-Württemberg definiert Fliegende Bauten als bauliche Anlagen, die geeignet und bestimmt sind, an verschiedenen Orten wiederholt aufgestellt und abgebaut zu werden. Sie dürfen nicht länger als drei Monate auf dem gleichen Platz aufgestellt sein (in Ausnahmefällen bis zu sechs Monaten). Spätestens, wenn das Weidezelt länger als sechs Monate auf dem gleichen Fleck stehen soll, gilt es als bauliche Anlage, die eine Baugenehmigung benötigt. Wenn das Zelt nicht sowieso schon auf die nächste Koppel umgezogen ist, sollten Sie es also spätestens nach drei Monaten ein paar Meter weiter rücken.

Hersteller von Weidezelten bieten verschiedene Formen an, von der Rundbogenhalle bis zur rechteckigen Hütte mit Pultdach. Zeltdächer und -wände aus LKW-Plane sind besonders strapazierfähig, langlebig und witterungsbeständig. Je nach Bedarf können die Seiten des Weidezelts statt mit Planen auch mit Windschutznetzen bespannt oder komplett offengelassen werden. Viele Modelle bestehen aus einem Grundgerüst aus Panels. Sie sind stabil und robust, aber ohne Maschinen sehr schwer zu transportieren und auch verletzungsgefährlich, weil Pferde besonders im Liegen mit den Beinen zwischen den Gittern hängenbleiben können. Ich empfehle daher Weidezelte ohne Panels mit einer Aussteifung aus einem Stangengerüst.

Ich selbst nutze seit über 15 Jahren ein Weidezelt von Hartmanns mobile Hütte (http://www.hartmanns-mobile-huette.de) für die gesamte Weidesaison und bin sehr zufrieden damit.

Ein Weidezelt …
… und sein Transport zur nächsten Weide

Da das Zelt immer nur zur Nachbarweide transportiert werden muss, haben wir inzwischen eine selbst gebaute Vorrichtung mit einer Achse und Rädern, mit der wir es an ein Auto hängen oder mit vier Menschen sogar von Hand schieben können. So muss es jeweils nur im Frühling einmal aufgebaut und im Herbst wieder abgebaut werden.

Solide Zelte sind nicht ganz billig, dafür aber robust und langlebig. Ich kann Ihnen nur raten: Lassen Sie die Finger von Billiglösungen wie Pavillons aus dem Baumarkt! Sie sind viel zu instabil und fliegen beim ersten Windstoß weg. Das dünne Gestänge bricht schnell, wenn sich ein Pferd daran reibt und hat wegen der scharfen Kanten eine hohe Verletzungsgefahr.

Fahrbare Weidehütten sind meist aus einem Stahlrahmen gebaut, der mit massiven Holzwänden ausgesteift wird. Sie lassen sich dank herunterklappbarer Räder einfach mit einem Pkw bewegen. Ihre Vorteile sind ähnlich wie bei Weidezelten. Da sie auf den ersten Blick und besonders im Luftbild nicht von festen Weidehütten zu unterscheiden sind, kann es allerdings eher Probleme mit den Behörden geben. Ein weiterer Nachteil ist die große Lagerfläche, die sie außerhalb der Weidezeit brauchen, wenn sie nicht auf der Wiese stehenbleiben dürfen. Ein Weidezelt ohne Panels dagegen lässt sich auseinandergebaut problemlos in einer kleinen Ecke der Scheune oder sogar in der Garage aufbewahren.

Stallwechsel

Jeder Umzug ist ein großer Einschnitt im Leben eines Pferdes. Es muss seine Pferdefreunde, die gewohnte Umgebung und die bekannten Abläufe und wenn es verkauft wurde, auch seinen Besitzer und andere Bezugspersonen verlassen und wird mit neuen, ungewohnten und vielleicht sogar beängstigenden Situationen konfrontiert.

Dank regelmäßiger Fahrten hat Lavena auch mit ungewöhnlichen Mitfahrern kein Problem

Je unerfahrener das Pferd ist und je ereignisarmer es gelebt hat, umso schwerer fällt ihm der Wechsel und umso mehr Unsicherheit und Aufregung entsteht. Ähnlich ist es, wenn es sich im alten Stall sehr wohl und sicher gefühlt hat und gut in eine Herde integriert war oder zumindest einen engen Pferdefreund hatte, der nicht mit umzieht.

Ruhige, nervenstarke Pferdetypen, erfahrene Wanderreitpferde und Pferde, die öfters auf Veranstaltungen unterwegs sind und an woanders übernachten gewöhnt sind, arrangieren sich oft relativ schnell mit den neuen Bedingungen.

Besonders angenehm ist es natürlich, wenn zwei oder mehr Pferde einer Herde gemeinsam umziehen. Das ist dann oft gar keine große Sache, da Pferde als Fernwanderwild von Natur aus kein festes Revier haben, sondern mit ihrer Herde jahreszeitlich angepasst umherziehen.

Den Stallumzug leichter machen fürs Pferd

Ist der neue Stall so weit entfernt, dass Sie nicht hinreiten oder laufen können, kommt Ihr Pferd um eine Hängerfahrt nicht herum. Meiner Ansicht nach gehört es zur Grundausbildung für jedes Pferd, sich verladen zu lassen und ans Hängerfahren gewöhnt zu sein. Falls Ihr Pferd hier noch Bildungslücken hat, ist der geplante Stallumzug ein guter Anlass, um rechtzeitig vorher Verlade- und Hängertraining zu machen. Wird ein Pferd immer nur verladen, wenn ein Stallwechsel oder eine Fahrt in die Tierklinik ansteht, ist es mehr als verständlich, wenn es auf keinen Fall einsteigen will.

Ohne Vorbereitung am Tag des Stallwechsels darauf zu vertrauen, dass das Pferd schon irgendwie reingehen wird, erzeugt einen immensen Druck und kann eigentlich nur schiefgehen! Schlimmstenfalls stehen Sie mit dem gestressten und immer weniger ansprechbaren Pferd stundenlang vor dem Hänger,

bis schließlich ein Tierarzt für eine Sedierung kommen muss oder gar ein selbsternannter ›Verladeexperte‹ zu gefährlichen oder brutalen Zwangsmitteln greift, weil das Pferd unbedingt heute aus dem Stall heraus muss.
Am besten, Sie fahren im Vorfeld schon ohne Ihr Pferd zum neuen Stall und klären, wo Ihr Pferd in der Eingewöhnungszeit stehen wird und ob schon alles vorbereitet ist bzw. was Sie selbst noch tun müssen. Prüfen Sie die Eingewöhnungsbox bzw. den Paddock besonders gründlich auf mögliche Verletzungsgefahren durch hervorstehende Kanten oder ähnliches, falls das Pferd am Anfang unruhig ist und hektisch herumläuft. Legen Sie eine üppige Menge Heu bereit, damit das Pferd im Idealfall direkt anfängt zu fressen. Kauen beruhigt.

Am Umzugstag sollten Sie genügend Zeit einplanen, damit Sie ganz in Ruhe verladen und transportieren können. Das Pferd sollte unbedingt noch im Hellen im neuen Stall ankommen, damit es sich die neue Umgebung in Ruhe anschauen kann.

Nach der Ankunft sollten Sie direkt ausladen und junge oder unerfahrene Pferde gleich in ihre neue Unterkunft bringen. Den Hof und die Gegend darum herum anschauen, können Sie in den nächsten Tagen noch in Ruhe machen, wenn sich die erste Aufregung gelegt hat. Für ›alte Hasen‹, die an Verladen und Training an verschiedenen Orten gewöhnt sind, kann auch ein ruhiger Ausritt oder eine lockere Trainingseinheit in der neuen Halle sinnvoll sein, bevor es in die Eingewöhnungsbox geht. Unerfahrene Pferde sollten Sie lieber vor dem Transport im gewohnten Umfeld bewegen.

Quarantäne

Ein neues Pferd im Stall ist immer ein Infektionsrisiko. Auch ein augenscheinlich gesundes, gut gepflegtes Pferd aus einem kleinen privaten Stall bringt die dortigen Stallkeime mit und/oder kann sich zum Beispiel auf einem Sammeltransport oder im geliehenen Pferdehänger unbemerkt eine Infektion eingefangen haben. Umso mehr gilt das für Pferde, die aus einem Umfeld mit ständig wechselnden Kontakten kommen, wie vom Pferdehändler, von Auktionen und Märkten oder einer Tierschutz-Auffangstation.

Daher ist es am sichersten, wenn neue Pferde erst einmal 14 Tage abgetrennt in Sichtweite von den anderen stehen. Am besten ziehen Sie zwei Zäune mit einigen Metern Abstand, so dass sie nicht aneinander schnüffeln können. Das hilft nicht nur gegen Verheddern im Zaun beim typischen Quietschen und Ausschlagen mit den Vorderbeinen, sondern verhindert auch, dass die Nasen zusammenkommen und Keime übertragen werden. Das neue Pferd sollte eine eigene Tränke und separate Eimer und Heunetze nutzen, damit nichts mit den Bestandspferden in Kontakt kommt. Eigenes Putzzeug für jedes Pferd sollte sowieso selbstverständlich sein.
In dieser Zeit kann sich das Pferd an die neue Situation gewöhnen, aber auch langsam an den Keimdruck im neuen Stall. Jeder, der mit dem Pferd umgeht, desinfiziert sich anschließend die Hände und Schuhe und wechselt eventuell auch die oberste Schicht der Kleidung. Während der Quarantänezeit kann man das neue Pferd entwurmen, täglich Fieber messen und sehr genau schauen, ob es sich scheuert und vielleicht Haarlinge, Milben oder einen Pilz mitgebracht hat.

Zuerst durch den Zaun getrennt beschnüffeln lassen

Zusammmenführung mit einem verträglichen Pferd

In Extremfällen wie Pferde unklarer Herkunft oder aus dem Ausland aus gefährdeten Ländern sind vielleicht sogar Bluttests oder Titerbestimmungen auf gefährliche Infektionskrankheiten wie Druse, EIA (ansteckende Blutarmut der Einhufer) und Tollwut sinnvoll.
Diese Quarantänezeit mag hart klingen, schützt aber nicht nur das eigene Pferd, sondern die Pferde der Miteinsteller und auch den Stallbetreiber. Zwei Wochen alleine stehen überlebt jedes Pferd – andere Pferde im Stall eine Druse- oder Herpesinfektion aber vielleicht nicht.

Sie als Besitzer des neuen Pferdes haften, falls nachgewiesen wird, dass Ihr Pferd eine Infektionskrankheit eingeschleppt und Tierarztkosten und schlimmere Schäden bei anderen Pferden verursacht hat. Auch der Stallbetreiber kann für die Verletzung seiner Sorgfaltspflicht in Regress genommen werden.
Nach den zwei Wochen in der Nachbarschaft ist ›der Neue‹ für die anderen Pferde schon zur Selbstverständlichkeit geworden und oft verläuft danach die Zusammenführung und Eingliederung in die neue Herde ziemlich unspektakulär.

Trotzdem ist damit die Eingewöhnungszeit nach dem Stallwechsel längst nicht vorbei. Bis sich ein Pferd im neuen Umfeld wirklich richtig angekommen und zu Hause fühlt, kann es nach meiner Erfahrung mehrere Monate oder sogar ein ganzes Jahr dauern. Daher sollten Sie Ihrem Pferd geduldig und verständnisvoll die nötige Zeit zum Einleben geben und nicht zu viel Leistung und Konzentration erwarten. Zeigen Sie ihm nach und nach alle Schrecknisse der neuen Umgebung und fragen Sie ohne Erwartungsdruck kleine Aufgaben ab, die Ihr Pferd schon kennt. Gemeinsame Ausritte mit Stallkumpels geben Sicherheit und Sie lernen gleich die Miteinsteller besser kennen.

Zusammenführung mit der ganzen Herde

Gesundheitsvorsorge und -fürsorge

Das gesunde Pferd

Bereits an gesunden Tagen sollten Sie Ihr Pferd genau beobachten und dadurch seinen Normalzustand und seine Normalwerte kennenlernen. Abweichungen fallen dann eher auf und können abgeklärt, behandelt und hoffentlich schnell behoben werden, bevor sich eine ernste Erkrankung entwickelt.

Pferde als Beutetiere lassen sich instinktiv möglichst nichts anmerken, wenn sie krank sind und verstecken ihre Schwäche so lange es geht vor den Fressfeinden.

Der tägliche Kontrollblick aufs Pferd geht quasi ›nebenher‹, ohne großen Zeitaufwand. Überprüfen Sie konzentriert und bewusst diese Punkte: Schon beim Ankommen erkennen Sie den Gesamteindruck des Pferdes. Ist es munter und aufmerksam, hat ein glänzendes Fell und entspannte Gesichtszüge? Bewegt es sich normal und zwanglos und das Futter schmeckt? Ist der Bauch gut gefüllt, aber nicht aufgebläht?

Beim Putzen können Sie den Körper auf Verletzungen und Schwellungen kontrollieren. Sind die Augen klar? Ist die Atemfrequenz normal und die Nüstern trocken? Sind die Hufe in Ordnung? Sind die Pferdeäpfel und der Harnabsatz unauffällig?

Warnzeichen für ›hier stimmt was nicht‹

Frisst das Pferd zur üblichen Fütterungszeit nicht oder nur sehr langsam und mäkelig, ist das eines der wichtigsten Alarmzeichen. Nicht alle Pferde zeigen bei Kolik die bekannten Symptome wie Umschauen nach dem Bauch, Schwitzen, Scharren oder Unruhe, manche stehen einfach nur ruhig und scheinbar abwesend da und fressen nicht. Andere Gründe können Magen- oder Zahnprobleme, Fieber und ›Halsweh‹ beim Atemwegsinfekt und einige innere Krankheiten sein.

Kolik ist immer ein Notfall!

Rufen Sie auch bei scheinbar ›milden‹ Kolik-Symptomen direkt einen Tierarzt an. Wenn Sie zu lange warten, kann es passieren, dass aus einer behandelbaren ›einfachen‹ Kolik ein lebensbedrohlicher Zustand entsteht, zum Beispiel weil es nach einer Aufgasung zu einer Darmverdrehung kommt oder der noch mögliche Zeitpunkt für eine lebensrettende Operation verpasst wird.

Schlappheit

Sieht das Pferd ungewohnt ruhig und lethargisch aus, steht vielleicht mit gesenktem Kopf und halb geschlossenen Augen abseits der Herde oder zeigt beim Training plötzlich eine deutliche Konditionsschwäche, ist Fieber-Messen immer eine gute Idee. Das geht am besten mit einem der normalen digitalen Thermometer, die es in jedem Drogeriemarkt zu kaufen gibt. Überprüfen Sie von Zeit zu Zeit, ob die Batterie noch okay ist. Zur Sicherheit habe ich zusätzlich das gute alte Quecksilber-Fieberthermometer. Das Messen dauert damit zwar minutenlang, dafür ist es aber jederzeit einsatzbereit.

Die **Normaltemperatur** bei erwachsenen Pferden liegt zwischen 37,5 und 38,2 Grad Celsius. Steht das Pferd länger entspannt herum, kann sie auch mal niedriger liegen, nach dem Training und bei großer Hitze eher im oberen Bereich. Steigt die Temperatur über 38,2 Grad Celsius, stimmt ziemlich sicher irgendwas nicht. Üben Sie das Temperatur-Messen schon in gesunden Tagen, damit sich das Pferd daran gewöhnt und Sie das Handling lernen.

Training für Fieber-Messen

Der After und der Genitalkomplex sind auch bei Pferden ein sensibles Thema. Viele Pferde finden es sehr unangenehm, an diesen Stellen berührt zu werden, versuchen wegzulaufen oder wehren sich und schlagen aus. Als Vorbereitung (auch für Tupferprobe) können Sie das Pferd vorsichtig daran gewöhnen:
Stellen Sie sich schräg hinter das Pferd und nehmen Sie den Schweif sanft in beide Hände. Klemmt das Pferd schon bei Berührung den Schweif ein, heben Sie ihn nur an einer Handvoll Schweifhaaren von der Schweifrübe ein winziges Stück an und bewegen ihn sehr sanft und langsam ganz wenig hin und her, bis das Pferd lockerlässt.
Ist das Pferd entspannt und ›gibt‹ Ihnen den lockeren Schweif, beginnen Sie vorsichtig, das Pferd am After und bei Stuten auch an der Scheide zu berühren. Am besten, ein Helfer steht am Kopf und belohnt das Pferd, wenn es ruhig stehen bleibt. Der nächste Schritt ist das Berühren mit dem Fieberthermometer und schließlich Fiebermessen. Zum Fiebermessen machen Sie das Thermometer mit etwas Vaseline oder notfalls Spucke gleitfähig. Halten Sie das Thermometer die ganze Zeit fest, solange es im Pferd steckt, damit es nicht im Darm verschwinden kann.

PAT-Werte (Puls, Atmung, Temperatur)

Neben der Körpertemperatur könnten eine veränderte Atem- und Herzfrequenz auf eine Krankheit hinweisen, **Zählen Sie die Atemzüge** (beobachten Sie die Nüstern- und Flankenbewegung oder hören Sie mit Ihrem Ohr an einer Nüster oder mit einem Stethoskop im Bereich der Luftröhre) 15 Sekunden lang und multiplizieren Sie diese mit vier, um die Anzahl pro Minute zu erhalten oder zählen Sie gleich eine ganze Minute lang. Die meisten gesunden Pferde sollten im Ruhezustand weniger als 20 bis 24 Atemzüge pro Minute haben, außer es ist sehr warm und – besonders bei Robustpferden im

Frühling und Herbst – das Fell zu dick für die aktuellen Temperaturen.

Den **Puls** des Pferdes können Sie mit leicht aufgelegtem Finger messen, zum Beispiel an der Fessel- oder Unterkieferarterie oder unter der Schweifrübe. Klappt das Fühlen des Pulses bei einem Vollblut im Sommerfell meist noch problemlos, kann es bei einem bärigen Isländer im Winterfell fast unmöglich werden. Leichter geht es mit einem Stethoskop unter dem linken Schulterblatt etwa eine Handbreit über dem Ellenbogenhöcker. Das Handling des Stethoskops lassen Sie sich am besten von einer medizinisch ausgebildeten Person zeigen.

Auch hier können Sie die Anzahl der Schläge in 15 Sekunden mit 4vier multiplizieren oder gleich 60 Sekunden lang zählen. Denken Sie daran, dass die Vitalwerte der einzelnen Pferde unterschiedlich sind – machen Sie sich also damit vertraut, welche Werte für Ihr Pferd normal sind, wenn es gesund ist.

Normale PAT-Werte

für erwachsene Pferde in Ruhe

Puls: 28 bis 44 Schläge pro Minute
Atmung: 8 bis 20 Atemzüge pro Minute
Temperatur: 37,5 bis 38,2° C

Kapillarfüllungszeit zeigt den Kreislaufzustand

Mit diesem Drucktest im Pferdemaul können Sie den Kreislaufzustand des Pferdes prüfen: Klappen Sie die Oberlippe vorsichtig hoch und drücken mit der Fingerkuppe kurz auf das Zahnfleisch des Oberkiefers. Die Durchblutung wird an dieser Stelle unterbrochen, sodass das Zahnfleisch an der Druckstelle blass wird. Die Zeit, bis die Stelle sich wieder mit Blut fülllt und die gleiche Farbe wie die Umgebung annimmt, wird Kapillarfüllungszeit genannt. Zwei Sekunden sind normal, mehr als drei Sekunden sind ein Alarmsignal. Dauert die Füllzeit länger als vier Sekunden, ist das Pferd in akuter Lebensgefahr durch Kreislaufzusammenbruch.

Hautfaltentest zeigt Austrocknung

Ob das Pferd dehydriert ist, zum Beispiel bei Durchfall, nach einem anstrengendem Ritt mit viel Schwitzen oder großer Hitze, können Sie mit dem Hautfaltentest überprüfen: Ziehen Sie am Pferdehals oder an der Schulter eine Hautfalte mit zwei Fingern hoch, halten sie einen Moment fest und lassen wieder los. Die Hautfalte sollte sich direkt wieder glätten. Bleibt die Hautfalte zwei Sekunden stehen, ist das Pferd schon etwas ausgetrocknet und sollte dringend mehr Wasser trinken. Bei über sechs Sekunden besteht Lebensgefahr.

Verdauung – (nicht) alles Mist

Pferde äppeln bis zu zwölfmal am Tag und produzieren dabei bis zu 20 Kilo Mist. Das ist nicht nur anstrengend beim Abmisten, sondern verrät uns auch einiges über die Fütterung und die Gesundheit des Pferdes. Eine normale Anzahl gut geformter Haufen aus einzelnen ›Äpfeln‹ mit glatter Oberfläche, die das Pferd mühelos herausbringt, bedeuten, dass mit der Verdauung alles in Ordnung ist. Die Farbe variiert je nach Futter: Die Grundfarbe ist braun; je mehr Gras das Pferd frisst, umso grüner werden die Äppel. Geht die Farbe eher ins Gelbliche, frisst das Pferd (zu)viel Stroh oder das Heu wurde spät geschnitten oder es hat hineingeregnet und Nährstoffe ausgewaschen.

Darmgeräusche – hören Sie mal am Pferdebauch

Ein gesunder Darm grummelt zufrieden vor sich hin. Das können Sie leicht hören, wenn Sie ein Ohr seitlich an den Bauch auf Höhe der Flanke legen. Auch hier ist es sinnvoll, das in gesunden Tagen regelmäßig zu tun, damit Sie ein Gefühl für die normalen Darmgeräusche bekommen. Sie werden schnell feststellen, dass die Geräusche auf beiden Seiten unterschiedlich sind. Links hört man laufende, gleichbleibende Geräusche, auf der rechten Seite sind sie eher glucksend mit Unterbrechungen.

Bei Durchfall und Gaskoliken werden die Darmgeräusche schneller und lauter. Gefährlich wird es auch, wenn man gar nichts mehr hört, weil der

Darm seine Arbeit eingestellt hat, zum Beispiel bei der gefürchteten Darmverschlingung.

Durchfall

Ein paar weichere Kothaufen bei und nach stressigen Ereignissen wie Transport oder Trennung von anderen Pferden, sind eine normale Reaktion. Dauert der Durchfall länger an, mehrere Stunden oder Tage und ist kein unmittelbarer Auslöser zu erkennen, sollten Sie besser einen Tierarzt rufen, besonders wenn das Pferd schlapp wirkt. Eine Infektion zum Beispiel mit Salmonellen oder Clostridien kann schnell zu Austrocknung und Elektrolytverlusten bis zum Kreislaufversagen führen und ist außerdem ansteckend für die anderen Pferde in der Umgebung.

Ungeplanter Gewichtsverlust

Langsame Figurveränderungen, wenn ein bisher normalgewichtiges und gut bemuskeltes Pferd langfristig dünner und ›spitzer‹ wird, sind zunächst leicht zu übersehen. Sieht man allmählich die Rippen immer deutlicher, die Oberlinie sinkt ab und die Wirbelsäule tritt hervor, hat das Pferd schon deutlich an Gewicht und Muskulatur verloren.
Das kann relativ ›harmlose‹ Gründe haben, zum Beispiel, dass das Pferd in der Gruppenhaltung nicht genug Futter abbekommt, weil es von den Futterstellen weggejagt wird oder sich erst gar nicht hintraut oder sich die Heuqualität verändert hat. Vielleicht kommt das Heu von einer anderen Wiese oder einem anderen Lieferanten oder wurde später gemäht als normal und enthält viel weniger Energie.
Dahinter können aber auch ernsthafte Erkrankungen stecken wie Leber- oder Nierenprobleme, Magengeschwüre, Zahnprobleme oder Equines Cushing Syndrom.

Am besten ist es, die Figur des Pferdes laufend im Auge zu behalten, um so früh wie möglich entgegenwirken zu können. Fotografieren Sie Ihr Pferd regelmäßig mit Ihrem Smartphone von der Seite aus dem gleichen Winkel und Abstand, das hilft bei einem objektiven Vergleich.

Veränderung der Fellqualität

Die Fellqualität gibt erste Hinweise auf den allgemeinen Gesundheitszustand. Ein gesundes Pferd hat ein seidiges, glattes, glänzendes Sommerfell und ein dichtes, gleichmäßiges Winterfell. Unabhängig von der Jahreszeit, wenn das Fell rau oder stumpf aussieht, das Pferd sich so stark scheuert, dass Haare abbrechen oder das Fell an dieser Stelle dünner wird, sind das Anzeichen dafür, dass etwas nicht stimmt.
Starkes **Scheuern am Mähnenkamm** kann zum Beispiel auf einen Befall mit Grasmilben oder Haarlingen hinweisen oder auf eine Allergie gegen Insektenstiche wie Sommerekzem, Scheuern am Schweif auch auf Wurmbefall.
Ein **verspäteter Fellwechsel**, der länger dauert als früher und langhaarige kleine Fellinseln, die nach dem Abhaaren im Frühling übrigbleiben, können durch das Cushing Syndrom verursacht werden. Schwere Fälle behalten das ganze Jahr über ein extrem langes und oft auch lockiges Fell und sollten im Sommer geschoren werden.
Ringförmig helles Fell um die Augen, das früher nicht da war, die sogenannte **›Kupferbrille‹**, kann einen starken und langfristig bestehenden Kupfermangel anzeigen.

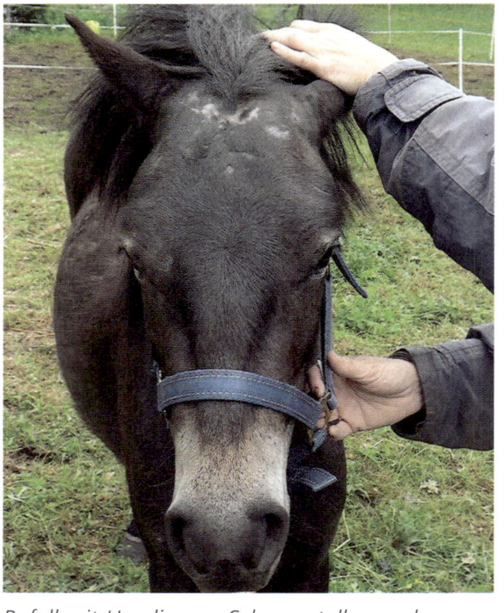

Befall mit Haarlingen: Scheuerstellen und Hautschuppen

Lahmheiten

Wenn ein Pferd nicht taktklar geht, hinkt oder ein Bein kürzertritt, spricht man von Lahmheit. Die Lahmheit zeigt, dass es Schmerzen hat. Die Ursachen für Lahmheiten sind vielfältig. Sie können von den Beinen, aber auch vom Rücken, der Schulter oder anderen Strukturen im Körper ausgehen.

Liegen und Aufstehen

Ob sich Ihr Pferd regelmäßig zum Schlafen und Wälzen hinlegt, verraten Ihnen die Spuren von Erde, Grasflecken, der Einstreu oder dem Paddockbelag im Fell. Kommt es beim Aufstehen mühelos hoch oder fällt es ihm schwerer als früher? Lahmt es danach bei den ersten Schritten? Mehr Wissen über den Pferdeschlaf finden Sie im Kapitel Haltung.

Wie steht das Pferd normalerweise? Belastet es alle Beine gleichmäßig oder schont es immer ein bestimmtes Bein? Ein weit nach vorne gestelltes Vorderbein, so dass das Hauptgewicht auf das andere Vorderbein verlagert wird und gleichzeitig das diagonale Hinterbein eingeknickt, weist auf Schmerzen im vorgestellten Huf hin. Typisch ist das zum Beispiel bei einseitigem Hufrollenbefund, Schmerzen im Huf oder Arthrose in den unteren Gliedmaßen. Das bedeutet nicht unbedingt, dass das andere Vorderbein gesund ist. Das Pferd entlastet entweder das schlimmer betroffene Bein oder beide Beine abwechselnd.

Bei Erkrankungen im unteren Bereich der Gliedmaßen kommt es zu einer **Stützbeinlahmheit**. Dabei entlastet das Pferd das schmerzende Bein nach dem Auftreten möglichst schnell wieder und setzt das gesunde Bein auf. Ist die Lahmheit an einem Vorderbein, ›nickt‹ das Pferd beim Auftreten auf das gesunde Bein mit dem Kopf. **Merksatz: Das Pferd sagt ›Ja‹ zum gesunden Bein.** Nickt es also, wenn das rechte Vorderbein aufsetzt, ist die Lahmheit links. Huf-, Sehnen- und Gelenkprobleme sind die häufigsten Ursachen einer Stützbeinlahmheit.

Sind beide Vorderbeine betroffen, wie häufig bei **Hufrehe** (Entzündung der Huflederhaut) oder auch **Hufrollenentzündung**, will das Pferd gar nicht laufen oder läuft ›klamm‹, tritt also nur sehr zögerlich auf, besonders auf hartem Boden.

Nach der Aussage eines Tierarztes aus einer bekannten Pferdeklinik kommen etwa 80 % der Lahmheiten ›von unten‹, sprich: Oft ist die Ursache im Huf zu finden.

Einen **Hufabszess**, auch **Hufgeschwür** genannt, bekommt fast jedes Pferd ein- oder sogar mehrmals in seinem Leben. Die Symptome sind oft unspezifisch und wechselnd: Das Pferd ist plötzlich stocklahm und will kaum auftreten oder ist tagelang nur ab und zu ein wenig lahm, manchmal führen Schwellungen am Fesselgelenk und Röhrbein auf die falsche Fährte, so dass eine Sehnenverletzung oder ein Einschuss vermutet werden, und nicht in allen Fällen zeigt das Pferd eine Pulsation am Fesselgelenk.
Nach meinen Erfahrungen ist ein Hufabszess bei Lahmheit eigentlich fast immer ›die beste Lösung‹. Nur in ganz seltenen Fällen wird durch die Entzündung das Hufbein angegriffen. Meistens geht es direkt bergauf, sobald der Abszess von selbst am Kronrand oder an der Hufsohle aufgegangen ist oder aufgeschnitten wurde und der Druckschmerz nachlässt, weil der Eiter abgeflossen ist. Nun muss man nur noch schauen, dass kein Dreck in das Loch im Huf kommt, zum Beispiel durch einen Hufschuh oder einen Hufverband.

Hangbeinlahmheiten kommen seltener vor und sind eine Störung beim Vorführen des betroffenen Beines. Dabei ist die Schrittlänge dieses Beines verkürzt. Die Ursachen dafür kommen ›von oben‹ und liegen oft in der Muskulatur oder den Nerven. Andere Auslöser können Schulterprobleme oder Probleme mit Knie, Hüfte, Kreuz-Darmbeingelenk oder an der Wirbelsäule sein.

Der Schweregrad bei Lahmheiten wird in fünf Stufen unterschieden, von Stufe 1, wo die Lahmheit kaum zu sehen ist, bis zu Stufe 5, wo das Pferd das betroffene Bein gar nicht mehr belasten kann.

Wann sollten Sie den Tierarzt rufen?

Faustregel: große offene Wunden, starke Schwellungen (Einschuss, Gefahr einer Blutvergiftung), offensichtlich starke Schmerzen, Pferd kann ein Bein kaum oder gar nicht mehr belasten usw. sind Notfälle, bei dem möglichst schnell ein Tierarzt kommen sollte. Bei Lahmheit schon im Schritt sollten Sie den Tierarzt anrufen und den Fall schildern oder ein kurzes Video aufs Smartphone schicken, damit er die Dring-lichkeit beurteilen kann.

Hufrehe ist ein Notfall!

Auch bei Verdacht auf Hufrehe sollten Sie unbedingt sofort einen Tierarzt rufen. Das Pferd muss schnell behandelt werden (Entzündungshemmer, Blutverdünnung, Aderlass) um die Schäden am Hufbeinträger durch die Entzündung möglichst gering zu halten. Sie selbst können helfen, indem Sie das Pferd auf tiefe weiche Einstreu stellen, nicht bewegen und die Hufe mit Eiswürfeln in Socken oder Kühlpads laufend kühlen.

Ist das Pferd nur im Trab leicht lahm und zeigt nur eine geringe oder keine Schwellung, ansonsten bewegt es sich im Schritt normal und steht, ohne das Bein zu schonen, kann man meiner Erfahrung nach auch erstmal abwarten. Vielleicht hat es sich auf der Koppel vertreten oder eine Prellung von einem Schlag abbekommen und nach ein paar Tagen ist der Spuk vorbei. Ist irgendwas warm oder dick, kann man die ersten zwei bis drei Tage kühlen, am besten mit Kühlpads aus dem Eisschrank.

Kühlpads bei akutem Reheschub

Zum Bewegen kann man mit dem Pferd täglich einige Minuten im Schritt auf ebenem hartem Boden geradeaus spazieren gehen und schauen, wie sich die Lahmheit in den nächsten Tagen entwickelt. Sorgen Sie dafür, dass es nicht wild herumrennt, also vielleicht ein kleines Stück Koppel neben den anderen Pferden abzäunen, falls die Herde viel herumgaloppiert oder ein eigenes Stück Paddock, falls es rangniedrig ist und gescheucht wird.

Blutbild

Die Laborwerte einer Blutuntersuchung (kleines oder großes Blutbild) geben Aufschluss über wichtige Gesundheitsparameter wie Leber und Nierenwerte, Muskelstoffwechsel, Blutbildung, Hinweise auf Organ- bzw. Stoffwechselkrankheiten oder eine Infektion. Zusätzlich können bei Bedarf noch viele weitere Parameter bestimmt werden wie Entzündungswerte, Insulin, ACTH sowie Mineralstoffe. Ein Blutbild liefert nicht nur Informationen über akut sichtbare Erkrankungen, sondern gibt auch Hinweise auf Gesundheitsprobleme, die bisher keine Symptome zeigen.

Bei einem neu gekauften Pferd lasse ich am Anfang einmal ein großes Blutbild als Referenzwert erstellen. Wenn dabei alles in Ordnung ist, wiederhole ich das Blutbild etwa alle zwei Jahre, solange das Pferd gesund und unauffällig aussieht. Falls einer oder mehrere Werte stark von der Norm abweichen, zum Beispiel zu hohe Leberwerte oder ein zu niedriger Selenwert, lasse ich nach der Behandlung oder einer vom Tierarzt empfohlenen Wartezeit nur diese speziellen Werte zur Kontrolle nochmal testen. Bei älteren Pferden wird eine jährliche Blutuntersuchung empfohlen, um eventuelle organische Erkrankungen frühzeitig zu erkennen.

Buchtipp

Cavallo Medizin-Kompendium
Die 100 wichtigsten Pferdekrankheiten
Müller Rüschlikon Verlag 2023

Experte für das eigene Pferd

Irgendwie haben Sie ein mulmiges Gefühl, dass es Ihrem Pferd nicht gut geht? Dieser Intuition sollten Sie folgen, denn tatsächlich hat das Bauchgefühl häufig recht, gerade wenn Sie Ihr Pferd schon lange kennen. Unterbewusst registriert es kleine Veränderungen, die erste Hinweise auf eine Krankheit sein können. Solche Beobachtungen sollten Sie Ihrem Tierarzt mitteilen. Denn er bekommt bei seinem Besuch immer nur einen kurzen Eindruck von Ihrem Pferd, das sich eventuell durch den Untersuchungsstress auch noch anders als gewohnt benimmt.

Checkliste – wie finde ich den ›richtigen‹ Tierarzt?

Als Pferdebesitzer möchten wir die optimale Gesundheitsvorsorge und die beste Behandlung bei Krankheit für unsere geliebten Vierbeiner. Zudem ist jeder Tierbesitzer nach dem Tierschutzgesetz verpflichtet, seinem Tier eine ausreichende medizinische Versorgung und Behandlung durch einen Tierarzt oder eine Tierklinik zukommen zu lassen. Dazu müssen Sie ›nur noch‹ den passenden Tierarzt (m/w/d) finden. In manchen Gegenden kann man froh sein, wenn überhaupt ein Tierarzt noch Neukunden aufnimmt. Dann haben Sie keine Wahl, sondern müssen den Tierarzt nehmen, der bereit ist, zu Ihrem Stall zu kommen.

Gibt es mehrere Tierärzte zur Auswahl und Sie fragen andere Pferdebesitzer nach deren Erfahrungen und ihrer Meinung, werden die Antworten Sie vermutlich zum Staunen bringen. Während Pferdebesitzer A seit Jahren mit Tierarzt X völlig zufrieden ist, weil er bisher sämtliche Wehwehchen in den Griff bekommen hat und dabei auch noch nett und nicht zu teuer ist, schimpft Pferdebesitzer B lauthals über die Fehldiagnose, die barsche Art und die horrende Rechnung von Tierarzt X und holt nur noch Tierarzt Y, von dem Pferdebesitzer A wiederum total abrät.
Besser ist es, sich eine eigene Meinung zu bilden. Vielleicht haben Sie die Gelegenheit, bei der Untersuchung und Behandlung von Miteinstellerpferden zuzuschauen und sogar ein paar Worte mit dem Tierarzt zu wechseln.

Schauen Sie zunächst nach den harten Kriterien:

Ist der Tierarzt ein Pferdespezialist oder Generalist, der auch andere Tierarten behandelt? Ein Pferdespezialist mit viel Erfahrung und laufenden Fortbildungen, eventuell einigen Jahren Arbeit in einer Pferdeklinik, hat in der Regel ein umfangreicheres Wissen über komplexe Pferdekrankheiten. Bei vielen Tierarztbesuchen ist das aber gar nicht nötig. Wenn sonst alles passt, kann man für die ›einfachen‹ Dinge wie Impfungen den Haustierarzt aus der Nähe holen (oder sogar zur Praxis reiten, wie wir früher) und für kompliziertere Fälle wie unspezifische Lahmheiten und aufwändige Untersuchungen in eine Pferdeklinik fahren oder einen Spezialisten von dort in den Stall kommen lassen.

Hat der Tierarzt eine mobile Praxis mit Geräten auf dem neuesten Stand (Röntgen, Ultraschall, Gastroskopie, Bronchoskopie, Blutgasanalyse usw.)? Welche Untersuchungen bietet er im heimischen Stall an? Oder überweist er für weitergehende Diagnosen grundsätzlich in die nächste Pferdeklinik? Arbeitet er mit einer bestimmten Tierklinik zusammen und tauscht sich über Diagnosen und Weiterbehandlung aus?

Liegt Ihr Stall in seinem üblichen Einzugsgebiet, so dass er öfter in der Nähe ist und die Fahrtkosten mit den anderen Kunden geteilt werden können?

Wird ein 24-Stunden-Notdienst für nachts und das Wochenende angeboten, eventuell in Kooperation mit einer anderen Praxis oder einer Pferdeklinik?

Nicht zu unterschätzen sind auch die weichen Kriterien:
Eine gewisse Sympathie und vor allem eine ähnliche Einstellung zu Pferden sollten vorhanden sein. Die menschliche Komponente ist gerade in Extremsituationen wichtig. Bedenken Sie: Will ich diesen Tierarzt bei lebensbedrohlichen Erkrankungen wie Kolik oder gar beim Einschläfern um mich haben?
Auch bei größeren Praxen mit mehreren Tierärzten sollte bei planbaren Besuchen möglichst immer der gleiche Tierarzt kommen. So lernt er Ihr Pferd und Sie genauer kennen und wenn es gut läuft, entsteht nach einiger Zeit ein Vertrauensverhältnis. Zeigt er dann noch Einfühlungsvermögen für Ihr Pferd und auch für Ihre Bedürfnisse, haben Sie sehr wahrscheinlich den richtigen Tierarzt gefunden.

Die Tierarztrechnung

Nicht erst seit der kräftigen Erhöhung der Gebührenordnung (GOT) im November 2022 sind die Tierarztkosten ein großer Batzen für uns Pferdehalter. Regelmäßig nötige Behandlungen sollten in die Kalkulation für die Unterhaltskosten einfließen, plus ein großzügiger Aufschlag für unerwartete Krankheiten. Für solche Fälle sollte eine finanzielle Rücklage vorhanden sein. Außerdem gibt es Pferdekranken- und Operationskosten-Versicherungen, die die Kosten für Untersuchungen und Behandlungen oder bei einer Operation je nach Tarif ganz oder teilweise übernehmen. Zusätzlich bieten die meisten Tierkliniken eine Finanzierungs- oder Ratenzahlungsmöglichkeit.
Alle niedergelassenen Tierärztinnen und Tierärzte sind gesetzlich verpflichtet, die (Mindest-)Sätze der Gebührenordnung für Tierärzte (GOT) einzuhalten. Die GOT gilt bundesweit und regelt, wie viel der Tierarzt für die einzelnen Leistungen verlangen darf. Dabei gibt es drei verschiedene Sätze: Der Basissatz, auch 1-facher GOT-Satz, ist die Mindestgebühr. Daneben gibt es noch den 2-fachen, 3-fachen und 4-fachen Satz, der vom Tierarzt bei der Abrechnung je nach Schwierigkeitsgrad der Behandlung festgelegt wird. Dazu kommen die Nebenkosten für abgegebene Medikamente, Material (zum Beispiel Verbandsmaterial, Spritzen) oder Laboruntersuchungen.
Tierärzte, die ihre Patienten nicht in der Praxis behandeln, müssen verpflichtend eine Hausbesuchsgebühr und Wegegeld berechnen. Werden mehrere Pferde eines Besitzers am gleichen Termin im selben Stall behandelt, fällt die Hausbesuchsgebühr nur einmal an.
Spartipp: Beauftragt ein Pferdebesitzer oder der Stallbetreiber den Tierarzt für mehrere Pferde unterschiedlicher Eigentümer und auf seinen Namen wird eine Sammelrechnung ausgestellt, muss die Hausbesuchsgebühr laut der Tierärztekammer nur einmal berechnet werden. Dafür muss er nachher die anteiligen Beträge für jeden einzelnen Pferdebesitzer aufdröseln und bei ihm eintreiben. Daher sollte man sich genau überlegen, für wen man in Vorleistung gehen möchte.
Bei einem Aufenthalt in der Pferdeklinik fallen zusätzlich Kosten für die Unterbringung, Pflege und Fütterung an.
2020 wurde eine **Notdienstgebühr** von 50,00 Euro netto eingeführt, die bei einer Behandlung zu folgenden Notdienstzeiten erhoben wird: täglich von 18.00 Uhr bis 8.00 Uhr des jeweils folgenden Tages; von freitags 18.00 Uhr bis 8.00 Uhr des jeweils folgenden montags (Wochenende) sowie von 0.00 Uhr bis 24.00 Uhr eines gesetzlichen Feiertages.

Pferdebesitzer im Notfall nicht erreichbar

Hier muss der Pferdehalter die Verantwortung übernehmen, einen Tierarzt rufen und im schlimmsten Fall über das Einschläfern entscheiden. Das ist in der Regel der Betreiber des Pensionsstalles, in dem das Pferd eingestellt ist, oder bei einem eigenen Stall die Vertretung für die Pferdeversorgung. Spätestens bevor Sie ins Ausland fahren und vielleicht länger nicht über das Mobiltelefon erreichbar sind, sollten Sie dieses Thema mit dem Stallbetreiber oder der Vertretung besprechen und eine Telefonliste mit den gewünschten Tierärzten und evtentuell einer Vertrauensperson, die Entscheidungen für Sie treffen darf, gut sichtbar im Stall aufhängen.

Alternative Behandlungsmethoden

Ergänzend zur Schulmedizin gibt es eine unüberschaubare und ständig weiter wachsende Zahl an zusätzlichen Angeboten zur Gesundheitsvorsorge und Behandlung. Eine Auswahl (ohne Anspruch auf Vollständigkeit): Osteopathie, Physiotherapie, Chiropraktik, Akupunktur, Homöopathie, Traditionelle Chinesische Medizin (TCM), Bioresonanztherapie, Kinesiologie und viele mehr.

Viele der seriösen Behandler haben eine langjährige anerkannte Ausbildung in einer bewährten Methode und sehr gute Heilungserfolge. Einige Beispiele: Ich lasse meine Pferde mindestens jährlich, bei Bedarf auch halbjährlich, osteopathisch behandeln. Fast immer verbessern sich anschließend hartnäckige Probleme beim Reiten und generell in der Bewegung, weil Blockaden der Gelenke gelöst wurden. Zusätzlich habe ich einige Übungen aus der Physiotherapie gelernt, die helfen können, Verspannungen zu lösen. Auch hier sieht man manchmal direkt eine Verbesserung.
Der Islandwallach einer Freundin war stark allergisch und hatte chronische Probleme mit Husten und den Atemwegen generell. Eine staubarme Haltung und tägliches Inhalieren brachte Erleichterung, etwas Verschleimung und Husten blieben aber immer zurück. Einige Akupunkturbehandlungen in immer längeren Abständen brachten den Durchbruch: Nach wenigen Monaten blieb Skolli ohne weitere Behandlungen, nur in staubarmer Haltung, symptomfrei bis ans Ende seines Lebens.

Blutegeltherapie

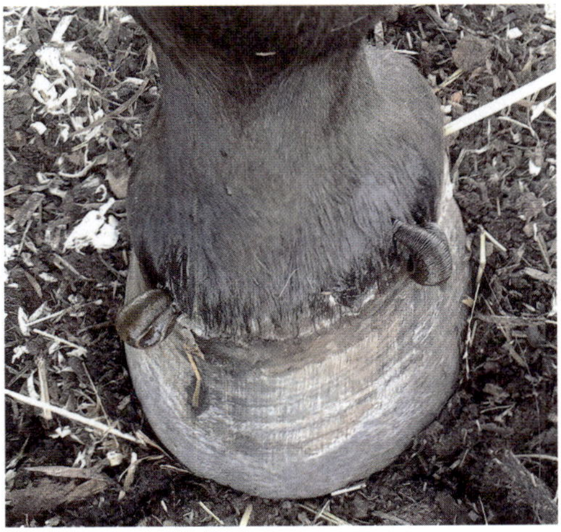

Leider steigt die Zahl der ominösen ›Heiler‹, die nach ein paar Wochenendkursen mit einem selbst gebastelten Diplom einer dubiosen Ausbildungsstätte ohne jede offizielle Qualifikation auf unsere Pferde losgelassen werden. Bevor Sie wegen Ihres kranken Pferdes verzweifelt nach jedem Strohhalm greifen, kann ich nur raten: Nutzen Sie Ihren gesunden Menschenverstand und informieren Sie sich gründlich, bevor Sie Ihr Pferd behandeln lassen. Das gilt besonders dann, wenn nicht nur Ihr Geldbeutel, sondern das Pferd dadurch Schaden nehmen kann!

Ausnahmen bestätigen auch hier die Regel. Unkonventionelle Mittel haben manchmal erstaunliche Heilungserfolge. Ob das Placebo-Prinzip auch für Pferde gilt, solange der Besitzer daran glaubt? Das werden wir wohl nie erfahren, doch hier gilt das Motto: Wer heilt hat Recht.

Unbedingt nötige Gesundheitsvorsorge

Impfungen

Der Nutzen von Impfungen bei Mensch und Tier wird nicht erst seit der Corona-Pandemie kontrovers diskutiert. Fakt ist, vor der Entwicklung von Impfungen starb eine viel höhere Anzahl Menschen und Tiere als heutzutage an Infektionskrankheiten, die durch Viren und Bakterien übertragen werden. Impfungen können davor schützen, aber natürlich auch Nebenwirkungen und sogar dauerhafte Impfschäden hervorrufen.

Was passiert bei einer Impfung im Körper?

Das Immunsystem reagiert auf das Eindringen von Viren und Bakterien mit mehreren Abwehrstrategien. Die Bildung von Antikörpern ist eine davon. Antikörper helfen bei der Abwehr von Krankheitserregern und verhindern so eine unkontrollierte Ausbreitung im Körper. Zusätzlich bildet der Körper Zellen, die sich Merkmale der eindringenden Erreger merken – so genannte Gedächtniszellen. Kommt nun der Körper wieder mit den gleichen Krankheitserregern in Kontakt, veranlassen die Gedächtniszellen sofort die Bildung von passenden Antikör-

pern. Durch diese schnelle Abwehrreaktion bestehen gute Chancen, dass der Körper die Erreger unschädlich machen kann und die Krankheit nicht ausbricht.
Bei einer Impfung wird dieser Prozess nachgeahmt. Mit dem Impfstoff werden abgetötete oder abgeschwächte Krankheitserreger in den Körper gebracht, die die Erkrankung jedoch nicht auslösen. Auch auf diese harmlos gemachten Viren und Bakterien reagiert das Immunsystem mit der Bildung von Antikörpern und Gedächtniszellen, die bei einem Kontakt mit dem echten Krankheitserreger sofort reagieren können. Der Körper kann die Erkrankung dann schnell abwehren – er ist immun gegen diesen Erreger.
Die Wahrscheinlichkeit sich anzustecken, ist bei verschiedenen Erregern unterschiedlich hoch und hängt bei manchen auch wesentlich davon ab, wie viele und wie enge Kontakte zu anderen Lebewesen der gleichen Spezies bestehen. Daher sollte jeder Pferdebesitzer in Absprache mit seinem Tierarzt sorgfältig abwägen, gegen welche Krankheiten sein Pferd geimpft werden soll.
Ein kompletter dauerhafter Impfschutz besteht aus der Grundimmunisierung und regelmäßigen Auffrischungsimpfungen, die je nach Impfstoff unterschiedlich oft notwendig sind.
Nur vollständig gesunde Pferde dürfen geimpft werden, da das Immunsystem durch die Reaktion auf den Impfstoff stark gefordert wird. Eine bereits vorhandene Infektion könnte sich heftiger ausbreiten und gefährlich werden und/oder die Immunantwort und damit die Bildung von Antikörpern durch die Impfung zu gering ausfallen.
Vor jeder Impfung sollte der Tierarzt den Allgemeinzustand des Pferdes untersuchen, nachfragen, ob es Krankheitsanzeichen zeigt, schauen, ob es Nasenausfluss hat, das Herz und die Lunge abhören und Fieber messen. Diese Voruntersuchung ist im Preis für die Impfung inbegriffen. Daher sollten Sie beherzt danach fragen, wenn der Tierarzt aus Zeitgründen am liebsten nur schnell im Vorbeigehen die Spritze setzen würde.
Nach jeder Impfung sind mindestens drei Tage Schonung angesagt, denn das Immunsystem arbeitet auf Hochtouren und der Körper hat mit dem Impfstoff schon eine belastende Aufgabe gestellt bekommen. Das bedeutet kein anstrengendes Training, nur leichte Bewegung wie einen Schrittausritt oder Spaziergang oder einfach Entspannung auf der Koppel.

Tetanus – das absolut Must-have

Tetanus, auch Wundstarrkrampf genannt, ist eine bakterielle Infektion mit dem Bakterium Clostridium tetani. Seine Sporen sind in der Umgebung des Pferdes buchstäblich überall zu finden, insbesondere in der Erde können sie jahrelang überleben. Der Erreger gerät über Wunden in den Körper, dafür reicht schon ein kleiner Ratscher. Pferde sind besonders anfällig für das Toxin dieses Bakteriums.

Eine Infektion führt fast immer zum Tod nach großen Qualen. Eine Therapie ist kaum möglich. Das Bakteriengift schädigt die muskelsteuernden Nervenzellen und führt zu einem Krampf der Skelettmuskulatur: die Pferde stehen sägebockartig mit steif nach vorn gerecktem Hals und herausgestellten Beinen da. Sie können nicht mehr fressen und trinken, da auch die Kaumuskuatur stark verkrampft ist. Geräusche und helles Licht bedeuten eine zusätzliche Qual, da alle äußeren Reize zu einer noch stärkeren Muskelanspannung führen. Infizierte Pferde sind schließlich so erschöpft, dass sie seitlich umfallen, weil sie ihre Beine nicht mehr anwinkeln können. Die meisten Pferde sterben an einer Lähmung der Atemwegsmuskulatur, das bedeutet, sie ersticken qualvoll bei vollem Bewusstsein.

Für jedes Pferd muss deshalb die regelmäßige Tetanusimpfung selbstverständlich sein! Diese Impfung ist die einzige vorbeugende Maßnahme, die das Pferd vor einem üblen Tod durch Wundstarrkrampf schützt!

Influenza

Influenza ist neben Herpes bei Pferden die häufigste Infektionskrankheit der Atemwege. Auslöser ist das Equine Influenzavirus (EIV). Alle paar Jahre gibt es eine Influenza-Welle, die sich oft in mehreren euro-

Kurzüberblick Impfungen:

Krankheit	Grundimmunisierung	Auffrischungsimpfungen	Impfempfehlung
Tetanus	1. Impfung: 6. Lebensmonat 2. Impfung: 4–6 Wochen nach 1. Impfung 3. Impfung: 12–14 Monate nach 2. Impfung	alle 2–3 Jahre je nach Empfehlung des Impfstoffherstellers	Core-Impfung für alle Pferde dringend empfohlen
Tollwut	1. Impfung keine Grundimmunisierung erforderlich	alle 2–3 Jahre je nach Empfehlung des Impfstoffherstellers	Momentan nicht empfohlen, Deutschland gilt als tollwutfrei (Stand 2022)
Influenza (Pferdegrippe)	1. Impfung: 6. Lebensmonat 2. Impfung: 4–6 Wochen nach 1. Impfung 3. Impfung: 5–6 Monate nach 2. Impfung	alle 6–12 Monate, für Turnierpferde alle 6 Monate vorgeschrieben	Core-Impfung, für Turnierpferde vorgeschrieben
Equines Herpesvirus (EHV)	1. Impfung: 6. Lebensmonat 2. Impfung: 4–6 Wochen nach 1. Impfung 3. Impfung: 5–6 Monate nach 2. Impfung	alle 6 Monate bei trächtigen Stuten nach Empfehlung des Impfstoffherstellers	Core-Impfung, für Turnierpferde vorgeschrieben
West-Nil-Virus	1. Impfung: 6. Lebensmonat 2. Impfung: 3–6 Monate nach 1. Impfung	jährlich	In betroffenen Regionen empfohlen

päischen Ländern ausbreitet. In Regionen, in denen die Impfquote geringer ist, treten deutlich mehr Infektionsfälle auf.

Krankheitsanzeichen

Typische Symptome einer Influenzainfektion sind ein rascher Krankheitsbeginn mit hohem Fieber, trockenem Husten, Nasenausfluss, Mattigkeit und geschwollenen Lymphknoten. Mit ein bis zwei Tagen ist die Inkubationszeit recht kurz und so breitet sich die Krankheit häufig sehr schnell aus. Nach zehn Tagen bis zwei Wochen Schonung und bei Bedarf tierärztlicher Behandlung der Symptome klingt die Erkrankung in der Regel ohne Folgen ab. Setzt sich auf den Virusinfekt noch eine bakterielle Infektion, kann es zu einer schweren längeren Erkrankung bis zur Lungenentzündung kommen.

Gefürchtete mögliche Folgen sind der Übergang in chronischen Husten und bleibende Schäden an den Atemwegen. Deshalb sollte das Pferd nach dem Abklingen der Symptome nicht zu früh wieder trainiert und belastet werden, sondern in Absprache mit dem Tierarzt eine angemessene Zeit zur Regeneration bekommen und danach langsam wieder antrainiert werden.

Impfung gegen Influenza

Die wirksamste Vorbeugung ist die Impfung. Die erhältlichen Impfstoffe bieten einen guten Schutz für jedes einzelne geimpfte Pferd, auch wenn die Pferde im Umfeld nicht geimpft sind, anders als bei Herpes, wo Herdenimmunität das Ziel ist. Das Influenza-Virus mutiert schnell, so dass die Impfstoffe laufend angepasst werden müssen und keinen 100prozentigen Schutz gegen Ansteckung bieten. Wenn sich geimpfte Pferde trotzdem infizieren, verläuft die Erkrankung jedoch in der Regel leichter.

Die Grundimmunisierung besteht aus drei Impfungen: die zweite Dosis vier Wochen bis 70 Tage nach der Erstimpfung, die dritte Impfung nach 6 Monaten. Für Turnierpferde ist nach der Grundimmunisierung eine halbjährliche Auffrischungsimpfung (plus höchstens 21 Tage) vorgeschrieben.

Auch für Pferde, die nicht auf Turniere gehen, aber viel unterwegs in fremden Ställen und Reitanlagen sind, zum Beispiel auf Kursen und Freizeitreitveranstaltungen oder in einem großen Pensionsstall mit häufig wechselnden Einstellern stehen, wird von Tierärzten eine halbjährliche Influenza-Impfung empfohlen.
Die Influenza-Impfstoffe sind auch für jährliche Wiederholungsimpfungen zugelassen. Die einmal jährliche Auffrischung wird für Pferde empfohlen, die in kleinen Ställen mit wenig Außenkontakt leben.

Wie nach jeder Impfung sollte man dem Pferd mindestens drei Tage Schonung gönnen. Außerdem sollte das Pferd beobachtet werden: Reagiert es an der Einstichstelle mit einer Schwellung und Wärme? Ist die Stelle schmerzhaft? Hat es erhöhte Temperatur? Frisst es normal?

Meine Lavena reagierte jedes Mal sehr empfindlich mit einer großen Schwellung und Krankheitsgefühl auf einen der häufig genutzten Influenza-Impfstoffe. Nach Auskunft meiner Tierärztin vertragen manche Pferde bestimmte Inhaltsstoffe nicht. Hier lohnt es sich, ein Produkt mit einer anderen Trägersubstanz zu probieren. Bei Lavena hat das funktioniert: Den Impfstoff eines anderen Herstellers verträgt sie problemlos.

Vorbeugung

Zusätzlich kann jeder Stallbesitzer bzw. Halter und der Pferdebesitzer aktiv vorbeugen: Neue Pferde, besonders aus einem Bestand mit stark wechselnden Pferdekontakten wie einem Händlerstall oder aus einem Sammeltransport im Lkw zunächst für 14 Tage in Quarantäne mit Abstand zu den anderen Pferden halten. Hygienemaßnahmen wie Hände waschen, bevor man zur nächsten Pferdegruppe geht, jedem Pferd seinen eigenen Futtereimer oder Trog, keine Besucher, die jede Nase streicheln und dabei Viren übertragen, und das Pferd nicht Nüster an Nüster an fremden Pferden schnüffeln lassen, auch wenn es noch so neugierig zum unbekannten Kumpel hinzieht.

Herpes

Das Pferdeherpesvirus (Equines Herpesvirus oder kurz EHV) kann beim Pferd Atemwegserkrankungen, Fehlgeburten und neurologische Störungen verursachen. Bisher sind fünf Arten von Equinen Herpesviren bekannt: EHV 1 bis EHV 5. Die beim Pferd häufigsten Typen sind EHV 1 und EHV 4. Geschätzt 85 bis 90 Prozent der Pferde in Deutschland tragen das Equine Herpesvirus bereits in sich, da es durch häufige Stallwechsel und wechselnde Pferdekontakte weit verbreitet ist.

Atemwegserkrankungen

EHV 1 kann neben einer Infektion der oberen Atemwege mit hohem Fieber bis 41° C, Mattigkeit, Fressunlust, vergrößerte Lymphknoten, wässriger Nasenausfluss, Husten und tränende Augen, (respiratorische Form) auch zu der gefürchteten neurologischen Form führen, während EHV 4 meist nur zu einer Infektion der oberen Atemwege führt. Die respiratorische Form braucht meist keine spezielle Behandlung und heilt vollständig und ohne Schäden aus. Die eigentlich ungefährliche Erkrankung kann jedoch schwere Folgen haben, wenn eine bakterielle Infektion dazukommt.

Virusabort – von Züchtern gefürchtet

Beide Viren, jedoch vor allem EHV 1, können bei tragenden Stuten zu Verfohlen im letzten Drittel der Trächtigkeit führen. Die Stute zeigt meist keine sonstigen Krankheitssymptome, verliert aber zwischen dem siebten und elften Trächtigkeitsmonat ihr Fohlen. Kommen diese Fohlen lebend zur Welt, sterben sie meistens ein bis zwei Tage nach der Geburt an Atemwegsproblemen oder Leberfunktionsstörungen. Virusabort kann in Zuchtställen seuchenhaft auftreten und ist daher der Alptraum jedes Züchters.

Lebensbedrohlich und drohende Spätschäden – die neurologische Form

Vor allem EHV 1 kann das Nervensystem schädigen. Die neurologische Form beginnt plötzlich mit leichtem Fieber mit rascher Verschlechterung innerhalb von 48 Stunden. Die Pferde entwickeln Koordinationsstörungen mit einem unsicheren, schwankenden Gang oder Lähmungserscheinungen, besonders an der Hinterhand. Bei schwerem Verlauf werden die Pferde zunehmend unkoordiniert und immer schwächer, bis sie nicht mehr aufstehen können. Probleme mit dem Harn- und Kotabsatz und andere Ausfälle des Nervensystems können hinzukommen.

Schwer erkrankte Pferde benötigen meistens eine intensive Therapie stationär in einer Pferdeklinik. Sie sind stark sturzgefährdet, daher können gepolsterte Wände, dicke, weiche Einstreu und ein Kopfschutz notwendig sein, um das Verletzungsrisiko zu vermindern. Bei so starken Nervenschäden, dass das Pferd nicht mehr selbstständig stehen kann, kann es eventuell durch eine Box mit einer Hängevorrichtung gerettet werden. Da sich das Nervensystem nicht immer vollständig erholt, sind Spätfolgen wie eine andauernde Blasenlähmung möglich. Die neurologische Form kann daher tödlich verlaufen.

Eine akute EHV-Infektion kann nur symptomatisch mit entzündungshemmenden und fiebersenkenden Medikamenten behandelt werden. Die Herpesviren selbst kann man nicht bekämpfen. Man kann nur versuchen, mit entsprechenden Medikamenten und Vitamin-B-Gaben das Immunsystem des Pferdes zu unterstützen.

Die Ansteckung mit dem Herpesvirus erfolgt meistens durch Nase-an-Nase-Kontakt. Hat sich Pferd einmal angesteckt, bleibt die Herpesinfektion auch nach der akuten Phase latent bestehen. Latenz bedeutet, die Viren ziehen sich in die Nervenzellen zurück und das Pferd bleibt lebenslang Virusträger. Ähnlich wie der Lippenherpes beim Menschen, zeigt das Pferd während der schlummernden Phase des Virus keine Symptome. Das Virus ›lauert‹ inaktiv im Körper und wird bei einer Schwächung des Immunsystems reaktiviert, zum Beispiel durch Stress wie lange Transporte, Stallwechsel, Turniere oder die Gabe von immunsuppressiven Medikamenten wie Kortison oder das Pferd steckt sich neu an durch den Kontakt zu einem infizierten Pferd mit hoher Virenlast. Betroffene Pferde müssen daher einige Tage bis Wochen, je nach Dauer der Virusausscheidung, isoliert von anderen Pferden gehalten werden, um die Ansteckungsgefahr einzudämmen.

Die Ständige Impfkommission für Veterinärmedizin empfiehlt für jedes Pferd die Impfung gegen EHV-1 und EHV-4 als Core-Impfung[5]. Zudem ist in Deutschland ab 2023 die halbjährliche Herpesimpfung Pflicht für alle Pferde, die an Turnieren teilnehmen.

Die Impfung schützt nicht vollständig vor einer Infektion und den dazugehörenden Symptomen. Geimpfte Pferde scheiden im Vergleich zu ungeimpften jedoch nur zehn Prozent der Virenmenge aus, so dass sie für andere Pferde viel weniger ansteckend sind. Falls sie trotz Impfung erkranken, haben sie in der Regel einen milderen Verlauf. Deshalb sollten möglichst sämtliche Pferde eines Bestandes geimpft

5 Core-Impfungen sind Impfungen gegen Erkrankungen, gegen die jedes Tier zu jeder Zeit geschützt sein sollte. Non-Core-Impfungen sind Wahl-Impfungen, die für jedes Tier individuell entschieden werden sollten und von Faktoren abhängen wie Haltungsform, Außenkontakte, Gesundheitszustand und Vorerkrankungen.

werden (Herdenimmunität), am besten gleichzeitig, damit der Titer (also die Anzahl der Antikörper gegen das Herpesvirus im Blut) bei allen Pferden gleich hoch ist.
In Baden-Württemberg wird die Herpesimpfung für alle Pferde momentan (Stand 2022) mit einem Zuschuss von 10 Euro von der Tierseuchenkasse unterstützt. Die aktuelle Regelung für Ihr Bundesland finden Sie auf der Webseite der jeweiligen Tierseuchenkasse.

Bei vielen Haltern von Freizeitpferden ist die Herpesimpfung umstritten wegen der möglichen Nebenwirkungen und der nicht 100prozentigen Wirksamkeit gegen einen Ausbruch der Krankheit. In kleinen Ställen ohne Fluktuation und ohne Außenkontakte zu anderen Pferden kann eventuell nach Absprache mit dem Haustierarzt darauf verzichtet werden.

Das Equine Herpesvirus ist nicht auf den Menschen übertragbar. Menschen können das Virus jedoch von Pferd zu Pferd übertragen, zum Beispiel durch einen Hufbearbeiter oder Tierarzt, der unwissentlich von einem kranken Pferd kommt. Unter für das Virus günstigen Umständen, gleichbleibende Temperaturen, geschützt vor Sonneneinstrahlung und Austrocknung, kann das Virus auf Textilien und glatten Oberflächen für mehr als 24 Stunden infektiös bleiben.

West-Nil-Virus – eine neue Bedrohung für unsere Pferde

Das West-Nil-Virus (WNV) befällt normalerweise Vögel und stammt, wie der Name schon sagt, ursprünglich aus Afrika. Zugvögel tragen das Virus in sich und verbreiten es über die ganze Welt. Das Virus ist nicht von Tier zu Tier ansteckend, sondern wird durch Stiche von blutsaugenden Mücken übertragen. Sticht eine Mücke zuerst einen infizierten Vogel und anschließend ein Pferd oder einen Menschen, kann das Virus auch auf sie übertragen werden. Pferde und Menschen sind jedoch Fehlwirte, das bedeutet, sie können zwar erkranken, sind jedoch nach heutigem Wissenstand nicht ansteckend.

Bei Vögeln bleibt eine Infektion in den meisten Fällen symptomlos. Einige Vogelarten wie Sperlingsvögel, Rabenvögel, Greifvögel- und Eulen sind jedoch sehr anfällig für das West-Nil-Fieber-Virus, so dass es bei diesen zu massiven Epidemien mit Todesfällen kommt. Wirtschaftsgeflügel wie Hühner, Enten und Gänse sind weniger empfänglich.

Eine WNV-Infektion beim Menschen bleibt überwiegend (bei ca. 80 Prozent) symptomlos. Bei den meisten übrigen Fällen treten leichte Krankheitssymptome wie Fieber und grippeähnliche Erscheinungen auf. Dieser klassische Verlauf der Krankheit wird deshalb auch als ›West-Nil-Fieber‹ bezeichnet. Bei weniger als einem Prozent der Infizierten kommt es allerdings zu einem schweren Krankheitsverlauf mit hohem Fieber und Hirn- oder Hirnhautentzündungen, der zu bleibenden neurologischen Schädigungen führen kann und in seltenen Fällen tödlich endet.

Impfstoffe für Menschen gibt es momentan noch nicht. Als generelle Vorbeugung gegen Mückenstiche sind Insektenschutzmittel und dichte Kleidung zu empfehlen.
Bei Pferden verläuft eine Infektion mit dem West-Nil-Virus in den meisten Fällen entweder symptomlos oder als fiebrige Allgemeinerkrankung. Bei ungefähr acht Prozent der infizierten Pferde kommt es jedoch zu neurologischen Ausfallerscheinungen durch Hirn- und Hirnhautentzündungen. Zu den zentralnervösen Störungen zählen Stolpern, Hinterhandlähmungen, Ataxien, allgemeine Schwäche, Muskelzittern (Tremor) und Lähmungen bis zum Festliegen der Tiere. Bei etwa 30 bis 50 Prozent dieser neurologisch erkrankten Pferde verläuft die Krankheit tödlich. Bis zu 20 Prozent der überlebenden Pferde behalten lebenslang neurologische Schäden zurück.

West-Nil-Virus-Infektionen bei Vögeln und Pferden zählen in Deutschland zu den anzeigepflichtigen Tierseuchen.
Eine spezielle Therapie gibt es bisher nicht, man kann nur versuchen, die Symptome zu lindern.

In Deutschland sind Impfstoffe gegen das WNV für Pferde zugelassen. 2018 wurden in einigen Bundesländern in Mitteldeutschland die ersten Infektionen bei Vögeln, Menschen und Pferden festgestellt. Die Ständige Impfkommission Veterinärmedizin (StIKo Vet) empfiehlt die Impfung für alle Pferde, die in betroffenen Regionen oder ihrer Umgebung gehalten werden oder dorthin transportiert werden sollen. Zur Zeit (Stand: Juli 2021) sind das in Deutschland hauptsächlich Sachsen-Anhalt, Sachsen, Berlin und Brandenburg.

Die Impfung gegen das West-Nil-Virus sollte möglichst im Frühjahr vor Beginn der Mückensaison abgeschlossen sein, damit das Pferd in der Phase der größten Mückenaktivität im Hochsommer einen hohen Antikörperspiegel hat. Die Grundimmunisierung besteht aus zwei Impfungen, deren Abstand vom verwendeten Impfstoff abhängig ist. Wiederholungsimpfungen werden jährlich empfohlen.

In den USA trat das West-Nil-Virus erstmalig 1999 auf und hat sich durch Zugvögel innerhalb weniger Jahre über den gesamten Kontinent ausgebreitet. Daher können wir davon ausgehen, dass in absehbarer Zeit ganz Deutschland betroffen ist. Hier heißt es also, wachsam zu bleiben und sich regelmäßig (zum Beispiel beim Friedrich-Löffler-Institut) über die aktuelle Verbreitung des Virus sowie bei der StIKo Vet über die derzeitigen Impfempfehlungen zu informieren.

Tollwut

Offiziell gilt Deutschland seit dem 28. September 2008 als frei von Tollwut (Stand Herbst 2022). Die meisten Tierärzte empfehlen daher auch für Weidepferde in Außenbereichen mit Kontakt zu Wildtieren keine Tollwutimpfung mehr.

Gemäß der Tollwut-Verordnung müssen tollwutverdächtige Tiere getötet werden. Das gilt auch für ungeimpfte Haustiere nach einem nachgewiesenen Kontakt zu einem infizierten Tier. Daher sollten Sie die Entwicklung im Auge behalten, um Ihr Pferd bei einem neuen Aufflackern der Tollwut bei Wildtieren rechtzeitig impfen zu lassen. Bei Tollwut reicht eine Impfung, es ist keine Grundimmunisierung nötig. Daher wird bei Bedarf schnell der volle Impfschutz aufgebaut.
Eine Tollwutinfektion verläuft immer tödlich. Bisher gibt es keine wirksame Therapie. Die Krankheit ist gemäß der Verordnung über anzeigepflichtige Tierseuchen anzeigepflichtig.

Auslöser ist das Rabies-Virus. Übertragen wird es über den virushaltigen Speichel durch den Biss eines befallenen Tieres. Das sind häufig Füchse und Marder, können aber auch Hunde und Katzen sein. Die Inkubationszeit kann Wochen bis Monate dauern. Anfangs sind die Symptome uneindeutig: Juckreiz an der Bisswunde, erhöhte Schreckhaftigkeit, Scheuen und Unruhe sowie Zuckungen. Später kommen Koliken, starke Unruhe, Krampfanfälle, Beißen und Schlagen, vermehrtes Urinieren und Koten dazu. Im Endstadium bekommt das Tier Lähmungserscheinungen, Ataxie, Schwäche in der Hinterhand, bis es schließlich nicht mehr aufstehen kann, außerdem Schluckbeschwerden, starker Speichelfluss (der oft beschriebene ›Schaum vor dem Maul‹) und wird immer schwächer. Der Tod tritt innerhalb einer Woche nach den ersten Symptomen ein. Eine genaue Diagnose ist erst nach dem Tod des Tieres durch pathologischen Befund möglich.

Importierte Tiere aus Ländern, wo Tollwut noch verbreitet ist, wie zum Beispiel im Jahr 2021 in Bremen ein Hund aus der Türkei, können das Virus einschleppen.

In Deutschland und in anderen europäischen Ländern wurden mehrfach Lyssaviren in Fledermäusen nachgewiesen. Diese Fledermaus-Tollwutviren unterscheiden sich von den Erregern der klassischen Tollwut. Grundsätzlich können auch diese Viren auf andere Säugetiere übertragen werden, das gilt aber als sehr selten.

Entwurmungsmanagement

Jedes Pferd, genauer gesagt sein Darmimmunsystem, hat sein ganzes Leben lang mit Magen-Darm-

Parasiten zu kämpfen. Grundsätzlich gilt: Das völlig wurmfreie Pferd gibt es nicht. Ein geringgradiger Wurmbefall ist für ein Pferd normalerweise jedoch kein gesundheitliches Problem.

Die Ansteckung erfolgt in der Regel über Wurmlarven, die mit dem Gras oder anderem Futter mitgefressen werden. Die Larven wandern durch den Pferdekörper in den Magen oder den Darm, wo sie sich zu erwachsenen Würmern entwickeln und dort häufig dauerhaft leben. Bereits auf ihrer Wanderung können die Larven Schaden im Gewebe anrichten. Die erwachsenen Würmer heften sich der Magen- oder Darmwand an und ernähren sich von ihrem Wirt. Dadurch wird die Schleimhaut geschädigt und es kann zu Verdauungsproblemen und Blutarmut kommen. Sind sehr viele Würmer zum Beispiel vor allem Spulwürmer vorhanden, verstopfen diese den Darm regelrecht. Die erwachsenen Würmer legen Eier, welche mit den Pferdeäpfeln ausgeschieden werden und so wieder in die Umwelt gelangen. Aus den Eiern entwickeln sich neue Larven, die mehrere Entwicklungsstadien in der Außenwelt durchlaufen und dann wieder von Pferden aufgenommen werden. Wird dieser Kreislauf nicht unterbrochen, infizieren sich immer mehr Pferde mit den Würmern und die Zahl der Würmer im einzelnen Pferd steigt stetig weiter an.

Symptome einer Verwurmung

Die Symptome einer Verwurmung sind unter anderem Abmagerung, stumpfes Fell, Durchfall, Kolik, Fieber und generell eine Schwächung des Immunsystems mit Infektanfälligkeit. Die von den Würmern verursachten Schäden können dabei so stark sein, dass sie das Leben des Pferdes gefährden. Im Blutbild kann ein erhöhter Wert bei den Eosinophilen in seltenen Fällen auf eine starke Verwurmung hinweisen (als Differentialdiagnose auf eine Allergie wie Sommerekzem oder am häufigsten auf einen akuten Infekt).
Durch die wirksamen und in der Regel gut verträglichen Wurmmittel sind schwere Erkrankungen durch Magen-Darm-Parasiten in den letzten Jahrzehnten selten geworden. Seit einigen Jahren gibt es jedoch ein neues Problem: Viele Wurmarten werden zunehmend resistent gegen die verfügbaren Wirkstoffe in Wurmkuren, doch neue wirksame Medikamente sind momentan nicht in Sicht. Was kann man als Pferdebesitzer dagegen tun?

Vorbeugung von Wurminfektionen

Das unschädlichste, günstigste und noch dazu hoch wirksame Mittel gegen starke Verwurmung ist eine sorgfältige und konsequente Stall- und Weidehygiene! Ganz einfach und eigentlich selbstverständlich bei einer fachgerechten Pferdehaltung: tägliches gründliches Ausmisten des Stalles und Absammeln von Paddocks und Koppeln mindestens alle zwei bis drei Tage. Diese prophylaktischen Maßnahmen verhindern einen hohen Infektionsdruck durch ausgeschiedene Wurmeier und -larven.

Gesundheitstipp

Regelmäßiges Abmisten von Koppeln, Ausläufen und Ställen mindestens alle zwei bis drei Tage beugt wirksam einer (Re-)Infektion mit Wurmlarven vor.

Weidehygiene

Strongyliden, Magendasseln, Bandwürmer und Lungenwürmer sind durch ihre Übertragungswege hauptsächlich Weideinfektionen. Kleine Strongyliden (auch Palisadenwürmer genannt) sind die häufigsten Darmparasiten bei Pferden. Geschätzt sind etwa 90 Prozent aller Pferde mit kleinen Strongyliden infiziert.
Der Befall mit kleinen Strongyliden wird immer schwieriger zu behandeln, da sie zunehmend Resistenzen gegenüber den Wirkstoffen vieler Wurmkuren entwickeln.

Frischer Pferdekot ist nur bei Pfriemenschwänzen sofort infektiös, bei allen anderen Wurmarten werden die Wurmeier je nach Außentemperatur und

Feuchtigkeit frühestens nach zwei bis drei Tagen ansteckend. Wenn tägliches Absammeln nicht möglich ist, reicht dieses Intervall für das Abmisten von Koppeln und Paddocks.

Empfohlene Maßnahmen:

- Sorgfältiges Mistabsammeln (alle zwei bis drei Tage)
- Regelmäßiger Weidewechsel und Erholungszeiten für die Wiese
- Geilstellen nachmähen und Mähgut abfahren
- Mulchen bei heißen Temperaturen
- Wechselbeweidung mit Rindern oder Schafen
- Ausbringen von Kalkstickstoff im Frühjahr
- Keinen frischen Pferdemist als Dünger für Weiden! Erst nach einer effektiven Kompostierung kann der Humus aus Pferdemist zur Düngung verwendet werden, ohne dabei das parasitäre Infektionsrisiko zu erhöhen.

Stallhygiene

Zwergfadenwürmer (Fohlen), Spulwürmer (Jungpferde) und Pfriemenschwänze sind die häufigsten Wurmarten, mit denen Pferde sich durch eine schlechte Stallhygiene infizieren. Auch hilft Sauberkeit: Tägliches gründliches Ausmisten und regelmäßige Reinigung und ggf. Desinfektion der Stalleinrichtungen wie Futterkrippen und Tränken mit wirksamen Mitteln gegen Eier/Larven der Endoparasiten vermindern die Ansteckungsgefahr.

Wurmkuren

Wurmkuren als Paste zum Eingeben ins Maul, wie wir sie heute kennen, gibt es etwa seit dem Jahr 1965. Als ich Anfang der 80er Jahre mit der Pferdehaltung begann, waren zwei Wurmkuren im Jahr üblich: Eine im Frühjahr vor Beginn der Weidezeit mit dem Wirkstoff Benzimidazol oder Pyrantel und die zweite im Spätherbst nach dem ersten Frost mit Ivermectin, das auch gegen Magendasseln wirkt.

Einige Jahre später wurde dreimal jährlich, dann sogar viermal jährlich eine Wurmkur empfohlen. Auch die Empfehlungen zu den Präparaten änderten sich immer wieder. Zuerst hieß es, bei jeder Entwurmung ein Präparat einer anderen Wirkstoffgruppe zu nutzen, später sollte man plötzlich ein Jahr lang die gleiche Wirkstoffgruppe nehmen und erst im folgenden Jahr auf den nächsten Wirkstoff wechseln.

In Deutschland sind momentan vier Wirkstoffe zur Entwurmung von Pferden zugelassen. Benzimidazole (Fenbendazol, Oxibendazol), Isochinolonderivate (Praziquantel), Makrozyklische Laktone (Ivermectin, Moxidectin) und Tetrahydropyrimindine (Pyrantel). Einige Wirkstoffe können gegen mehrere Wurmarten eingesetzt werden, andere wie zum Beispiel Praziquantel gegen den Bandwurmbefall, wirken nur gegen eine Wurmart.

Wurmkur richtig dosieren

Die richtige Dosierung passend zum Gewicht Ihres Pferdes ist extrem wichtig! Wird die Wurmkur unterdosiert, überleben einige Würmer im Pferdedarm. Da sie mit dem Wirkstoff in Kontakt gekommen sind, können sie eine Resistenz gegen diese Substanz entwickeln. Bei späteren Entwurmungen wirkt die Substanz dann nicht mehr. Die resistenten Würmer können sich ungestört im einzelnen Pferd vermehren und auf andere Pferde übertragen werden. So züchtet man immer mehr resistente Würmer, gegen die es momentan noch keine neuen Wirkstoffe gibt. Dadurch tauchen immer häufiger schreckliche Bilder von mit Würmern verstopften Pferdedärmen bei Notoperationen wegen Koliken auf. Ein Horror, der längst überwunden schien ...

Am besten und genauesten ist es, Sie lassen das Gewicht Ihres Pferdes regelmäßig über eine Pferdewaage bestimmen. Alternativ gibt es in vielen Orten Lkw-Waagen, die man gegen ein kleines Entgelt nutzen darf.
Ich selbst runde das Pferdegewicht für die Wurmkurdosierung immer etwas auf. Manche meiner Pferde sind Meister darin, einen Teil der Wurmkur wieder auszuspucken. Außerdem schwankt das Gewicht jahreszeitlich oft ein bisschen. Am Ende eines üppigen Weidesommers ist es etwas höher als in einem kalten Winter oder während des Fellwechsels im Frühling.

Die heute erhältlichen Wurmkurpräparate sind gut untersucht und man kann sie laut Herstellerangaben unschädlich mehrfach überdosieren (bitte Beipackzettel beachten). Daher halte ich persönlich eine Überdosierung für 50 oder 100 kg mehr Pferdegewicht für das deutlich kleinere Übel als eine Unterdosierung.

Wie bekomme ich die Wurmkur ins Pferd?

Damit das Pferd die Paste nicht zusammen mit einem Futterbatzen wieder ausspucken kann, sollte das Maul vorher leer sein.

Das Spektrum bei der Gabe von Wurmkurspritzen ins Maul reicht von ›problemlos freistehend auf der Weide‹ bis zum großen K(r)ampf mit mehreren Helfern zum Festhalten des Pferdes und dann landet die Hälfte doch auf dem Boden. Manche Pferde sind von Natur aus entspannt und vertrauensvoll, andere brauchen ein gezieltes Training, bis sie die Maulspritze anstandslos akzeptieren. Tipps dazu finden Sie unter der Überschrift ›Medical Training‹.

Für manche der Wirkstoffe gibt es eine Alternative zur Maulspritze: ein Granulat zum ins Futter (zum Beispiel Mash) mischen. Die von den meisten Pferden gern gefressenen Tabletten in Leckerliform werden leider momentan (2022) nicht mehr angeboten.

Strategische Entwurmung

Strategische Entwurmung bedeutet die regelmäßige Gabe von Wurmkuren nach einem Zeitplan – zum Beispiel die viermal jährliche Entwurmung des gesamten Bestandes. Diese Art der Entwurmung wird

seit Jahrzehnten praktiziert und gerade deshalb fällt es vielen Stallbetreibern schwer, sich davon zu verabschieden. Außerdem geht es schnell und unkompliziert: Die Wurmkuren werden als Sammelbestellung beim Tierarzt gekauft und alle Pferde bekommen ihre geschätzte Dosis (meistens vom Pferdebesitzer) am selben Tag verabreicht. Bei mehrmaliger Wurmkurgabe im Jahr sollte man regelmäßig die Wirkstoffe wechseln und maximal zweimal im Jahr mit Makrozyklischen Laktonen (also Ivermectin und Moxidectin) entwurmen, um noch mehr Resistenzen möglichst vorzubeugen.

Besser ist ein angepasster Entwurmungsplan mit verschiedenen Konzepten je nach Alter, Haltung etc. der Pferde. Dafür werden mehrmals jährlich (Sammel-)Kotproben der verschiedenen Pferdegruppen oder je Pferd auf die Anzahl und Art der Wurmeier untersucht. Für erwachsene Pferde empfiehlt der ESCCAP-Leitfaden zum Beispiel ein viermal jährliches Monitoring. Das European Scientific Counsel Companion Animal Parasites (ESCCAP) ist eine Vereinigung von Parasitologen und Tierärzten, die Empfehlungen zur Parasitenbekämpfung bei Tieren herausgibt.
Nach den Wurmkuren sollte ihre Wirkung durch einen Eizahl-Reduktions-Test (EZRT) regelmäßig kontrolliert werden. Dabei wird im Labor über die McMaster Untersuchung die Anzahl der gefundenen Wurmeier in den Proben vor und nach der Entwurmung verglichen. Je nach Wurmart muss sich die Anzahl der Eier stark reduziert haben oder es dürfen keine Eier mehr nachweisbar sein, damit die Wurmkur als wirksam gilt. Mit dieser Strategie kann die Zahl der Entwurmungen bei erwachsenen Pferden möglicherweise auf zweimal jährlich gesenkt werden: Im Frühjahr wird nur bei Überschreiten der Schwellenwerte in den Kotproben entwurmt. Im Sommer gibt es immer eine Wurmkur. Im Herbst wird die Entwurmung wieder vom Ergebnis des Monitorings abhängig gemacht. Nach den ersten Frösten im November oder Dezember findet die letzte fest eingeplante Wurmkur im Jahr statt, bei der auch mit einem Wirkstoff gegen Magendasseln entwurmt wird.

Dasselfliegen (Oestridae)

Magendasseln fliegen schnell und geschickt und kleben dabei ihre länglichen gelben Eier ans Pferdefell, hauptsächlich an den Vorderbeinen, aber auch im Brust- und Bauchbereich. Pferde lecken und knabbern die Eier ab. Durch den Speichel löst sich das Ei, die Larve schlüpft und dringt in die Mundhöhle ein. Nach einigen Wochen kriechen die Larven zum Magen, haken sich an der Magenwand fest und können Entzündungen und schwere Schäden an der Magenschleimhaut verursachen. *Dasselfliegen sind sehr ortstreu und nicht in allen Regionen vorzufinden.*

Spezialfall Jungpferde

Das Immunsystem von Fohlen und jungen Pferden muss sich erst noch entwickeln, um mit Wurminfektionen fertig zu werden. Daher dürfen die Entwurmungspläne für erwachsene Pferde nicht auf Jungtiere übertragen werden. Im ESCCAP-Leitfaden findet man speziell für Fohlen, Jährlinge und Jungpferde bis vier Jahre entworfene Entwurmungskonzepte, an denen man sich gut orientieren kann. Eine zusätzliche Untersuchung von Kotproben wird auch hier empfohlen, *damit* die Wirkstoffe und Anzahl der Entwurmungen optimal anpasst werden können. *Gerade hier sind Wirksamkeitskontrollen sehr wichtig.*

Der große Nachteil bei strategischer Entwurmung ist, dass immer sämtliche Pferde einer Gruppe pauschal mit demselben Mittel zur selben Zeit behandelt werden. Pferde, die keine oder nur wenige Wurmeier ausscheiden, werden also unnötig mit einem Medikament belastet. Nach den bisherigen Erfahrungen bei der selektiven Entwurmung sind das fast 80 % aller untersuchten Pferde, bei denen langfristig keine gesundheitsschädliche Menge an Würmern gefunden wird.
Genau das ist der Unterschied zur selektiven Entwurmung. Bei der *zeitgemäßen selektiven Entwurmung* werden nur die Pferde entwurmt, bei denen in der Kotprobe tatsächlich eine bestimmte Mindestmenge an Wurmeiern gefunden bzw. ein *Schwellenwert* überschritten wurde.

Zeitgemäße selektive Entwurmung (ZSE) bei erwachsenen Pferden

Etwa ab 2010 begann die Sorge über die zunehmenden Resistenzen der Würmer gegen Anthelminthika (Wurmmittel) und die Entwicklung verschiedener Strategien dagegen. Diese Resistenzen sind deshalb so dramatisch, weil aktuell kein neuer Wirkstoff in Aussicht ist und die Entwicklung solcher Wirkstoffe bis zur Markteinführung in der Regel etwa 10 Jahre dauert.

Daher wird seit 2011 für erwachsene Pferde die zeitgemäße selektive Entwurmung empfohlen. Das Ziel ist, nur dann zu entwurmen, wenn das Pferd tatsächlich einen behandlungsbedürftigen Wurmbefall hat.
Grundsätzlich können auch Jungpferde nach ZSE beprobt werden. Hierfür gibt es aber einiges zu beachten, und es muss von einem erfahrenen Labor umfassend betreut werden.
Dazu werden im ersten Jahr von jedem Pferd vier Kotproben (sogenannte Monitoring-Proben) gesammelt (je zwei im Frühjahr im Abstand von ca. sechs bis acht Wochen sowie eine im Hochsommer und eine im Herbst) und mittels Eizählung *(McMaster)* untersucht. *Einmal jährlich muss eine Dreitagesprobe untersucht werden (kombinierte Sedimentation/Flotation)*. Liegt die Zahl der Wurmeier über einer festgelegten Grenze, empfiehlt das Labor bzw. der Tierarzt je nach gefundener Wurmart eine Wurmkur mit einem passenden Wirkstoff.

Für Strongyliden gilt ein Schwellenwert von >200 EpG, also 200 und mehr Eier pro Gramm frischer Kot als behandlungsbedürftig. *Pferde, die mehrfach einen signifikanten hohen Wert zeigen*, werden als Hochausscheider‹ bezeichnet und gezielt gegen die gefundene Wurmart mit einem vom Labor-Tierarzt empfohlenen Wirkstoff *frequent* entwurmt und *mittels Wirksamkeitskontrollen überwacht*. Bei allen anderen Wurmarten gilt: Wurmkur für dieses Pferd, sobald auch nur ein Ei gefunden wird zum Beispiel bei *Spulwurm* und *Bandwurm*. Für Bandwürmer: Falls auch nur ein einziges Pferd einen positiven Befund hat, müssen alle Pferde, die dieselben Koppeln nutzen, behandelt werden, *da sich hier der Zwischenwirt, die Moosmilbe, auf der Koppel befindet.*
Die Wirksamkeit der Entwurmung sollte nach 14 bis 21 Tagen durch eine weitere Kotprobe mit einem Eizahl-Reduktions-Test (EZRT) kontrolliert werden. Bleibt die Anzahl der gefundenen Wurmeier mehrmals hintereinander unter der Grenze, wo eine Wurmkur notwendig ist, kann ggf. im folgenden Jahr auf drei Kotuntersuchungen im Jahr reduziert werden, *im Folgejahr dann je nach Konstellation auf zwei Untersuchungen*

Sicherheitsentwurmung einmal im Jahr

Auch bei der selektiven Entwurmung sieht der ESCCAP-Leitfaden am Ende des Jahres eine Wurmkur für alle Pferde vor, die bis dahin wegen unterschrittener Schwellenwerte nicht behandelt wurden. Nach Meinung der Experten ist es wissenschaftlich nicht vollständig gesichert, dass Pferde, die wenige oder keine Eier ausscheiden, tatsächlich immer nur eine gesundheitlich unbedenkliche geringe Verwurmung haben.
Ob ein Pferd Magendasseln hat bzw. wie stark der Befall ist, lässt sich nicht mit Hilfe einer Kotprobe feststellen, hier handelt es sich um einen *Sichtbefund der Eiablage am Pferd. Bei Unsicherheit* sollten Pferdehalter, die selektiv entwurmen, *hier* nicht auf die Herbst-Winter-Wurmkur mit Ivermectin verzichten.

Argumente für die selektive Entwurmung

Die Erfahrung zeigt, dass fast 80 % aller durch Kotproben für die selektive Entwurmung untersuchten Pferde langfristig unter dem Schwellenwert bleiben, der eine Wurmkur notwendig macht.

Wurmkuren sind Nervengifte, die dafür sorgen, dass die Parasiten im Darm gelähmt oder getötet und dann mit dem Kot ausgeschieden werden. Weniger Chemie im Pferd bedeutet weniger Belastung der entgiftenden Organe, besonders Leber und Nieren. Selektive Entwurmung ist gelebter Umweltschutz, da deutlich weniger Medikamente hergestellt, verpackt und transportiert werden und weniger Gift-

stoffe über den Pferdemist schließlich in die Umwelt gelangen.
Jeder Kothaufen, der nach einer Wurmkur auf der Weide landet, tötet in seinem Umkreis bis zu 90 % des Bodenlebens: Insekten, vor allem Mistkäfer und Fliegen, Tausendfüßler, Springschwänze und viele andere mehr. Das Nervengift geht nicht nur in den Boden sondern wird mit dem Regen auch in Gewässer und ins Grundwasser gespült. Vor allem für Fische und andere Wasserorganismen sind besonders Ivermectin und verwandte Wirkstoffe stark giftig.

Auch für Hunde mit MDR-1-Gendefekt (Multi Drug Resistance) sind Wurmmittel mit den Wirkstoffen Ivermectin und Moxidectin sehr gefährlich. Frisst der Hund die Pferdeäpfel von damit entwurmten Pferden, kann das zu schweren Vergiftungsanzeichen, neurologischen Symptomen wie Ataxie und Tremor, Benommenheit, Erbrechen, Koma und schließlich bis zum Tod führen. Betroffene Rassen sind vor allem Collie, Sheltie und Langhaar Whippet, aber auch andere Hütehunderassen, zum Beispiel Australian Shepherd, Border Collie, Weißer und Deutscher Schäferhund und deren Mischlinge.

Argumente gegen die selektive Entwurmung Sicherheit

Kann eine starke Verwurmung bei der Kotprobenuntersuchung übersehen werden? Wie oben beschrieben, sind nicht alle Endoparasiten im Pferdemist feststellbar, weshalb eine einmal jährliche Sicherheits-Entwurmung zu empfehlen ist.

Kosten

Die am Anfang häufigen Kotproben kosten oft mehr als eine der günstigeren Wurmkuren. Wird bei der Untersuchung eine behandlungsbedürftige Verwurmung gefunden, kommen die Kosten für die Wurmkur und die Wirksamkeitskontrolle noch obendrauf. Langfristig gesehen ist das eine Investition in die Gesundheit Ihres Pferdes und dazu noch praktizierter Umweltschutz durch weniger Anti-Wurmgifte, die über den Pferdemist zum Beispiel in Gewässer und in den Boden gelangen.

Zeitgemäße selektive Entwurmung richtig gemacht

- Auswahl eines spezialisierten Labors auf zeitgemäße selektive Entwurmung mit Rundumbetreuung und -beratung
- Erstberatung in Anspruch nehmen
- Kotprobe sammeln:

Ideal ist eine Plastiktüte mit Schiebeverschluss der Größe und Art, wie sie für Flüssigkeiten im Handgepäck im Flugzeug vorgeschrieben ist. Beschriften Sie die Tüte mit einem wasserfesten Stift mit allen Angaben, die das Labor verlangt. Dann stülpen Sie den Beutel einfach um und greifen mit der Tüte über der Hand beherzt in einen frischen Pferdehaufen. Entnehmen Sie kleine Mengen aus mehreren Stellen oder noch besser aus verschiedenen frischen Haufen. Danach stülpen Sie die Tüte wieder um und verschließen sie fest.

Kotproben

- Formulare des ausgesuchten Labors ausfüllen und mit der Probe abgeben

Falls Sie die Probe nicht direkt in einem Labor in der Nähe abgeben können, sollten Sie sie am möglichst rasch verschicken und bis dahin im Kühlschrank aufbewahren. Im Sommer können Sie einen Kühlakku ins Paket legen.

Wurmkurmanagement beim Pferdeumzug

Damit möglichst keine neuen Infektionen, besonders mit Bandwürmern, eingeschleppt werden, bekommt jeder Neuzugang bei uns etwa drei Tage vor dem Umzug noch im alten Stall eine Equest Pramox. Ab dem nächsten anstehenden Kotprobentermin nimmt das neue Pferd an der selektiven Entwurmung teil. Im ersten Jahr wie oben beschrieben mit vier Kotproben, danach nach Bedarf.

Zahnkontrolle

Erwachsene Pferde haben 36 bis 44 Zähne, davon sind 12 Schneidezähne, 4 Eckzähne (Hengstzähne), 24 Backenzähne und manchmal bis zu 4 Wolfszähne. Hengstzähne sind in der Regel nur bei Hengsten und Wallachen vorhanden und befinden sich im vorderen Bereich der Lade. In seltenen Fällen haben auch Stuten kleinere Hengstzähne. Die Hengstzähne stören nicht und werden meistens nur abgerundet, um das Pferd vor Schleimhaut- oder Zungenverletzungen zu schützen.

Wolfszähne sind sehr kleine, aber oft spitze Zähnchen, die vor dem ersten Backenzahn liegen. Manchmal sind sie nicht zu sehen, sondern nur zu fühlen, weil sie von Schleimhaut bedeckt sind. Sie befinden sich genau dort, wo auch das Trensengebiss liegt, was sehr unangenehm und schmerzhaft für das Pferd sein kann. Nicht jedes Pferd hat Wolfszähne. Aber jedes Pferd, das ein Gebiss tragen soll, sollte vorsichtshalber darauf untersucht werden, damit sie, wenn nötig, gezogen werden können. Damit haben sich schon viele ›Probleme mit dem Gebiss‹ plötzlich erledigt.

Pferdezähne haben durch ihren besonderen Aufbau einen jährlichen Abrieb von zwei bis vier Millimetern. Um diesen Abrieb auszugleichen, hat jeder Zahn eine Reserve im Kiefer, die sich langsam zwei bis vier Millimeter pro Jahr aus ihrem Zahnfach herausschiebt. Bei sechs- bis achtjährigen Pferden sind die bleibenden Pferdezähne ausgewachsen mit einer Länge von bis zu zwölf Zentimetern. Durch den laufenden Abrieb und das Nachschieben ist diese Reserve irgendwann aufgebraucht, so dass die sichtbaren Zähne immer kürzer und glatter werden und schließlich ausfallen.

Ausgespuckte ›Heuwickel‹ sind ein Anzeichen für Zahnprobleme

Ausgefallener, völlig abgenutzter Backenzahn eines 31jährigen Pferdes

Idealerweise bildet die Kaufläche der Backenzähne eine Ebene, so dass der Kaudruck gleichmäßig auf die Kaufläche verteilt ist. Vor allem an den Seiten der Backenzähne bilden sich wegen ungleichmäßiger Abnutzung oft scharfe Kanten, welche die Schleimhaut verletzen und zu Schmerzen beim Kauen oder beim Reiten führen können. Andere Probleme können Haken, ein Treppen- oder Wellengebiss, Karies, Parodontose, gebrochene und fehlende Zähne sein.

Die Schneidezähne nutzen sich unter den heutigen Haltungsbedingungen oft zu wenig ab und sollten, wenn nötig, gekürzt und angepasst werden, damit die Backenzähne wieder gut aufeinander schließen und das Kiefergelenk nicht durch zu starken Kaudruck überlastet wird.

Lavena hat gut lachen, ihre Schneidezähne werden bei Bedarf gekürzt

In der Regel wird eine jährliche Kontrolle der Pferdezähne durch einen Spezialisten empfohlen. Für erwachsene Pferde reicht das normalerweise aus, solange keine besonderen Beschwerden auftreten oder Probleme wie ein Backenzahn ohne Gegenspieler bekannt sind. Bei Jungpferden im Zahnwechsel und Pferdesenioren kann eine halbjährliche Kontrolle angeraten sein. Fragen Sie Ihren Pferdezahnarzt bei der Behandlung, welchen Intervall er für Ihr Pferd empfiehlt.

Für eine gründliche Untersuchung der gesamten Maulhöhle und der Zähne und eine fachgemäße Zahnbehandlung mit Korrektur der Schneidezähne und der Backenzähne muss fast jedes Pferd sediert werden. Das ist deutlich stressfreier für das Pferd und verringert das Verletzungsrisiko aller Beteiligten deutlich.

Vor einer Sedierung wird das Pferd gründlich untersucht, das Herz abgehört, Puls, Atmung und Temperatur gemessen. Die Sedierung sollte in ruhiger Umgebung und möglichst an dem Ort, wo das Pferd untersucht und behandelt wird, gespritzt werden, weil sedierte Pferde oft unsicher und taumelig werden und nicht mehr gut laufen können. Das Pferd sollte bei der Sedierung möglichst entspannt sein, dann wirkt das Medikament besser und man braucht weniger davon.

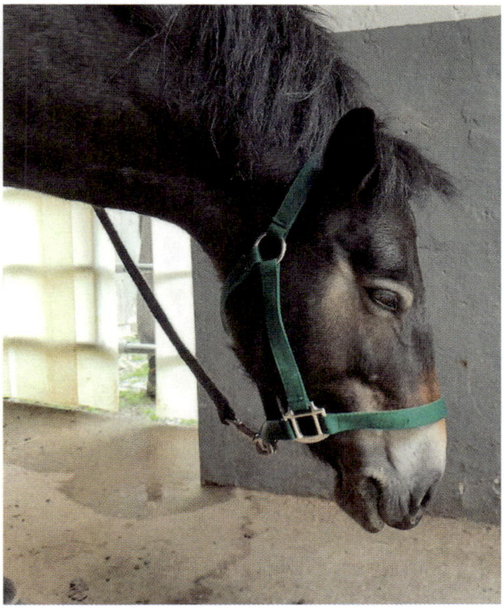

Nach der ›Alles-egal‹-Spritze

Der Untersuchungsbereich sollte einen ebenen, rutschfesten Untergrund haben, zum Beispiel Gummimatten.

Mit einem Maulgatter wird das Maul offengehalten, so dass der Behandler alles mit einer hellen Lampe anschauen und mit den Händen abtasten kann. Danach werden die nötigen größeren Korrekturen oft mit einer elektrischen Schleifmaschine mit verschiedenen Aufsätzen und die Feinkorrekturen mit der Raspel vorgenommen.

Zwei Stunden nach der letzten Injektion des Sedierungsmittels (manche müssen nachsediert

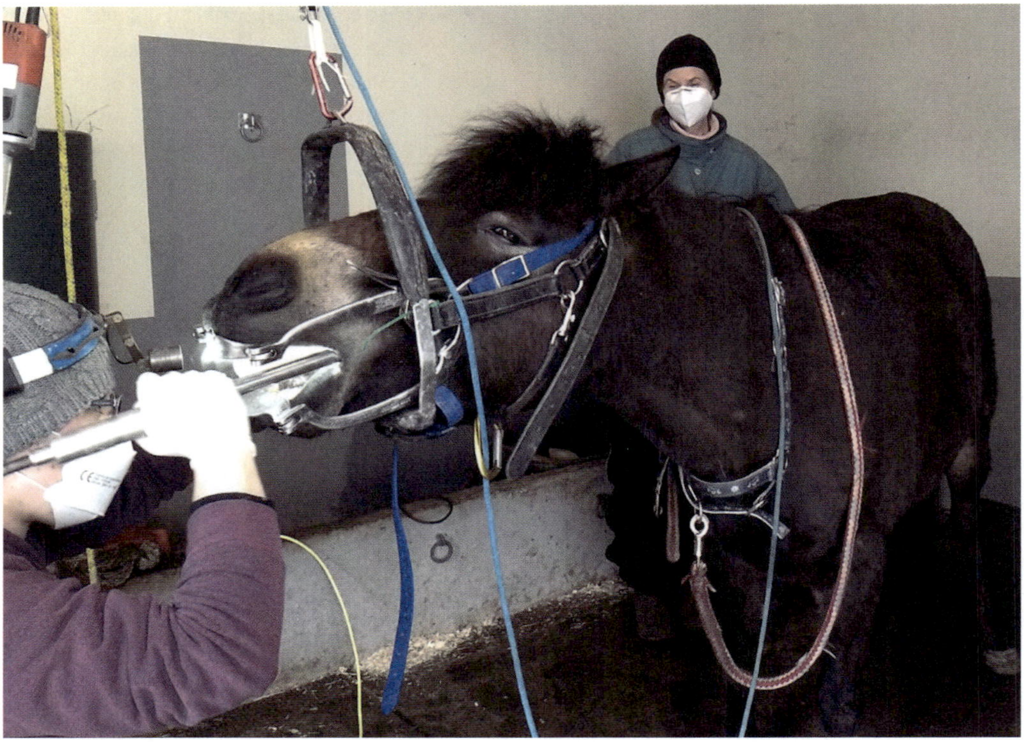

Behandlung beim Pferdezahnarzt

werden) sollte das Pferd nichts fressen. Die Gefahr einer Schlundverstopfung wäre zu groß, wenn ein noch schläfriges Pferd das Futter nicht genügend kaut. Dafür stellen Sie es am besten in eine leere Box ohne Stroheinstreu oder einen Paddock ohne Grasbewuchs. Notfalls geht auch ein Maulkorb, dabei sollte das Pferd aber beobachtet werden, damit es ihn nicht auszieht oder irgendwo hängenbleibt. Das aufwachende Pferd sollte alleine stehen, damit es nicht von anderen gemobbt und eventuell verletzt wird, weil es nicht flüchten kann.

Hufe: Pflege und Bearbeitung

›Ohne Huf kein Pferd‹ – darüber schrieb schon in den 1970er Jahren der Hufschmied Fritz Rödder ein heute antiquarisch erhältliches und noch immer durchaus lesenswertes Buch. Gesunde, ausbalancierte Hufe sind eine entscheidende Voraussetzung für ein gesundes, gutes und schmerzfreies Pferdeleben.

Im Umkehrschluss werden ca. 80 % aller Lahmheiten durch schlecht bearbeitete Hufe außer Balance verursacht. Besonders bei zu langen Intervallen zwischen den Bearbeitungen und beschlagenen Pferden werden die Hufe zu flach. Als Folge entsteht ein Trachtenzwanghuf, die Eckstreben werden schmerzhaft gequetscht und oft kommt es zu einer Hufrollenentzündung. Bei zu flachen Hufen werden besonders die Beugesehnen überlastet und schnell entsteht ein Sehnenschaden.

Zu steile Hufe führen durch die schlechtere Federung langfristig zu Gelenkproblemen. Schiefe Hufe, eine Seite höher als die andere, kann eine stärkere Abnutzung der Gelenkknorpel, Überbeine, Gelenkentzündungen und Arthrose verursachen. Zu kurze oder zu stark ausgeschnittene Hufe oder steinige Böden ohne Hufschutz können zu Hufbeinprellungen und Hufabszessen führen.

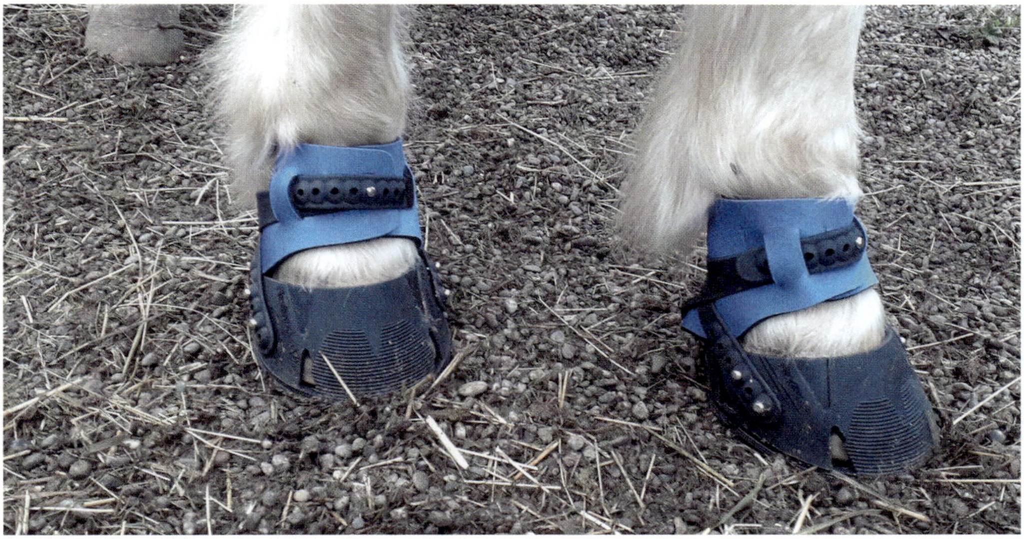

Hufschuhe

Barhuf in einer Haltung mit viel Bewegung auf unterschiedlichen Böden und häufige Bearbeitung mit immer nur kleinen Korrekturen sind optimal für die Hufgesundheit. Für Ausritte auf steinigen Böden gibt es heutzutage so viele verschiedene Hufschuhmarken, dass so ziemlich für jedes Pferd der passende Schuh dabei ist, der gut sitzt, nicht reibt und auch im flotten Galopp nicht verlorengeht. Das war nicht immer so – zu den Anfangszeiten machten wir nach jeder Galoppstrecke und an jeder Wegkreuzung den ›Hufschuhcheck‹, wo wir gegenseitig schauten, ob noch alle Hufschuhe drauf waren. Falls nicht, musste man wenigstens bei der Suche nur bis zur letzten Kreuzung zurückreiten.

Den richtigen Hufbearbeiter finden

Die Suche nach einem Hufbearbeiter, der gute Arbeit leistet, fair mit Ihrem Pferd umgeht, zuverlässig und möglichst nicht zu teuer ist, gleicht der nach einer Nadel im Heuhaufen.

Möchten Sie Ihr Pferd mit Hufeisen beschlagen lassen, darf das nur ein staatlich geprüfter Hufschmied. Für Barhufbearbeitung und Klebeschuhe gibt es inzwischen eine große Zahl sehr unterschiedlicher Ausbildungsmethoden. Hier gibt es keine Regelungen für die Ausbildung oder Prüfungen, jeder kann ein Gewerbe als Hufbearbeiter anmelden. Für Pferdebesitzer ist es schwierig durchzublicken, was die Unterschiede zwischen den Bearbeitungsrichtungen sind. Nicht jede Methode passt für jedes Pferd und vor allem – jede Methode kann nur so gut sein wie der Bearbeiter! Wichtig ist, dass Ihr Pferd gut laufen kann. Schauen Sie genau hin und hören Sie auf Ihr Bauchgefühl. Gibt es Probleme, zum Beispiel fühliges Laufen direkt nach der Hufbearbeitung, neu auftretende Stauchungsringe oder Risse im Huf, muss das angesprochen und im Zweifelsfall der Bearbeiter gewechselt werden.

Umgang und Zuverlässigkeit

Ein ruhiger und fairer Umgang mit dem Pferd, Erklärungen zur Bearbeitung und ein offenes Ohr für Fragen sollten für einen guten Hufbearbeiter selbstverständlich sein. Besonders ältere Pferde mit Beinproblemen, jüngere unerfahrene Pferde, aber auch verletzte oder gestresste Pferde haben besondere Bedürfnisse, auf die der Bearbeiter eingehen und sich die nötige Zeit nehmen sollte, das Bein vielleicht einmal mehr abzustellen und eine Pause zu geben. Außerdem sollte der Hufbearbeiter zuverlässig und einigermaßen pünktlich zu den Ter-

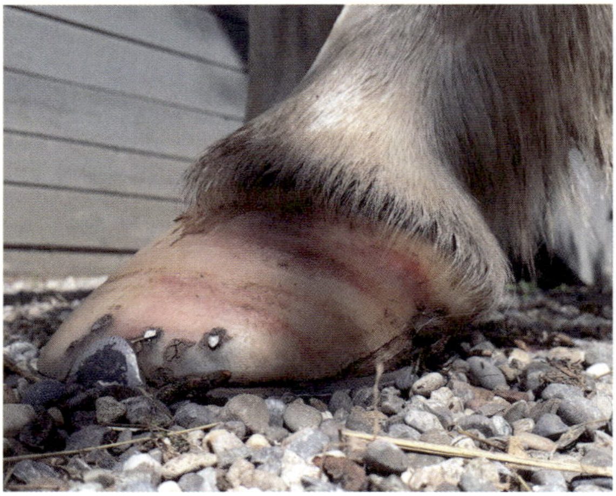

Schlechte Hufbearbeitung: zu flache Stellung, zu lange Zehe, untergeschobene Trachten, Riss im Hufhorn, Einblutungen durch zu viel Druck wegen der unphysiologischen Hufstellung

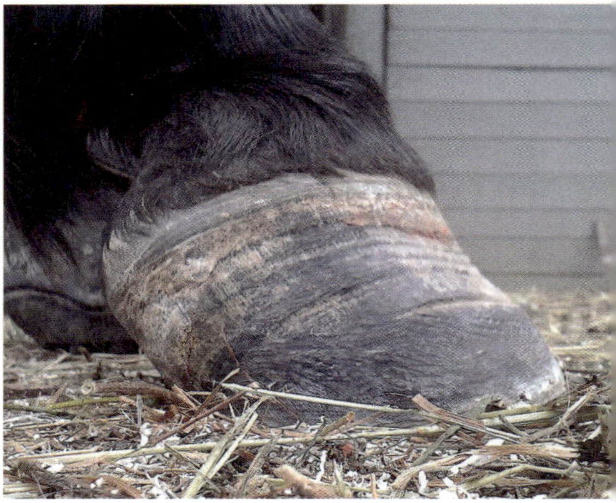

Rehehuf 7 Monate nach dem akuten Schub mit den typischen ›Reheringen‹ und eingesunkener Zehenwand durch die Hufbeinrotation

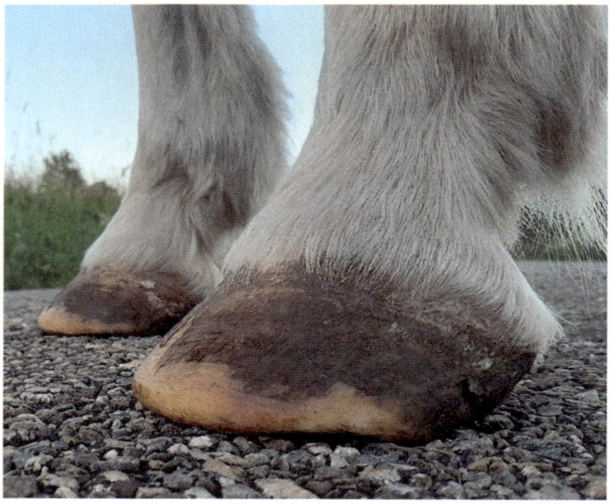

8 Monate später, barhuf mit engmaschiger Bearbeitung, die Einblutungen wachsen heraus, die Trachten haben sich schon etwas aufgerichtet

minen erscheinen oder im Notfall rechtzeitig absagen und einen Ersatztermin anbieten.

Was Sie für Ihren Hufbearbeiter tun sollten:

Einen überdachten Anbindeplatz mit sauberem und rutschfestem Untergrund schaffen. Das Pferd steht pünktlich zum Termin am Bearbeitungsplatz mit sauberen Hufen bereit. Nicht erst gleichzeitig mit dem Hufbearbeiter auf den Hof fahren und das Pferd noch mit Schlammhufen von der entferntesten Koppel ziehen müssen.

In der Insektensaison sollte das Pferd mit Fliegendecke, Fliegenmaske und wirksamen Fliegenmittel ausgerüstet sein. Gegen trockene, steinharte Sommerhufe hilft mindestens eine Stunde in Wasser mit Spülmittel einweichen, zum Beispiel in einer Schwimmwindel oder einer Plastiktüte im Hufschuh.

Vorbereitung auf die Hufbearbeitung

Damit die Hufpflege so entspannt und stressfrei wie möglich wird, muss das Pferd lernen, jeden Huf bereitwillig auf Kommando zu geben und so lange wie nötig oben zu halten. Wenn sich das Pferd dabei unwohl fühlt, zappelt, ausschlägt oder sich mit dem ganzen Gewicht auf das hochgenommene Bein legt, ist das nicht nur nervig und anstrengend, sondern kann auch gefährlich werden, Jeder Hufbearbeiter ist dankbar, wenn er ohne viel Anstrengung und gefahrlos am Pferd arbeiten kann.

Generell gilt: Je besser das Pferd hinhält, desto besser die Bearbeitung!

Oft liegt das Gezappel am Aufheber. Leider sieht man immer noch viele, die fest auf dem Boden stehende Hufe unter Zwang hochreißen, unbequem zu weit hoch halten (vor allem bei Ponys) und viel zu lange am Stück aufhalten. Geben Sie dem Pferd eine Chance, sich bequem und stabil hinzustellen, bevor es den Huf gibt, und halten ihn in einer für das Pferd angenehmen Höhe, auch wenn das für Sie anstrengender ist!

Wie oft müssen die Hufe bearbeitet werden?

Hier gibt es keinen Zeitraum, der für alle Pferde gilt. Das Hufwachstum ist bei jedem Pferd anders und hängt auch von seiner Haltung, Nutzung, Fütterung und der Jahreszeit ab. Im Sommer bei Grasfütterung und viel Bewegung auf der Koppel wachsen die Hufe buchstäblich wie Unkraut. Hier kann eine Bearbeitung alle drei bis vier Wochen nötig sein. Bei Hufproblemen, die eine laufende Korrektur brauchen, wie Rehehufe, noch häufiger. Bei manchen Boxenpferden mit Hufeisen ist das Hufwachstum so langsam, dass der Schmied nach acht Wochen Probleme hat, genug Platz für neue Nagellöcher zu finden. Barhufpferde auf Paddocks mit harten Böden haben oft einen hohen Abrieb und brauchen nur gelegentlich eine kleine Korrektur. Generell beobachte ich jedoch, dass die Intervalle zwischen den Bearbeitungen eher zu lang gewählt werden, sei es aus Unwissenheit, Kostengründen oder weil der Hufbearbeiter nicht so viele Termine frei hat.

Buchtipps

http://www.pro-barhuf.de
Empfehlenswertes Hufbuch von
Dr. Tina Gottwald
zum kostenlosen Download.

Problemlos Eisenlos:
Wege zum Barhuf,
Müller Rüschlikon Verlag 2013
Konstanze Rasch

Jungpferde selbst ausbilden
(Hufe geben lernen und Vorbereitung
auf die Hufbearbeitung)
Müller Rüschlikon Verlag 2017
Urte Biallas

Selbst Hufe bearbeiten

Sich darauf zu verlassen, dass man immer einen kompetenten, zuverlässigen Hufprofi an seiner Seite hat, scheint also nicht die ideale Lösung zu sein. Solide Grundkenntnisse über Hufgesundheit und -balance sind daher für jeden Pferdebesitzer sinnvoll, damit er zumindest zwischen den Bearbeitungsterminen kleine Korrekturen selbst vornehmen kann.

Ich bearbeite von Anfang an die Hufe meiner Pferde selbst. Was 1983 als Notlösung begann, weil kein Schmied wegen zwei Ponys ausschneiden in einen matschigen Offenstall in der Pampa kommen wollte, ist längst zur Passion geworden. Im Laufe der Jahre habe ich eine Menge Hufbücher gelesen, Hufkurse verschiedener Schulen besucht und viel ›mit den Augen gestohlen‹. Mit diesem Grundwissen ist es sehr interessant und oft auch traurig, in jedem Stall, wo ich hinkomme, die Hufe zu betrachten.

Leider sehe ich immer noch viel zu viele Pferde mit schlecht bearbeiteten, unbequemen Hufen.

Für Pferde ist es viel gesünder, immer eine möglichst ideale Hufform zu haben. Darum bearbeite ich im ein- oder zweiwöchigen Abstand immer ein kleines Bisschen. Diese kurze Bearbeitungszeit ist nicht nur für das Pferd angenehmer, weil es das Bein nicht so lange hochhalten muss, sondern auch für mich – umso mehr, je älter ich werde.

Ein guter Einstieg ist, wenn Sie zwischen den Terminen an den typischen Stellen bei Ihrem Pferd selbst nachraspeln. Oft sind das zum Beispiel die ›Ecken‹ seitlich an den Zehen oder eine größere Ecke, die das Abrollen schwerer und den Huf schief macht. Vielleicht dürfen Sie sogar Ihrem Hufbearbeiter ein paar Fotos zur Kontrolle schicken. Wenn Ihr Hufmensch dann einmal einen Termin absagen muss, ist es kein großes Problem, das Intervall zu verlängern. Vielleicht finden Sie sogar Spaß an der Bearbeitung und brauchen eines Tages nur noch ein- oder zweimal im Jahr einen Kontrollbesuch von Ihrem Hufexperten.

Für den Anfang reicht eine nicht zu scharfe Raspel – vielleicht schenkt Ihnen Ihr Hufbearbeiter eine ausrangierte, die ist für einen Anfänger und kleine Korrekturen noch längst gut genug. Machen Sie immer nur wenige Raspelstriche, setzen dann den Huf ab und schauen genau. Nach einem oder zwei abgeraspelten Millimetern kann noch nicht viel passieren, oft sieht der Huf jedoch schon viel besser aus. Nur Mut, Sie können das lernen! Die Grundlage ist aber ein solides Hufwissen und zumindest in der ersten Zeit eine fachliche Begleitung.

Zur Kontrolle ist es hilfreich, regelmäßig Fotos von der Seite, von vorne und von der Hufsohle zu machen. Dabei sollte das Smartphone im rechten Winkel zum Boden bzw. parallel zum Huf stehen, damit die Winkel nicht verzerrt werden. Am besten, Sie fotografieren die Hufe direkt nach einer (guten) Bearbeitung, damit Sie einen Vergleich haben.

Erste Hilfe Kurs für Pferde

Kleine oder größere Unfälle sind schnell passiert, deshalb ist es gut, wenn Sie sich zu helfen wissen, zumindest bis ein Tierarzt kommt.

Kopfverband bei einem Soldatenpferd
Quelle: Deutscher Kavallerieverband

Mein Rat: Besuchen Sie einen Kurs zur Ersten Hilfe am Pferd. Dort lernen Sie Theorie und die wichtigsten Sofortmaßnahmen und üben die nötigen Handgriffe wie Verbände anlegen, Fieber messen, Augentropfen geben usw.

Nun brauchen Sie noch die richtige Ausrüstung:

Die Stallapotheke

Eine gut ausgestattete Stallapotheke für Notfälle gehört in jeden Stall und sollte für alle Personen, die die Pferde versorgen, jederzeit schnell zugänglich sein. Geeignet sind ein geschlossenes Schränkchen oder ein (Werkzeug-)Koffer, der unbedingt immer auf dem gleichen Platz steht.

Verbrauchte Teile sollten möglichst schnell wieder aufgefüllt werden. Überprüfen Sie die Medikamente regelmäßig auf ihr Verfallsdatum und ob der Verschluss noch richtig sitzt. Nichts ist ekliger als eine undefinierbare klebrige Flüssigkeit, die sich in der gesamten Medikamentenbox ausgebreitet hat.

Was gehört in eine Stallapotheke?

Grundsätzlich alles, was Sie sich selbst zutrauen, bei einem verletzten oder kranken Pferd anzuwenden. Zusätzlich sollten Sie einen Vorrat an den Medikamenten haben, die Ihr Pferd regelmäßig braucht oder der Erfahrung nach nötig sein könnten, zum Beispiel Augentropfen, Pilzmittel oder Husten- und Schleimlöser.

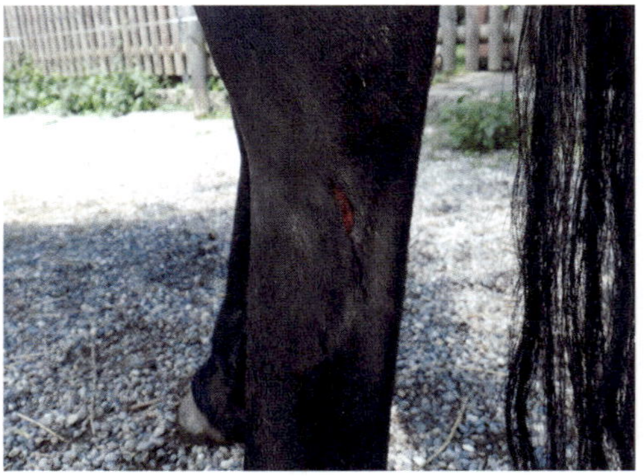

Kleine Wunden können Sie mit der Stallapotheke selbst versorgen

Die Grundausstattung für die Stallapotheke könnte etwa so aussehen:

Wunden, Verletzungen

Aluspray oder Wunddesinfektionsspray

Verbandsmull

Sterile Kompressen

Mullbinden

Verbandswatte

Selbsthaftende Bandagen

Gewebeklebeband

Zinksalbe

Jodsalbe

Dexpanthenol-Wundsalbe

Verbandsschere

Traumeel-Tabletten (homöopathisches Komplexmittel)

Kolik

Colosan

Nux Vomica (homöopathisches Kolikmittel)

Buscopan-Zäpfchen

Sonstiges

Digitales Fieberthermometer und zusätzlich mechanisches Fieberthermometer

10 ml Spritzen ohne Nadel (damit können flüssige Medikamente ins Maul gegeben werden)

Pinzette

Kühlpacks

Bandagen

Bandagierunterlagen

Zeckenzange

Einweghandschuhe

Tiefkühlplastikbeutel

Block und Bleistift

Telefonliste mit den wichtigsten Nummern (Tierarzt, Klinik usw.)

Spar-Tipp

Der Inhalt eines abgelaufenen Auto-Verbandskasten kann als Verbandmaterial am Pferd genutzt werden, das nicht direkt auf eine offene Wunde gelegt wird, zum Beispiel für einen Hufverband.

Fortbildungstipp

Online-Hufkurs: https://www.team-huf.de/inside-out/

Medical Training – gut vorbereitet für den Tierarztbesuch

Regelmäßige Impfungen, Blut abnehmen, Fieber messen, Zähne raspeln, Wunden nähen, Beine röntgen – an solchen eher unangenehmen Erlebnissen kommt kein Pferd vorbei. In diesen Situationen sind wir auf die Kooperation, das Vertrauen und die Mitwirkung unserer Pferde angewiesen.

Mit gezielten Übungen für die häufigsten Untersuchungen und Behandlungen können Sie den Stress für Ihr Pferd, den Tierarzt und sich selbst deutlich reduzieren. Dafür hat sich das Training mit positiver Verstärkung, zum Beispiel Clickertraining, sehr bewährt. Dieses sogenannte ›Medical Training‹ wird auch bei nicht allzu zahmen Wildtieren in Zoos, bei denen man auf Kooperation angewiesen ist, mit großem Erfolg angewendet.

Medical Training

Buchtipps

Bodenarbeitskurs: Kapitel Nützliche Vorübungen für den Tierarztbesuch
Müller Rüschlikon Verlag 2015
Urte Biallas

Medical Training für Pferde
Müller Rüschlikon Verlag 2021
Nina Steigerwald

Nina Steigerwald hat ein ganzes Ausbildungskonzept für ein weitergehendes Training mit Kooperationssignalen entwickelt, mit denen das Pferd anzeigen kann, ob es für die Behandlung bereit ist.

Boxenruhe leichter machen: Tipps für ein notwendiges Übel

Bei Sehnenschäden, nach einer Operation oder bei anderen, meist schwerwiegenden Erkrankungen wird häufig Boxenruhe verordnet, von ein paar Tagen bis zu mehreren Monaten, zum Beispiel nach einem Knochenbruch oder einer Kolikoperation. Für das Lauftier und Herdentier Pferd ist das grundsätzlich eine unangenehme oder sogar beängstigende Situation. Einzeln eingesperrt, wird es schnell gelangweilt und gefrustet oder bekommt Angst, zum Beispiel wenn die Stallgenossen auf die Koppel gebracht werden und es alleine zurückbleiben muss. Durch die Boxenruhe entsteht Stress, der je nach Pferdetyp weitere Erkrankungen zur Folge haben kann. Introvertierte Pferdetypen leiden still und entwickeln eher Magengeschwüre oder beginnen zu koppen. Temperamentvollere Typen werden hibbelig und fangen an zu weben und wild auf engstem Raum herumzuhüpfen, was natürlich genau das Gegenteil der verordneten Schonung ist und neue Verletzungen zur Folge haben kann.

Strategien für Boxenruhe

Offenstallpferd

In vielen Offenställen ist eine Notbox/Eingewöhnungsbox vorhanden, in der es untergebracht werden kann. Falls nicht, sollte man schauen, ob man ein Stück vom Offenstall und vielleicht ein winziges Stück vom Paddock dazu so abtrennen kann, dass das Boxenruhepferd die anderen Pferde sehen kann, auch wenn sie draußen im hintersten Paddockwinkel stehen. Außer es handelt sich um ein wirklich cooles, nicht klebendes Exemplar. Aber selbst diese normalerweise entspannten Pferde, können sich durch den Stress des Eingesperrtseins verändern. In der freien Wildbahn wäre das kranke und unbewegliche, eingesperrte (also nach seinem Gefühl in eine Engstelle getriebene) und von seiner Herde getrennte Pferd eine leichte Beute und diese Urangst ist in den Genen unserer Hauspferde noch immer verankert.
Ein paar Tage Stehzeit kann man oft im heimischen Offenstall mit ein wenig Unterstützung durch die anderen Pferdebesitzer gut überbrücken, wenn zum Beispiel immer mindestens ein anderes Pferd in der Nähe eingesperrt wird. Für monatelange Boxenruhe wäre ein vorübergehender Stallwechsel in einen größeren Boxenstall zu überlegen, wo immer mehrere andere Pferde im Umfeld zu sehen sind.

Vieles ist Einstellungssache und auch als kompromissloser Offenstallverfechter tun Sie Ihrem Pferd etwas Gutes, wenn Sie es rechtzeitig, bevor es einmal nötig sein sollte, an das Stehen in einer Box oder in einem kleinen Paddock abgetrennt von den anderen gewöhnen. Dafür reicht ein stundenweises Training quasi ›nebenher‹, zum Beispiel während Sie ausmisten. Die Box sollte gut eingestreut und nicht zu klein sein und natürlich mit reichlich Heu oder sogar einer Portion des Lieblingsfutters versüßt werden. Ist das Pferd sehr unruhig, sollten Sie in seiner Nähe bleiben und möglichst viel Ruhe und Entspannung ausstrahlen.

Mehr Beschäftigung = weniger Stress

Erlaubt es die Erkrankung, sollte das Pferd während der Stehphase so viel Heu bekommen wie es möchte, zur Verlängerung der Fresszeit möglichst aus engmaschigen Heunetzen oder sonstigen Slowfeedern. Zusätzlich können Sie einen Spielball oder ähnliches Spielzeug aufhängen.

Auch wenn ein krankes Pferd immer Stress für den Besitzer bedeutet und Sie sich vielleicht um die (reiterliche) Zukunft sorgen oder ganz einfach vor Mitleid mit dem ›armen eingeknasteten Pferd‹ zerfließen – machen Sie sich klar, dass Jammern und schlechte Laune die Stehzeit nicht verkürzen, sondern und für Sie und Ihr Pferd nur noch schwerer machen.
Durch eine positive Einstellung und die richtige Beschäftigung und Pflege können Sie Ihrem Pferd helfen, diese Saure-Gurken-Zeit besser zu überstehen. Dabei ist es wichtig, die Bedürfnisse und den Charakter des Pferdes zu beachten. Bei gestressten und unruhigen Pferden sollten Sie versuchen, möglichst viel Ruhe und Entspannung hineinzubringen. Das Umfeld sollte aus einer reizarmen Umgebung mit ruhigen Pferden und einem geregelten Tagesablauf bestehen. Kommen Sie möglichst täglich und verbringen Sie viel Zeit mit dem Pferd und Beschäftigungen, die es mag. Putzen, kleine Massagen, Tellington-TTouches, vielleicht ein Wärmekissen, oder eine Equispa- oder Magnetfelddecke auf dem Rücken oder Geräte zur Heilungsunterstützung wie Novafon oder Bemerdecke. Probieren Sie aus, worauf Ihr Pferd am besten anspricht. Dieses Kümmern baut Vertrauen auf und vertieft ihre Beziehung und nicht zuletzt gibt es Ihnen das gute Gefühl, alles was möglich ist, für Ihr Pferd zu tun.

Buchtipp

Tellington TTouch für Pferde,
Kosmos Verlag 2014
Linda Tellington-Jones

Mit eher ruhigen Pferden oder solchen, die zu Depressionen neigen, können Sie zusätzlich kleine Tricks trainieren wie Dinge apportieren, Teppich ausrollen oder einen Hut vom Kopf ziehen lassen. Dafür eignet sich Training mit positiver Verstärkung besonders gut. Das beschäftigt den Kopf und hebt die Laune, nicht zuletzt durch Lob und Leckerli. Vielleicht nutzen Sie sogar die Gelegenheit, um Ihr Wissen zu erweitern und ins Clickertraining einzusteigen?

Das Lernen von kleinen Tricks verbessert die Laune

Vorsicht Explosionsgefahr – Schritt führen in der Rekonvaleszenz

Leider kann ich Ihnen nicht ›den ultimativen Trick‹ verraten, wie Sie dieses Problem in den Griff bekommen können. Viele Pferde sind so geladen, wenn sie sich nur wenige Minuten am Tag im kontrolliert im Schritt bewegen dürfen, dass sie beim kleinsten Reiz in die Luft gehen. Geschicktes Zeitmanagement, also nicht gerade losgehen, wenn die anderen Pferde auf die Koppel gelassen werden und herumtoben o. ä., kann etwas helfen. Ansonsten gilt – je klarer und konsequenter Sie Ihr Pferd vor der Stehzeit im Umgang und beim Führen ausgebildet haben, umso leichter haben Sie es jetzt. Bleiben Sie gelassen, aber freundlich-konsequent und installieren Sie jederzeit Anhalten können über ein Belohnungssystem. Für sehr aufgeregte Pferde und solche, die sich schnell losreißen, hat sich das Führen zu zweit von beiden Seiten bewährt.

In ganz schwierigen Fällen bleibt leider nur die tägliche Sedierung über ein Medikament, das vor dem Führen ins Maul gegeben wird, damit das Pferd sich, bzw. den mühsam erreichten Heilungsfortschritt, nicht wieder selbst zerstört. Nach längerer Stehzeit oder schweren Verletzungen sollten Sie Ihren Tierarzt oder einen anderen Experten nach einem Trainingsplan für das Antrainieren fragen. Einen empfehlenswerten Reha-Trainingsplan finden Sie auf der Seite OsteoDressage der Trainerin

Buchtipps

Bodenarbeit‹
(Müller Rüschlikon Verlag 2009) und
›Jungpferde selbst ausbilden‹
(Müller Rüschlikon Verlag 2017)
Urte Biallas

Be strict – Denken wie ein Pferd
Müller Rüschlikon Verlag 2001
Michael Geitner

Zu zweit von beiden Seiten führen

Katharina Möller und der Osteopathin Claudia Weingand:
http://osteodressage.college/s/OsteoDressage/trainingsplan-reha

Der letzte Gang

Nach vielen schönen gemeinsamen Jahren finden Sie eines Tages Ihr sehr altes Pferd tot auf der Weide liegend. Es sieht ganz friedlich aus, als wäre es im Kreis seiner Pferdefreunde einfach eingeschlafen. So ein Ende wünschen sich die meisten Menschen für ihre geliebten Vierbeiner. Zwei Freundinnen von mir ist das tatsächlich passiert. Auch wenn es ein großer Schreck war, ist ihnen eine schwere Entscheidung und den Pferden ein vielleicht langer Leidensweg erspart geblieben. Leider sieht die Realität jedoch bei den meisten Pferden anders aus.

Pferde zeigen oft erst sehr spät, dass sie Schmerzen haben oder leiden. Die Natur hat das so eingerichtet, damit ein krankes Tier vom Feind nicht als schwach und damit als leichte Beute erkannt wird. In dem Moment, wo es schwächer wird und nicht mehr mit der Herde mithalten kann, fällt es dem nächsten Fressfeind zum Opfer. So gibt es bei einem intakten natürlichen Gleichgewicht kein langes Leiden für ein krankes oder altes Tier.

In unserer modernen Welt ohne Fressfeinde sind wir als Pferdebesitzer für eine gute Lebensqualität und ein würdiges Ende verantwortlich. Ein Tier einzuschläfern wird nötig, wenn seine Lebensqualität erheblich eingeschränkt und medizinische Hilfe nicht mehr möglich ist. Das bedeutet, dass es nicht ohne behebbare Schmerzen, Leiden oder Schäden weiterleben könnte.
Woran erkenne ich, ob mein Pferd leidet? Das Pferd zeigt ein Schmerzgesicht mit verkrampften Kiefermuskeln, tiefen Gruben und Sorgenfalten über den Augen und einem nach innen gekehrten Blick. Es will sich kaum noch bewegen, frisst und trinkt weniger, es wirkt apathisch, verliert das Interesse und nimmt kaum noch Anteil an seiner Umwelt. Manche werden ungewöhnlich schreckhaft oder aggressiv, drohen mit angelegten Ohren oder beißen.

Gerade bei chronischen Erkrankungen mit schwankendem Allgemeinbefinden ist es für Pferdebesitzer eine der schwierigsten Entscheidungen, wann der richtige Zeitpunkt für das Ende gekommen ist. Manchmal ist die Entscheidung klar und muss schnell getroffen werden, so wie bei meiner Sída, die nach einem Darmverschluss schlimme Schmerzen hatte oder dem alten Warmblüter, der sich das Bein gebrochen hatte. Einige Reiterfreunde haben jedoch wochen- oder monatelange Phasen chronischer Krankheiten mit vielen Auf und Abs durchlebt. Mal läuft das Arthrosepferd fröhlich und lahmfrei im flotten Schritt über die Weide, mal steht es wie ein Häufchen Elend herum und macht höchstens ein paar humpelnde Schritte und hat sich seit Tagen nicht mehr hingelegt. Mal ist das dünne, magenkranke und kolikanfällige Pferd ein paar Monate fast symptomlos und nimmt sogar wieder zu, dann jagt wieder eine Kolik die nächste. Der Winter war ganz ok für das Asthmapferd, aber jetzt im Frühling mit dem Pollenflug häufen sich die Anfälle von Luftnot und selbst Cortison hilft nicht mehr. Solche Fälle sind nicht nur quälend für das Pferd, sondern können seinen Menschen an den Rand der Belastbarkeit und bis zum emotionalen Zusammenbruch bringen.
Mehrfach war ich der Meinung, dass ein Pferd sich viel zu lange quälen musste, weil der Besitzer sich nicht dazu durchringen konnte, dem Leid ein Ende zu setzen. Wer liebt, tut sich schwer, das geliebte Wesen loszulassen. Viele Pferde ›reißen sich zusammen‹, freuen sich und schauen aufmerksam, wenn ihr Besitzer kommt. Beobachtet man sie etwas länger, sieht man, wie sie nach wenigen Minuten geradezu ›in sich zusammenfallen‹, wenn die Schmerzen wieder überhandnehmen. Manche Pferdebesitzer geben aber auch zu schnell auf, wenn die Pflege zu anstrengend, die Behandlung zu teuer oder der Anblick des leidenden Pferdes zu belastend wird.
Im Idealfall haben Sie einen behandelnden Tierarzt, der das Pferd und Sie schon länger kennt und dessen Rat und Meinung Sie vertrauen. Er sollte einen neutralen Blick auf das Pferd haben und seine Verfassung, Lebensqualität und Behandlungsaussichten ohne Emotionen einschätzen können.

Das Tierschutzgesetz erlaubt das Einschläfern eines Wirbeltieres nur, wenn ein vernünftiger Grund vorliegt, zum Beispiel eine schwere Krankheit. Grundsätzlich muss aber vorher jede Behandlungsmöglichkeit ausgeschöpft werden. Das liegt auch im Ermessen des Tierarztes.

Kein ausreichender Grund ist es, wenn dem Besitzer die Behandlungskosten oder die Pferdehaltung zu teuer werden. Ein typisches Beispiel ist ein altes Pferd mit abgenutzten Zähnen, das nur noch eingeweichtes Futter fressen kann. Das bedeutet je nach Pferdegröße monatlich bis zu 200 Euro zusätzliche Futterkosten für Heucobs. Kommt dann noch eine bei alten Pferden häufige Cushing-Erkrankung dazu (Tabletten für 80 Euro im Monat) und müssen für die aufwändige Heucobsfütterung (Einweichen und bis zu fünfmal täglich Füttern) zusätzliche Servicegebühren bezahlt werden, summiert sich das schnell auf Zusatzkosten von 400 Euro und mehr im Monat.

Anders sieht es aus, wenn das Pferd im Equidenpass als Schlachtpferd eingetragen ist. Siehe auch Kapitel 1, Equidenpass: Schlachtpferd oder Nicht-Schlachtpferd?

Das Pferd als Schlachttier

Als vernünftiger Grund, ein Pferd zu töten, gilt vor dem Gesetz auch das Schlachten zur Lebensmittelgewinnung. Pferdefleisch zu essen ist in Deutschland verpönt, im Gegensatz zum Beispiel zu den Nachbarländern Frankreich und Polen. Deshalb gibt es nur wenige Pferdemetzgereien. Falls Sie sich für eine Schlachtung entscheiden, sollten Sie Ihr Pferd persönlich (oder über eine Vertrauensperson) beim Metzger abgeben und dabeibleiben, bis es tot ist. Ansonsten besteht die Gefahr, dass es auf einen viele grausame Stunden dauernden Schlachttiertransport ins Ausland kommt oder gar nicht geschlachtet, sondern trotz Krankheit oder Alter als Reitpferd weiterverkauft wird.

Bei der Übergabe des Pferdes an die Pferdemetzgerei muss auch der Equidenpass mitgegeben werden. Der Schlachter muss den Equidenpass zusammen mit dem Todesdatum an die Pass-ausgebende Stelle zurücksenden.

Der Abschied

Ist der Termin planbar, können Sie das Einschläfern entsprechend vorbereiten, damit Sie sich an diesem traurigen Tag ganz Ihrem Pferd widmen können, anstatt organisieren und improvisieren zu müssen. So bleibt Zeit zum Verabschieden und Trauern. Ob man als Bezugsperson dabei sein sollte, muss jeder für sich selbst entscheiden. Ich finde, nach langen gemeinsamen Jahren haben unsere pferdigen Freunde unseren Beistand bis zum Schluss verdient. Vielleicht steht Ihnen eine vertraute Person zur Seite oder übernimmt notfalls sogar die letzten Minuten dieses Freundschaftsdienstes. Eins ist klar, diese Bilder werden Sie noch lange verfolgen, und auch ich vergieße bei der Erinnerung daran beim Schreiben dieser Zeilen ein paar Tränen. Aber das ist der Preis für die Liebe und die guten Zeiten – und unsere geliebten Pferde sind jede Träne wert!

Ich rate, auch die Herdenmitglieder vom toten Pferd Abschied nehmen zu lassen. So wissen sie, dass ihr Kumpel nicht wiederkommt und wiehern und suchen ihn nicht tagelang.
Für den letzten Gang wählen Sie am besten einen ruhigen, etwas abgelegenen Ort auf dem Hof, den Ihr Pferd kennt und wo es sich entspannt aufhalten kann. Die Zufahrt sollte befestigt und weiträumig genug für den großen Lkw der Tierkörperbeseitigung sein. Die Fahrer fahren grundsätzlich nicht auf unbefestigte Flächen, daher bedeutet Einschläfern auf der Weide, dass Sie das tote Pferd nachher herausziehen und bis zum Abholplatz transportieren müssen. Ohne Traktor und abgehärteten Bauern ist das fast nicht machbar. Auch enge Boxen und Stallgassen können zum Problem werden und im schlimmsten Fall so grausige Bilder wie ein zersägtes Pferd zur Folge haben.

Nach § 7 Tierische Nebenprodukte-Beseitigungsgesetz (TierNebG) haben Besitzerinnen und Besitzer toter Tiere diese unverzüglich der zuständigen Tierkörperbeseitigungsanstalt zu melden und die Ab-

holung der Tierkörper zu veranlassen. Die zuständige Tierkörperbeseitigungsanstalt finden Sie auf der Homepage der Tierseuchenkasse Ihres Bundeslandes.
Meistens kommen die Fahrer der Tierkörperverwertungsanstalten am nächsten Werktag nach der Meldung. Das bedeutet, wenn das Pferd am Freitagnachmittag stirbt, wird es erst am Montag abgeholt. Legen Sie daher den Termin zum Einschläfern möglichst an den Anfang oder in die Mitte der Woche und geben Sie der Tierkörperverwertung schon im Vorfeld Bescheid, damit sie die Abholung zeitnah einplanen kann. Dafür müssen Sie die Betriebsnummer des Stalles und die Tierbesitzernummer bei der Tierseuchenkasse angeben. Bis dahin sollte das tote Pferd mit einer großen Plane abgedeckt und bei Ställen außerhalb des Ortes und über Nacht vor Fressfeinden geschützt werden. Besonders im Sommer ist ein möglichst kühler Platz im Schatten zu empfehlen. Zubehör wie Halfter und Decke müssen ausgezogen und die Hufeisen abgenommen werden. Ist das nicht möglich, können Sie bei der Beseitigungsfirma nachfragen. Oft erledigen die Mitarbeiter das Abnehmen der Eisen gegen eine Gebühr. Die Lkws sind mit einem Kran und einem Greifer ausgestattet, mit dem die toten Tiere auf die Ladefläche gehoben werden. Das ist kein schöner Anblick, und die Fahrer sind nicht gerade für empathischen Umgang mit trauernden Pferdebesitzern bekannt. Darum rate ich Ihnen, jemand anderes zu bitten, den Fahrer einzuweisen und in den meisten Fällen auch den Equidenpass zu übergeben. In der Regel gibt die Verwertungsanstalt den Equidenpass zur Entwertung ans Veterinäramt und das leitet ihn dann an den zuständigen Zuchtverband weiter. Der Verband hinterlegt das Todesdatum in der HIT-Datenbank. Falls die Verwertungsfirma den Equidenpass nicht mitnimmt, müssen Sie ihn mit Angabe des Todesdatums innerhalb von 30 Tagen an die Pass-ausgebende Stelle zurücksenden.

Die Kosten für die Tierkörperbeseitigung sind von Land zu Land unterschiedlich geregelt. In einigen Bundesländern müssen Pferdehalter das Abholen des toten Tiers und die Beseitigung komplett selbst bezahlen, in anderen übernimmt die Tierseuchenkasse einen Anteil.

Seit einigen Jahren haben Pferdebesitzer alternativ die Möglichkeit, ihr Pferd in einem Pferdekrematorium einäschern zu lassen und die Asche in einer Urne Zuhause aufzubewahren oder an einem erlaubten Ort Ihrer Wahl zu beerdigen oder sogar aus einem kleinen Teil einen Erinnerungsdiamanten pressen zu lassen. Damit der Pferdebestattungsservice das tote Pferd abholen darf, ist aus Hygienegründen grundsätzlich eine Sondergenehmigung des zuständigen Veterinäramtes nötig. Da das tote Pferd innerhalb von 72 Stunden abgeholt werden muss, müssen Sie sich schnell entscheiden. Am besten, Sie informieren sich schon im Vorfeld und können dann den ausgewählten Bestattungsdienst nach dem Tod des Pferdes umgehend beauftragen.

Für eine Kremierung plus Abholung, Urne und eventuell einen Platz auf einem Tierfriedhof müssen Sie mit mehreren Tausend Euro rechnen. Neben dem finanziellen Aspekt, ist das eine sehr emotionale persönliche Entscheidung. Ich selbst würde das Geld lieber einem lebenden Tier zugutekommen lassen. Dazu kommt mir der Rat eines erfahrenen Bestatters in den Sinn: Dem Toten können Sie nichts Gutes mehr tun, nur den Lebenden. Wenn Sie selbst jedoch mit dem Gedanken, was beim Abdecker mit dem Körper des geliebten Pferdes passiert, nur schwer weiterleben können, haben Sie auf diese Weise die Möglichkeit, würdevoll und von der Bestattungsfirma einfühlsam begleitet Abschied zu nehmen. Unabhängig davon schneiden sich viele Pferdemenschen als Erinnerung eine Haarsträhne aus dem Schweif oder aus der Mähne ab, aus der sogar schöne Schmuckstücke hergestellt werden können.

Dies und Das · nützliche Tipps rund ums Pferd

Hier finden Sie nützliches Wissen für alles Mögliche rund ums eigene Pferd. Alles was sich nicht direkt in ein anderes Kapitel einordnen lässt, aber trotzdem wichtig ist.

Nachhaltigkeit im Pferdestall

In den letzten Jahren begegnet uns das Schlagwort ›Nachhaltigkeit‹ überall. Dabei ist ‹nachhaltig leben‹ nicht neu, sondern war bis vor noch nicht einmal 100 Jahren vor allem für die Landbevölkerung eine Selbstverständlichkeit. Meine bäuerlichen und handwerklichen Vorfahren lebten von ihrem Land und erzeugten fast alle Nahrungsmittel, Kleidungsstücke und Ausrüstungsgegenstände selbst. Uropa als Zimmermann baute das Haus, Opa stellte Wagen und viele andere Gegenstände aus Holz her. Oma zog das Gemüse im Garten und machte es für den Winter haltbar durch Einkochen. Sie nähte und strickte die meisten Kleidungsstücke selbst. Milch kam von der Kuh, Wolle für die Strümpfe und Pullover lieferte das Schaf, Eier kamen von den Hühnern, Holz aus dem eigenen Wald und jährlich wurde ein Schwein geschlachtet. Für die Feldbestellung und die meisten Wege war das Pferd zuständig oder man ging zu Fuß, fuhr Fahrrad oder längere Strecken mit der Bahn. Eine Müllabfuhr gab es nicht und wäre auch nicht nötig gewesen. Essensreste bekamen die Schweine, Papier wurde im Ofen verbrannt, Mist der Tiere und Gartenabfälle wurden als Dünger auf den eigenen Feldern verwendet. Eine Kreislaufwirtschaft im Einklang mit der Natur.

Nachhaltigkeit bedeutet, nur die Menge an Ressourcen zu verbrauchen, die sich regeneriert oder nachwächst oder die wiederholt bereitgestellt werden kann (Sonne, Wind). Schon 1987 formulierte Volker Hauff im Grundland-Bericht: ›Dauerhafte Entwicklung ist Entwicklung, die die Bedürfnisse der Gegenwart befriedigt, ohne zu riskieren, dass künftige Generationen ihre Bedürfnisse nicht befriedigen

links:
Oma Frieda Sembritzki zeigt mir ein Küken

unten:
Ausgetrocknetes Flussbett – Welt außer Balance

können.‹ Wie der Klimawandel mit all seinen Folgen zeigt, werden wir diesem Anspruch seit vielen Jahren nicht mehr gerecht.

Tipps für Nachhaltigkeit im Pferdebereich

Als Pferdebesitzer haben wir einen Grundbedarf, das bedeutet, wir bzw. unsere Pferde brauchen bestimmte Dinge unbedingt zum Leben. Wir sind aber auch die heiß umworbene Zielgruppe der Reitartikel-Werbung, die unser Konsumbedürfnis für jede Menge mehr oder weniger unnötigen Krimskrams wecken soll. In jeder Saison kommen neue Modefarben für Reithosen, Jacken und Schabracken, Halfter und Decken heraus. Viele bunte Kunststoffartikel werden billig und umweltbelastend in schlechter Qualität in Fernost hergestellt und den weiten Weg hierher transportiert. Dabei halten Kleidung, Schabracken und Decken in solider Stoffqualität und guter Verarbeitung mit der richtigen Pflege viele Jahre lang.

Nicht nur im Alltag, auch im Stall können Sie mit etwas Kreativität und ein wenig Aufwand viel Gutes für die Umwelt und gleichzeitig für Ihren Geldbeutel tun. Kaufen Sie Produkte möglichst aus recycelten Materialien oder nachwachsenden Rohstoffen, die recycelbar sind, lange halten, in ihrer Herstellung wenig Ressourcen verbrauchen und dabei die Umwelt nicht schädigen. Ein Beispiel sind die für Menschen und Tiere schädlichen Fluorcarbone (PFC), die in Membranen und Beschichtungen bei Softshelljacken und anderen Wetterschutz-Textilien verwendet werden, um den Stoff wasserabweisend zu imprägnieren. Achten Sie auf PFC-freie Alternativen bei Ausrüstung und Imprägniermitteln.

Gebrauchtes gut und günstig

Teure Markenprodukte halten tatsächlich fast immer länger als Billigsachen. Hier gilt: Wer billig kauft, kauft zweimal – oder auch: Ich bin zu arm, um billig zu kaufen. Ich kaufe hochwertige Ausrüstung für

Pferd und Reiter gerne Second Hand. Wenn man ein bisschen Geduld hat, ist der gebrauchte Wunschartikel oft zum kleinen Preis zu bekommen, zum Beispiel beim Online-Auktionshaus eBay oder über Kleinanzeigen im Internet. Manchmal bringt das sogar im wahrsten Sinne des Wortes ›Farbe in mein Leben‹, weil es die gewünschte Schabracke oder Reitweste eben nicht in meinem üblichen Dunkelblau oder Schwarz, sondern in Grün oder knallbunten Blockstreifen gibt. Oder Sie nutzen den guten alten Winter- oder Sommerschlussverkauf, auf neudeutsch ›Sale‹. Auch hier lohnt es sich genau hinzuschauen und eher Markenprodukte zu kaufen, weil manche Händler extra für die Sales-Aktionen billigen Schund einkaufen und anbieten oder nur die Sachen in mieser Qualität von der Saison übriggeblieben sind.

Gebrauchte Markenweste mit Blockstreifen für 5 Euro

Brauchen Sie wirklich ein ganzes Regal voller Plastikflaschen mit Pflegeprodukten? Pferdehaut trocknet aus, wenn sie häufig mit Shampoo gewaschen wird und garantiert möchte kein Pferd nach (künstlichem) Vanillearoma oder Schlimmerem riechen oder ständig mit einen Mähnenspray-Chemiecocktail eingesprüht werden.

Nicht jedem Trend hinterherlaufen

Das Angebot an unnötigem ›Kruscht und Krempel‹ wird täglich größer. Überlegen Sie vor dem Kauf, ob Ihr Pferd sich dieses Ding wünschen würde oder ob es einen positiven Effekt irgendeiner Art auf Ihr Pferd hat. Ein Blechmärkchen mit der Aufschrift ›Schatzimausipupsi‹, das sinnlos und nervig am Halfter herumbaumelt, wäre damit genauso schnell raus wie Hufglanzglitter und das drölfzigste Halfter in Einhornpink mit Häschenborte oder der sogenannte Beschäftigungsleckstein aus Glucosesirup mit künstlichen Aromastoffen.

Eigentlich wollte ich hier die Top 20 (oder 30, 40, 50 ...) der unnötigsten Dinge aus dem Reiterladen einfügen, aber da ich keine Klage riskieren möchte, überlasse ich diese Liste Ihrer Phantasie ...

Statt Müslis in bunten Tüten im Internet zu bestellen und über einen Paketdienst liefern zu lassen, kann man regional angebautes, unverarbeitetes Futter in der örtlichen Mühle einkaufen und Kräuter und Äste selbst sammeln und anpflanzen. Weitere Infos finden Sie dazu in Kapitel 2.

Reparieren und Do It Yourself

Kleine Reparaturen, Schönes und Nützliches für den Pferdealltag selber machen, wie das Loch in der Jacke flicken, die gebrochene Schnalle am Halfter austauschen und aus Heuschnüren stabile Seile flechten. Dazu muss man nicht besonders geschickt oder begabt sein. Ein bisschen grundlegendes Werkzeug wie dicke Stopfnadeln, Lötkolben oder Feuerzeug, Hammer, Schraubenzieher und ein paar Nägel und Schrauben reicht schon für einen Großteil der anfallenden Arbeiten.

Zügel und Führseile selbst flechten

Mit ›Fishtail‹ und anderen Flechttechniken können Sie Zügel und Führseile in Ihren Lieblingsfarben und in der passenden Länge und Dicke selbst herstellen.

Für drei Meter lange Zügel mit der Fishtail-Technik benötigen Sie vier Paracord oder PP-Seile mit jeweils zwölf Metern Länge und vier bis fünf Millimetern Durchmesser. Für kleine Hände haben sich Zügel aus vier Millimeter Durchmesser und Führseile aus fünf Millimetern bewährt. Dazu entweder Schiffchenschnallen oder zwei Zügel-Snaps oder möglichst leichte Karabinerhaken oder Alu-Kletterkarabiner. Flechtanleitungen finden Sie im Internet, zum Beispiel hier: **https://www.nordfalben-shop.de**

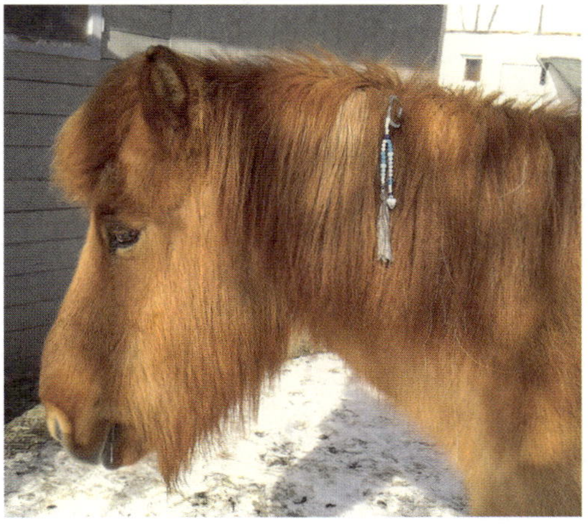

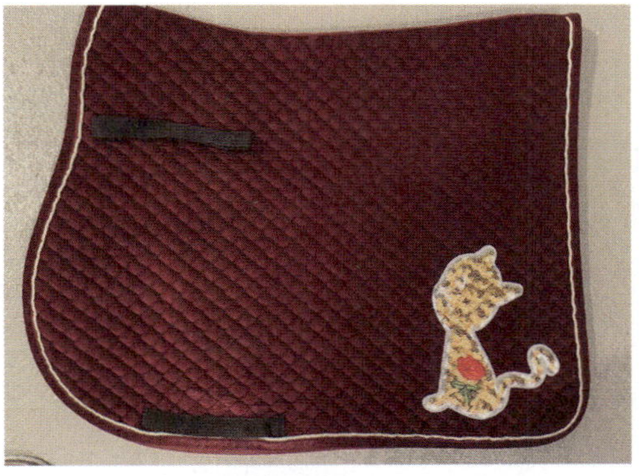

oben: Mähnenschmuck selbst gemacht
Mitte und unten: Schabracken selbst verziert

Zügel selbst flechten

Verschiedene geflochtene Zügel und Führseile

Runde Zügel, zum Beispiel für Westernreiten und gebisslose Zäume, kann man gut aus Tauwerk aus dem Segelsport selbst basteln. Einfach an den Enden eine Schlaufe mit festem Polyestergarn zusammennähen und mit dem Garn umwickeln. Diese Zügelseile kann mit einem dazwischengeschalteten Panikhaken auch gut zum Anbinden in einer Pause nutzen.

Heunetze reparieren

Viele Pferde entwickeln eine bestimmte Technik, um das Heu aus den hängenden Netzen möglichst schnell mit den Schneidezähnen herauszuziehen. Dabei fressen sie meistens an den gleichen Stellen im unteren Teil des Netzes. Dort sind die Maschen schnell durchgebissen und das Netz bekommt große Löcher. Heunetze mit geflochtener Heuschnur flicken geht schnell und unkompliziert und spart nebenbei eine Menge Plastikmüll und Geld, weil die Netze dadurch viele Jahre nutzbar bleiben.

Besen selbst machen

Die traditionellen Resigbesen lassen sich aus Birkenzweigen, alternativ auch Weiden- oder Haselnusszweigen, stabilem aber biegsamen Draht und einem alten Besenstiel leicht selbst binden. Die Zweige sollten möglichst im Herbst oder Winter geschnitten werden und dürfen nicht zu trocken sein, sonst brechen sie leicht ab. Binden Sie zuerst die Zweige mit Draht in drei feste Bündel, fassen die drei Bündel zusammen zu einem und rammen anschließend den angespitzten Besenstiel mittig von

Traditionelle Stallbesen

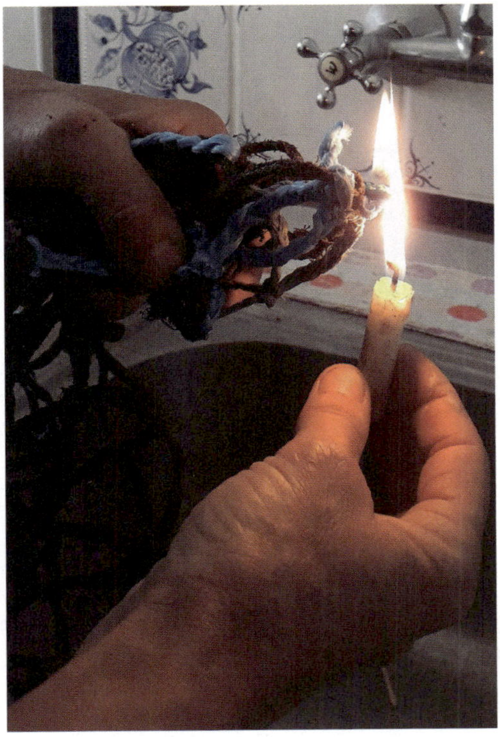

oben in das Reisigbündel hinein. Am besten lässt sich der Draht mit einer Zange fest zusammenziehen und verzwirbeln.

Klimafreundlich zum Stall

Wenn Sie es nicht allzu weit haben, könnten Sie zumindest bei gutem Wetter mit dem (Elektro-) Fahrrad zum Stall oder zur Weide fahren. Oft scheitert das daran, dass größere Gegenstände transportiert werden müssen. Dafür ist ein Fahrradanhänger praktisch. In meinen (natürlich gebraucht gekauften) Hundeanhänger passen problemlos ein Englisch-Sattel, Trense, Bürste, Hufkratzer und zwei 10-Liter-Wasserkanister. Statt Fahrradhelm kann man gleich den Reithelm aufsetzen.

Unterwegs mit Hafermotor

Im Zeitalter, wo wir unsere Pferde mit dicken Autos und Hängern durch die Gegend fahren, vergisst man leicht, dass Pferde Jahrtausende lang fast das einzige – und dazu noch ein sehr effektives – Transportmittel waren.

oben + Mitte: Heunetz mit geflochtener Heuschnur reparieren

unten: Knoten verschmelzen

»Ich glaube an das Pferd. Das Automobil ist eine vorübergehende Erscheinung.«

Dieses Zitat wird dem deutschen Kaiser Wilhelm II. zugeschrieben.

Zum Einkaufen reiten

Noch in den 1930er und 1940er Jahren hatte jeder größere Kaufladen in der Stadt überdachte ›Parkplätze‹ für die Wagenpferde seiner Kunden, wo sie angebunden wurden und das mitgebrachte Heu fressen konnten. Bei den heutigen Supermärkten sieht das eher schlecht aus, aber wie wäre es zum Beispiel mit dem Hofladen im nächsten Dorf? **Dabei gibt es nur Vorteile:** das Pferd wird bewegt, es lernt, unterwegs Pause zu machen, sich zu entspannen und auszuruhen, Sie haben ein Ziel für einen schönen Ausritt, der Einkauf ist erledigt und die Umwelt wird dabei auch noch geschont. Schnappen Sie sich Ihre Satteltaschen und los geht's! Natürlich sollten Sie Ihr Pferd vorher ans Packtaschen-Tragen gewöhnen.

Das Gewicht der Einkäufe sollte in den Packtaschen gleichmäßig auf beiden Seiten verteilt werden. Dazu hängen Sie sich das Verbindungsteil der Taschen über den waagerecht ausgestreckten Unterarm und werfen sie ein paarmal ein Stückchen nach oben. Solange danach eine Tasche weiter unten hängt, müssen Sie nochmal umpacken. Hat Ihr Sattel keine Packtaschenringe, können Sie nachträglich Lakaikrampen am Sattelbaum festschrauben (siehe Tabelle ›Praktische Gegenstände von A bis Z‹). Das Gewicht der Taschen darf nicht auf die Wirbelsäule und den Pferderücken drücken, sondern soll über die Auflagefläche des Sattels verteilt werden. **Warnung:** Reiten mit Rucksack kann bei einem Sturz mit schweren Rückenverletzungen enden! Vor allem, wenn harte und/oder kantige Gegenstände transportiert werden. Ein Rucksack mit einer Regen-

Kartoffelkauf beim Hofladen im Nachbardorf

Die Packtaschen müssen auf beiden Seiten gleich schwer sein

Bepackt für den Wanderritt

jacke und einem Müsliriegel ist noch kein großes Risiko, aber unbequem ist es trotzdem, wenn er in höheren Gangarten auf dem Rücken herumbaumelt.

Urlaub mit 1 PS

Wie wäre es, am Wochenende oder im Urlaub statt eines Ausflugs mit dem Auto oder gar einer Flugreise einen Wanderritt oder eine Wanderung mit Pferd und der Familie oder Freunden zu machen, bei der das Pferd das Gepäck trägt?

Für den Einstieg bietet sich eine Halbtagestour an mit Picknick unterwegs oder Einkehr in einer pferdefreundlichen Gaststätte mit Anbindemöglichkeit oder besser einem Paddock oder einer Koppel.

Wandern mit Pferd

Praktische Gegenstände für den Stall von A bis Z

A

Akkus wiederaufladbar
statt Batterien

Aufsteigehocker für unterwegs
Leichtgewichtiger Teleskophocker, zusammenklappbar zu einem runden Täschchen, das man in einer kleinen Packtasche verstauen kann. Perfekt zum Mitnehmen, wenn Sie im Gelände aufsteigen müssen

Autoreifen, Traktorreifen und Motorradreifen (gebraucht, umsonst bei jedem Reifenhändler)

- als Kipp- und Trittschutz für Wasserbottiche
- als Bodenarbeitshindernis, zum Beschweren für Planen usw.;
- mit einbetoniertem Pfosten als mobiler Zaunpfosten (oder mit kurzem Kunststoffrohr, in das der Holzpfosten gesteckt wird),
- als Heunetzhalterung
- mit Kantholz als Springständer,

Autoreifen mit neuer Bestimmug

B

Badewanne (alt, geschenkt)
als Tränke oder zum Heu-Nassmachen

Balancepads
aus dem Humanbereich oder ein extra stabiles Modell für Pferde als Propriozeptionstraining (verbessert die Körperwahrnehmung und Reaktionsfähigkeit); Lehrfilm Balancepads: https://feldenkrais-recktenwald.de/shop-downloads/

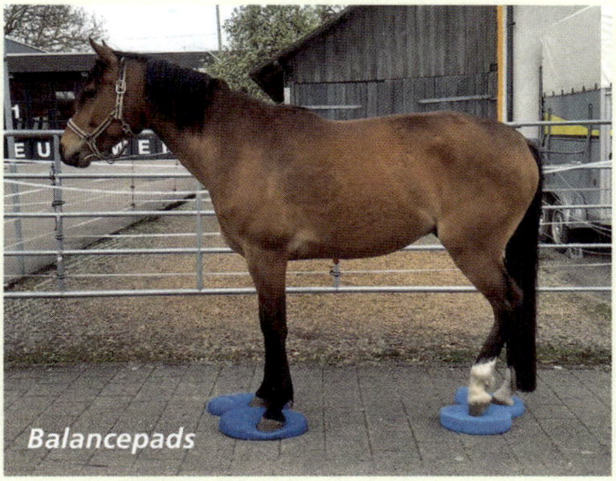

Balancepads

Balimo®
https://balimo.info/der-balimo
Hocker mit beweglicher Sitzfläche, perfektes Trainingsgerät (nicht nur) für Reiter einfach nebenher beim Frühstück oder vor dem Computer

Ballistol Universalöl oder Ballistol Animal
Ballistol ist 100 % biologisch abbaubar und unbedenklich für Mensch, Tier und Umwelt. Zum Reinigen, Desinfizieren, Schmieren: macht bretthartes Leder wieder geschmeidig und imprägniert, entwirrt Mähne und Schweif und macht sie wieder kämmbar, hilft bei der Wundpflege, desinfiziert und fördert die Wundheilung, hilft gegen Scheuerstellen und Satteldruck, ein dünner Film in den Ohren schützt vor Mückenstichen und vieles mehr

Bierkiste(n) (leer)
als Aufstiegshilfe oder als Tritt, um ans oberste Regalbrett heranzukommen. Für größere Pferde können mehrere Bierkisten übereinandergestapelt und mit Kabelbindern zusammengehalten werden.

Biothane® und Beta-Biothane®
mit Kunststoff überzogenes Gurtband in verschiedenen Breiten als Meterware erhältlich, langlebiger und haltbarer als Leder, wasserfest, schmutzabweisend und waschbar. Kann mit der Schere geschnitten und mit Chicagoschrauben, Nieten oder Schiffchen verbunden oder vernäht werden (Bild oben rechts)

Trense aus Biothane mit Schiffchenschnallen und Stirnband aus Paracord

Briefwaage
zum Abwiegen von ganz kleinen Mengen Zusatzfutter (›Pülverchen‹)

C

Chicagoschrauben (Buchschrauben)
zum Verbinden für Leder und Biothane
zum Beispiel für Trensen

D

Drahtbesen
um Haare und übriggebliebene Heuhalme aus der Tretschicht im Paddock zu harken

E

eBay (und ähnliche Internetseiten für Kleinanzeigen und Auktionen)
ist dein Freund für den Kauf und Verkauf von gebrauchter Pferdeausrüstung und günstigen Stallklamotten

Eimer mit Sand gefüllt
als Ständer für mobile Elektrozaunpfosten auf hartem Untergrund, eventuell zusätzlich Ziegelsteine unten als seitliche Abgrenzung einlegen, geht mit Kunststoff- und Holzpfosten (Bild nächste Seite)

Elektro-Elastikseil
für Zauneingänge und flexible Abteilungen im Paddock

Essigkanister (leer) aus Großküchen
als lebensmittelechte Wasserkanister für die Weide oder zum Mitnehmen bei längeren Fahrten im Pferdeanhänger und auf Veranstaltungen

F

Faszienrollen und -bälle für Mensch und Pferd
bei Verspannungen und Muskelschmerzen

Fellsattel, Filzsattel, Reitpad
Eine dieser flexiblen Lösungen sollte eigentlich jeder Reiter (zusätzlich) haben. Bei Figurveränderungen des Pferdes, während der Sattelsuche oder während der Sattel zum Ändern beim Sattler ist, für Jungpferde zur Sattelgewöhnung und einfach für einen kleinen gemütlichen Ritt zwischendurch

Feuchttücher
zum Beispiel für dreckige Pferdeohren, Nüstern, Pferdepo und die eigenen Hände

Franklin-Bälle
Sitzschulung und Faszientraining für alle Reitweisen

G

Gürteltasche oder Reitertasche

Gymnastikball mit mindestens 80 cm Durchmesser
als Fußball für Pferde und als Sitzgelegenheit für Reiter mit Trainingseffekt

H

Handtücher (alt, sauber und trocken in einer Plastiktüte gelagert)
nützlich für alles Mögliche. Nass gemacht zum Hufe-Säubern vor dem Anziehen der Hufschuhe oder vor der Hufbearbeitung. Zum Hände abtrocknen oder ölige Sachen abwischen, feucht zum Staub vom Pferdefell abwischen und 100 weitere Möglichkeiten.

Hagebutten frisch und getrocknet
selbst sammeln und trocknen als gesunde Leckerli oder zerkleinert als Futterzusatz

Heuschnur
Unentbehrlich und bei Kleinballenfütterung quasi in unendlicher Menge vorhanden. Ansonsten bekommen Sie garantiert bei Kleinballen fütternden Freunden ein ganzes Bündel geschenkt.
Mehrere zusammengeflochten als Seil zum Beispiel zum Heunetze aufhängen, einzeln geflochten zum Löcher in Heunetzen flicken und ungefähr eine Million weitere Anwendungsmöglichkeiten.
Tipp: Schneiden Sie die Schnüre am Heuballen nah am Knoten auf, damit möglichst lange knotenfreie Stücke übrigbleiben.

Gesammelte Heuschnüre warten auf ihren Einsatz

Harte Heucobs geeignet zum trocken Füttern
als günstige und gesunde Leckerli

Hocker aus Holz oder Kunststoff
zum Aufsteigen oder um ans oberste Regalbrett heranzukommen.

I

Infrarotthermometer in Pistolenform,
bei dem die Temperatur durch einfaches Anleuchten der gewünschten Stelle in Sekunden ablesbar ist
Ideal zur Feststellung von Oberflächentemperaturen und damit zum Lokalisieren von Entzündungen zum Beispiel im Huf

K

Kabelbinder
Fixiert schnell, fest und billig alles Mögliche und ist zum Abbauen schnell mit der Schere wieder durchgeschnitten

Kinderharke oder Laubharke
als Austausch für den Mistboykratzer

Körperlotion *zum Beispiel von Aldi*
als Grundlage für eine pflegende und Fliegen abweisende Pflegelotion nicht nur für Ekzempferde (siehe Rezept ›Ekzemlotion‹)

Küchenwaage
zum Portionen abwiegen für Zusatzfutter und Kraftfutter
Tipp: die benötigte Menge einmal im Meßbecher abwiegen und mit wasserfestem Stift die richtige Höhe anzeichnen; benötigte Menge auch außen auf dem Eimer aufschreiben, zum Beispiel ›3 Messbecher‹

Kühlpads wiederverwendbar
für die Tiefkühltruhe mit Kletthülle zur Befestigung am Pferdebein und für Prellungen beim Reiter

Kunstrasen
als temporäre oder dauerhafte Bodenbefestigung und rutschfesten Belag für Holzboden und Holzhindernisse wie Wippen

L

Lakaikrampe
zum Nachrüsten als Gepäckbefestigung für Sättel ohne Ringe oder zu wenig Ringen, vom Sattler oder wer sich traut selbst mit Holzschrauben am Sattelbaum festschrauben

Laubharke
Kleines Modell als Mistkratzer, großes Modell zum Heuhalme und Haare abharken auf dem Sand- oder Kies-Paddock

Laubsäcke für den Garten
für sauberen Heutransport, zum Beispiel im Auto

Ladesicherungsnetze
(für Anhänger) als Heunetze sind robust, günstig und individuell zuschneidbar

M

Mörtelkübel
zum Beispiel als Mistkübel (nicht als Tränke verwenden wegen der Schadstoffe!)
Alternativ zum wackeligen Brett als Auffahrrampe auf den Mistanhänger sammeln wir den Mist in einem Mörtelkübel, der in einer Schubkarre steht. Der volle Kübel kann dann von Hand über den Rand des Mistanhängers gehoben und ausgekippt werden.

Nudelsieb
zum Ausfiltern von Grashalmen, Blättern, Algen und Insekten aus dem Tränkebottich. Das Wasser bleibt viel länger sauber und muss seltener ausgewechselt werden.

P

Palette
aus Holz zum Heu-Stapeln, damit Luft darunter kommt; aus Holz oder Kunststoff als Podest: stabile Holzplatte aufschrauben und rutschfeste Gummimatte verkleben oder alternativ anstreichen und Sand auf die noch nasse Farbe streuen

Paloxe (Palettenbox aus Kunststoff)
Robuste und lebensmittelechte Palettenboxen in verschiedenen Größen mit geschlossenen oder durchbrochenen Wänden

Paloxe mit aufgesetztem Dach als Heuraufe

Panzertape – Silberband – Gewebeklebeband – Ducktape
universell einsetzbar zum Beispiel als äußere Schicht für den Hufverband und zum Flicken von wirklich allen möglichen Dingen

Riss in der Jacke unkompliziert geflickt

Paracord und PP-Seil
zum selbst Flechten von Zügeln, Führstricken, Stirnbändern, Hundeleinen und vielem mehr

Geflochtene Zügel aus PP-Seil

Plastiktonnen und -boxen
als Futtertonnen und zum mäusesicheren Aufbewahren von Decken und Schabracken

Poolnudeln
als Trailhindernisse, zum Beispiel als Ring zum Durchspringen

Hindernisse aus Poolnudeln

Hindernisse aus Poolnudeln

R

Regenhose
nicht nur zum Ausreiten im Regen, sondern auch beim Laufen durch nasses Gras und als zusätzliche winddichte Schicht bei stürmischem Wetter

Reitertaschenmesser mit Hufkratzer
bei jedem Ausritt dabei

S

Sammelbestellungen für alles Mögliche
mit Reiterfreunden zusammentun und größere Mengen Futter etc. zum günstigeren Preis bestellen oder um Versandkosten zu sparen; Impftermine im Stall zusammenlegen, um sich die Fahrtkosten vom Tierarzt zu teilen usw.

Schiffchen
Metallverbinder für Trensen und Zügel, Foto siehe ›Biothane‹

Schneeschaufel
um den Mist von ebenen, gepflasterten Paddocks abzuschieben

Schrumpfschlauch
sichert den Schlag bei Gerten und Peitschen gegen Abbrechen, als Überzug für raue Werkzeugstiele usw.

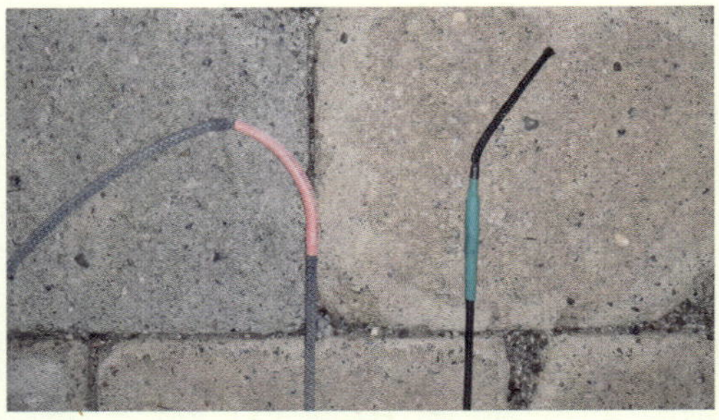

Solarpanel für das Weidezaungerät
für einen entspannten Weidesommer ohne ständiges Batterieaufladen

Stirnlampe
unentbehrlich auf der Weide, für alle Arbeiten, bei denen die Hände frei sein müssen und wenn man im Dunkeln mit dem Pferd unterwegs ist

T

Töpfchen für Kleinkinder
als Stangenauflage gegen Wegrollen bei Bodenstangen

W

Waschmaschine für Pferdesachen
Haben Sie genug Platz im Keller, empfiehlt sich eine Extra-Waschmaschine für Schabracken, Halfter, Decken, dreckige Stallklamotten und Heunetze. Gebrauchte Maschinen gibt es oft sogar geschenkt und tun noch lange ihren Dienst.

Wasserkocher
für Mash und Co.

WD 40 Universal-Öl
als Schmiermittel für die Anhängerkupplung und gegen quietschende Türen, Schutzfilm gegen Rost auf Metallteilen wie verrosteten Schnallen und vieles mehr

Werkzeugkasten aus Kunststoff mit vielen Fächern
als Putzkoffer oder Medikamentenbox. Robust, praktisch und günstig. Sehr große Kästen gibt es auch mit Rollen zum Ziehen.

Windeln oder Schwimmwindeln als Hufverband
zum Angießen bei einem Hufabszess oder zum Schutz einer Hufverletzung

Z

Zeitschaltuhr
für Futterautomaten, zum Laden von Akkus ohne sie zu überladen, Weidetoröffner und vieles mehr

Gute Laune trotz Regen mit der richtigen Kleidung

Reiten im Regen

Pferde sind von Natur aus an Regen angepasst und brauchen auch bei schlechtem Wetter Bewegung. Am bequemsten ist das Reiten bei Regen natürlich in der Halle.
Im Regen draußen unterwegs zu sein, kostet erstmal etwas Überwindung. Doch mit der richtigen Ausrüstung vergisst man das ›Shitwetter‹ meistens schnell und hat trotzdem Spaß.

Stallklamotten – robust, praktisch, wasserdicht

Wichtig ist, dass beim Reiter nirgends Wasser durchkommt, denn nass sein bedeutet schnell frieren und sich unwohl fühlen und vielleicht sogar eine Erkältung als Folge. Investieren Sie in eine gute, wasserdichte und atmungsaktive Regenjacke und eine Regenhose. Für lange Ausritte und Wanderritte hat sich ein zusätzlicher Poncho bewährt. Viele Reiter bevorzugen Reitregenmäntel, die auch den Sattel abdecken. Ich finde sie unpraktisch, wenn man viel auf- und absteigt und zu Fuß geht. Regnet es auf den Sattel, weil man zwischendurch absteigt, wird der Po hinterher nass. Also braucht man trotzdem zusätzlich eine Regenhose, auch weil sonst das ganze Wasser vom unteren Mantelende direkt auf die Reithose und weiter in die Schuhe läuft. Außer man trägt wasserdichte Reitstiefel mit hohem Schaft, die aber zum Laufen im Gelände unbequem sind.

Gewöhnen Sie Ihr Pferd schon im Vorfeld an die raschelnde Regenbekleidung. Das gilt besonders für flatternde Dinge wie Mäntel und Ponchos und für das An- und Ausziehen auf dem Pferd.

Für darunter hat sich das Zwiebelprinzip aus mehreren dünnen, atmungsaktiven Schichten bewährt. Zwischen den Kleidungsschichten bleibt jeweils etwas Luft als Wärmespeicher. Wichtig dabei ist, dass die unteren Layer keine Feuchtigkeit aufsaugen, sondern sie nach außen durchlassen. Das leistet Funktionswäsche aus Polyester, Baumwolle ist eher ungeeignet.
Bei kälteren Temperaturen sind wasserdichte Handschuhe mit gutem Grip ein Muss, sonst werden die Hände schnell gefühllos. Die Reitschuhe oder Stiefel sollten wasserdicht sein und eine rutschfeste Profilsohle haben. Bei kaltem, nassen Wetter trage ich gerne EVA-Gummistiefel mit herausnehmbarem Filzinnenschuh. Sie sind leicht, weich und bequem zum Reiten und Laufen, absolut wasserdicht und halten jahrelang. Im Sommer sind robuste, gut gefettete Leder-Stiefeletten oder leichte Trekkingschuhe mit Membran eine gute Wahl.

Eine Reflexweste, Reflexschabracke und Reflektoren am Helm und an den Pferdebeinen sorgen bei düsterem Wetter für Sicherheit im Straßenverkehr oder falls man alleine ausreitet, dass man bei einem Sturz besser gefunden werden kann. Die meisten Pferde brauchen keine Regendecke, weil das Fell von Natur aus wasserableitend wirkt. Anders sieht es bei geschorenen Pferden aus. Dann kann eine (im besten Fall reflektierende) Ausreitdecke oder Nierendecke nötig sein, damit es nicht bis auf die Haut durchnässt wird und auskühlt.

Viele Reiter scheuen sich davor, ein regennasses Pferd zu satteln. Meiner Erfahrung nach macht ein nasses Fell unter dem Sattel den Pferden nichts aus. Ist das Fell wirklich klitschnass, können Sie vorher ein paar Minuten ein großes Handtuch auf den Rücken legen. Schwieriger ist nasser Dreck im Fell, der unter dem Sattel scheuern und zu Druckstellen führen kann.
Hier müssen Sie zuerst möglichst viel vom groben Dreck mit einem groben (Zacken-)Striegel herausstriegeln. Bürsten Sie nur mit dem Strich, damit das Fell glatt liegt und die Dreckklümpchen nicht noch

Volle Regenmontur auf dem Wanderritt

Machen Sie sich sichtbar – Reflexschabracke

weiter hineingerubbelt werden. Ist das Pferd hoffnungslos verschlammt, können Sie es auch mit einem Schwamm und (möglichst warmem) Wasser abwaschen und mit dem Schweißmesser abziehen. Jetzt können Sie beruhigt satteln und am besten erstmal ein paar Minuten führen, damit der Sattel sich auf dem Rücken anwärmt und die Rückenmuskeln aufgewärmt werden.

Für morgen ist Regenwetter angesagt und Sie möchten auf eine Veranstaltung oder losreiten ohne lange Vorbereitungszeit. Ein alter Trick ist, das Pferd am Tag vorher gründlich zu putzen und eine leichte Regendecke mit Halsteil aufzulegen. Damit sollte es am nächsten Tag zumindest schneller gehen. Echte Schlammschweine schaffen es jedoch trotz Decke, erstaunlich viel Körperoberfläche einzusauen. Da hilft nur Humor und ein großzügiges Zeitpolster zum Schrubben.

Abschwitzen bei Regenwetter

Natürlich gilt auch bei Regen, dass das Pferd mindestens die letzte Viertelstunde des Ausrittes zum Abwärmen Schritt gehen soll, am besten geführt, damit der Rücken unter der Sattellage wieder besser durchblutet wird. Regnet es weiterhin, ist es schwer zu erkennen, ob das Pferd noch schwitzt oder nur vom Regen nass ist. Schweiß von innen und Regenwasser von außen sorgen dafür, dass das Fell komplett durchnässt wird und das Pferd besonders schnell auskühlt. Vorsichtshalber sollten Sie es unter Dach stellen und eine Abschwitzdecke aus Fleece auflegen. Ein Pferd im Sommerfell ist in der Regel nach einer halben Stunde darunter einigermaßen trocken und kann ohne Decke wieder herausgelassen werden. Pferde mit dickem Winterfell brauchen oft stundenlang, bis sie ganz trocken sind. Hier hat es sich bewährt, nach dem ersten Abschwitzen die Fleecedecke auszuziehen und eine atmungsaktive Outdoordecke aufzulegen, die das Pferd auch im Paddock oder auf der Weide ein paar Stunden oder bis zum nächsten Morgen tragen kann.

Nasse Ausrüstung sollten Sie an einem gut belüfteten und im Winter geheizten Ort aufhängen und gründlich trocknen lassen. Ist es überall im Stall klamm und feucht, sollten Sie die Sachen möglichst mit nach Hause nehmen, damit sie richtig abtrocknen können. In einer großen Kunststoffwanne oder Plastikbox können Sie die nassen Sachen problemlos im Auto transportieren. Ledersachen und Lammfellartikel sollten niemals auf der Heizung getrocknet werden, weil sie sonst brüchig werden. Lederzeug sollten Sie nach dem Trocknen mit Lederfett pflegen, damit das Leder geschmeidig bleibt und sich auch beim nächsten Regen nicht vollsaugt. Für Viel-Draußen-Reiter sind eine Trense und Zügel aus Biothane eine wasserfeste und pflegeleichte Alternative.

Safety first! Sicherheitstipps für den Ausritt

Reiten gehört zu den Sportarten, die regelmäßig die oberen Plätze der Unfallstatistiken belegen. Durch eine solide Ausbildung von Pferd und Reiter und die passende Sicherheitsausrüstung lässt sich das Risiko jedoch deutlich senken.
Neben den üblichen Ausrüstungsempfehlungen wie Reithelm, Sturzweste und Sicherheitssteigbügeln gibt es eine Reihe von Dingen, die unseren Sport sicherer machen, ohne uns unnötig einzuschränken. Auf jeden Ausritt, der weiter vom Stall wegführt als ›einmal um den Block‹, sollten Sie ein kleines Erste-Hilfe-Set mitnehmen. Meistens geht es gar nicht um schlimme Verletzungen wie eine große blutende Wunde. Ein Pflaster kann den Tag retten, wenn man es auf die Blase an der Ferse von den neuen Stiefe-

letten kleben kann. Kompakte, leichte Erste-Hilfe-Sets für den Outdoorbereich werden schon fertig in einer wasserdichten Tasche (zum Beispiel für Radfahrer) angeboten und können am Sattel befestigt oder in einer Gürteltasche mitgenommen werden.

Mehr Sicherheit auf Alleine-Ausritten gibt eine App für das Smartphone (zum Beispiel TrailCompanion) mit Tracking (Aufzeichnung der Route über GPS) und Alarmfunktion. Verändert sich die Position des Reiters über eine vorher eingestellte Zeitspanne nicht, meldet sich die App mit einem Warnton, den der Reiter abstellen kann. Reagiert er nicht, geht das Programm von einem Sturz aus und sendet eine SMS an den vorher eingestellten Notfallkontakt. Die Kontaktperson kann über die App auf ihrem Smartphone den Standort des Gestürzten einsehen und Rettungsmaßnahmen einleiten.

Sicherheitssysteme wie der Guardian-Horse-Unfall-Tracker oder der Tocsen-Sturzsensor, die über Bluetooth mit der dazugehörenden App auf dem Smartphone verbunden sind, erkennen Unfälle noch besser und starten automatisch einen Notfallalarm. Der Alarmmechanismus informiert die Notfallkontakte über den Unfall.
Diese können dann über die App einsehen, wo der Reiter gestürzt ist und schnelle Rettungsmaßnahmen veranlassen.
Schon seit Jahrzehnten habe ich bei jedem Ausritt ein laminiertes Kärtchen mit meinem Namen und Adresse und zwei Telefonnummern von Notfallkontakten in der Hosen- oder Westentasche. Wer kein Laminiergerät hat, kann auch einfach von beiden Seiten Tesastreifen überlappend aufkleben. Die moderne Version ist ein Sicherheitsanhänger mit einem QR-Code, den ein Helfer scannen kann (zum Beispiel von USG). Auf der Hilfeseite im Internet können die vorher hinterlegten Daten eingesehen und damit die Kontaktpersonen benachrichtigt werden.
Zusätzlich ist es sinnvoll, am Sattel oder am Halfter eine Marke mit dem Pferdenamen, Ihrem Namen und Telefonnummer sowie der Stalladresse zu befestigen, falls das Pferd nach einem Sturz wegläuft.

Das Reiterauto

Das Reiterauto ist Gegenstand vieler Witze à la ›aus seinem Inhalt kann man innerhalb einer Viertelstunde einen Weideunterstand bauen‹, wenn man es ausfegt, hat man genug Heu für zwei Tage‹, ›bei Regen findet man genug Outdoorklamotten für fünf schlecht ausgerüstete Leute‹ usw.

Ich gebe zu, mein Auto sieht ziemlich typisch genauso aus. Im Kofferraum finden sich immer mindestens ein Ersatzhalfter samt Anbindestrick, ein Bündel Heuschnüre, einige Stücke Elektrozaunband, eine Astschere, ein paar alte, aber saubere Handtücher, Hufkratzer, eine alte Hufraspel, diverses Putzzeug und noch eine ganze Menge mehr. Der Notfallpulli, die Regenjacke und die Regenhose haben nicht nur mich schon einige Male vor dem Fast-Erfrieren gerettet. Während der Sommerweidezeit bleiben alle laufend nötigen Dinge wie Hufschuhe, Reithelm und Gerte, Trense, Fliegenhaube, Fliegenspray und Stirnlampe sowieso die ganze Zeit im Auto liegen. Wer will schon täglich sämtliche Sachen aus der Sattelkammer hin- und herschleppen? Der Reithelm sollte vor Temperaturen über 60 °C und starker UV-Strahlung geschützt werden und nicht frei im Auto herumschleudern. Deshalb lagere ich meinen Helm eingewickelt in eine dicke alte Winterjacke im Fußraum hinter dem Fahrersitz. Bei sehr heißen Temperaturen lege ich noch eine Decke darüber, so fühlt er sich auch bei großer Hitze immer noch kühl an. Nur die Sättel räume ich nach jeder Benutzung wieder in die Sattelkammer, weil ich denke, die Sonne und Hitze im Auto scha-

Reiterauto in der Weidesaison

den dem Leder. Außerdem ist der Geruch von verschwitzten Satteldecken im heißen Auto selbst für hartgesottene alte Pferdemenschen wie mich kaum zu ertragen.
Als Selbstversorger mit einem Stall und/oder Weiden außerhalb, wo viel Equipment transportiert werden muss, finde ich es fast unmöglich, mein Auto dauerhaft sauber zu halten. Besonders am Innenraum eines Fahrzeuges geht das Dasein als Reiterauto nicht spurlos vorbei. Das kann ein ernstes Problem werden, zum Beispiel weil Sie mit sauberer Kleidung ins Büro fahren und auch so dort ankommen müssen, Ihr Partner oder der Rest der Familie das Auto auch nutzt oder es sich gar um ein Geschäftsauto oder einen Dienstwagen handelt.

Ich habe nur ein einziges Auto als Neuwagen gekauft und fand es stressig und anstrengend, immer aufzupassen, dass es nicht dreckig und zerkratzt wird. Jetzt wo es älter und weniger wert ist und eine gewisse Patina aufweist, fühle mich viel wohler und entspannter. Vor Terminen, wo saubere Kleidung gefragt ist und Urlaubsfahrten wird das Auto ausgesaugt und soweit geputzt, dass ich einigermaßen sauber ankomme. Härtefälle oder den Dienstwagen können Sie zur professionellen Innenraumreinigung bringen.

Wenn Sie sich das Auto aussuchen können, wählen Sie am besten dunkle Farben und glatte Stoffe für die Sitzbezüge oder noch besser Ledersitze. Bei Stoffsitzen helfen Sitzüberzüge, die man regelmäßig absaugt, ausschüttelt und wäscht.

Tragen Sie zur Fellwechselzeit Kleidung aus glatten Stoffen, also lieber Regenjacke oder Softshell statt Fleece, damit möglichst wenig Haare hängenbleiben. Haare und Heu sollten Sie vor der Fahrt abbürsten so gut es geht oder sich notfalls im Stall umziehen. Die Pferdeklamotten wandern in geschlossene Kisten oder große Säcke, bevor sie im Auto transportiert werden.
Gummimatten für die Fußräume sollten selbstverständlich sein. Schmutzige Schuhe kommen in eine Plastikwanne im Fußraum des Beifahrersitzes. Zum Fahren ziehe ich saubere und trockene Halbschuhe an, weil nasse oder gar matschige Schuhe von den Pedalen abrutschen können. Am besten, Sie wechseln die Schuhe grundsätzlich zum Autofahren, Stallschuhe riechen nämlich immer irgendwie nach Stall, auch wenn sie sauber und trocken sind.
Eine passende Kofferraumwanne aus Kunststoff für Ihr Automodell nimmt es nicht übel, wenn mal ein Futtersack aufreißt oder erdverschmierte Elektrozaunpfosten transportiert werden. Sie lässt sich leicht ausschütteln oder mit dem Wasserschlauch abwaschen.

Hänger ankuppeln leicht gemacht

Ohne Rückfahrkamera kann es ganz schön kniffelig sein, den Anhängehaken des Autos unter der Kupplung des Hängers zu platzieren. Bitten Sie einen Helfer, seine Hand direkt über der Kupplung zu halten, in einer Höhe, die Sie im Rückspiegel bequem sehen können. Bei den meisten Kombis ist der hintere Scheibenwischer genau in der Mitte der Scheibe befestigt. So können Sie die Mitte des Autos auf

Besenstil als Richtungsweiser

die Hand einrichten und solange rückwärtsfahren, bis der Helfer ›Stopp‹ ruft oder Handzeichen gibt.

Müssen Sie alleine anhängen, stellen Sie einen Besenstil oder einen Elektrozaunpfosten als Zeiger an die Kupplung.

Halfter mit ›Antenne‹

Antenne für hartnäckige Zaundurchschlüpfer

Isländer Skolli nutzte gerne seine dicke Mähne als Schutz, um unter dem Elektrozaun auf saftigere Weidegründe durchzuschlüpfen. Wir umwickelten ein Halfter mit Draht und ließen oben eine ›Antenne‹ herausstehen. Der abschreckende Effekt nach ein paar Stunden mit dem Antennenhalfter hielt jedes Mal mindestens ein halbes Jahr an. Normalerweise tragen unsere Pferde niemals unbeaufsichtigt Halfter, wegen der Gefahr des Hängenbleibens. Hier nutzten wir ein günstiges, nicht allzu stabiles Halfter, das im Notfall wahrscheinlich gerissen wäre. Besser ist ein Sicherheitsweidehalfter mit Klettverschluß, das bei geringem Zug aufgeht.

Urlaub als Pferdebesitzer

War es früher als bäuerlicher Großtierbesitzer nicht üblich und häufig auch nicht möglich in Urlaub zu fahren, kann sich heute fast niemand mehr ein Leben ohne Reisen und Auszeiten vorstellen. Mit der richtigen Vorplanung ist das auch mit einem oder mehreren eigenen Pferden fast immer realisierbar. Dabei gilt: Je pflegeaufwändiger, kränker und/oder älter das Pferd ist, umso schwieriger wird die Organisation und umso schwerer fällt es einem selbst, die Verantwortung vorübergehend in andere Hände zu geben. Grundsätzlich gibt es zwei Möglichkeiten, eine Urlaubsreise zu planen:

1. Urlaub VOM Pferd

Klar lieben wir Pferdemenschen es, viel Zeit mit unseren vierbeinigen Freunden zu verbringen. Trotzdem kann es viele Gründe geben, einen Urlaub ohne Pferde zu planen. Sei es der Partner oder die Familie mit anderen Hobbys, eigene andere Interessen wie eine Städtereise oder eine Fernreise, Erschöpfung nach einer Krankheit des Pferdes mit aufwändiger Pflege oder eigener Erkrankung oder einfach mal rauskommen aus der täglichen Mühle des Selbstversorgerdaseins.

Mensch auf Reisen – Pferd bleibt zu Hause

Steht das Pferd in Vollpension, wird es in der Regel im Heimatstall wie gewohnt weiter versorgt. Bei ein paar Tagen Abwesenheit reicht in der Weidesaison die tägliche Bewegung auf der Koppel oder im Aktivstall bzw. Paddocktrail. Für einen mehrwöchigen Urlaub sollte(n) zusätzlich eine (oder mehrere) bekannte und vertrauenswürdige Person(en) regelmäßig nach dem Pferd schauen, den Gesundheitszustand kontrollieren, Hufe auskratzen und nach Absprache bewegen. In Pensionsställen findet diese Unterstützung oft gegenseitig statt, nach dem Motto: ›Du kümmerst dich während meines Urlaubs um mein Pferd und ich kümmere mich während deines Urlaubs um dein Pferd.‹

Vorbereitung auf den Urlaub

Ist man nicht gerade auf einer Fernreise am anderen Ende der Welt unterwegs, kann heutzutage bei Fragen und Problemen jederzeit per Mobiltelefon Rücksprache gehalten werden. Trotzdem sollte man der Urlaubsvertretung eine gründliche Einführung in alles rund ums Pferd, seine Haltungsbedingungen

Urlaub vom Pferd

und seine Besonderheiten geben und ein- oder besser mehrmals zusammen die Versorgung und Bewegung durchspielen. Dazu gehört eine Liste mit wichtigen Telefonnummern wie Tierarzt, Hufbearbeiter und weiteren Personen, die sich auskennen und/oder entscheidungsbefugt sind. Die Urlaubsvertretung übernimmt die große Verantwortung für ein geliebtes Familienmitglied eines anderen Menschen. Darum sollte man im Vorfeld auch über wichtige Entscheidungen sprechen, zum Beispiel, ob das Pferd bei einer schweren Kolik mit Darmverschluss in eine Klinik gebracht und operiert werden soll.

Checkliste für die Urlaubsvertretung

Futter: Heumenge, Fütterungszeiten, Weidezeit, Strohmenge usw. Zusatzfutter oder Medikamente Was darf das Pferd auf keinen Fall fressen (z.B. kein Gras bei EMS, kein trockenes Heu bei Stauballergie etc.)
Bewegung: Wer bewegt das Pferd an welchen Tagen? Wie oft soll geritten, am Boden gearbeitet oder longiert werden?
Misten: Wer mistet die Box oder den Offenstall oder sammelt die Weide ab?
Kontakte · Notfälle: Telefonnummer des Haustierarztes und eventuell der Rund-um-die-Uhr-Vertretung, Telefonnummer des Hufbearbeiters Welche Person(en) soll(en) im Notfall benachrichtigt werden? Hat das Pferd Besonderheiten im Umgang (z. B. führen auf die Koppel nur mit Führkette) oder Ängste (z. B. vor großen Traktoren im Gelände)?

Schwieriger wird es bei Selbstversorgern – wobei man gerade als Einzelkämpfer generell jederzeit eine Lösung für Krankheit und andere Ausfälle bereit haben sollte. Die geplanten Notfallversorger – zum Beispiel Einsteller, Reitbeteiligungen, Familienmitglieder oder Freunde – sollten sich bei den Arbeitsabläufen im Stall auskennen. Dazu sollte eine Liste mit Beschreibung der Arbeiten und allen wichtigen Telefonnummern gut sichtbar im Stall platziert sein. Falls die geplanten Vertreter nicht sowieso regelmäßig im Stall sind, sollten sie von Zeit zu Zeit vorbeikommen und bei der Versorgung mithelfen, um auf dem neuesten Stand zu bleiben. Immer häufiger bieten auch sogenannte ›Pferdesitter‹ ihren Service an, der nicht nur die reine Versorgung umfasst, sondern auch ein Bewegungsprogramm nach Absprache, zum Beispiel Longieren oder Reiten.

Lässt sich eine längere Abwesenheit nicht über Aushilfen im eigenen Stall regeln, müssen die Pferde während dieser Zeit umziehen. Manche Pensionsställe bieten eine Rundum-Urlaubsbetreuung sogar mit Beritt oder Ausbildung in bestimmten Spezialgebieten an. Am besten, das Pferd kennt den Stall schon, zum Beispiel von Kursen und man selbst hat ein gutes Gefühl und Vertrauen zu den Stallbesitzern.

2. Reiturlaub mit dem eigenen Pferd

›Ich nehme mein Pferd einfach mit in den Urlaub!‹ Das klingt nach einer perfekten Lösung und schlägt gleich zwei Fliegen mit einer Klappe: Die Versorgung des Pferdes ist gesichert und man verbringt die schönsten Tage des Jahres mit seinem liebsten Freizeitpartner in einer schönen Landschaft.
Pferde sind Gewohnheitstiere und ein Umgebungswechsel kann für sie unter Umständen mehr Stress als spannende Abwechslung bedeuten. Für den Anfang bieten sich daher Tagesritte und eintägige Fahrten zu Veranstaltungen an, wo das Pferd abends wieder in seine gewohnte Umgebung und zu den vertrauten Herdenmitgliedern in den Heimatstall zurückkommt.
Meistert Ihr Pferd diese Herausforderungen entspannt, können Übernachtungen dazukommen. Einen guten Einstieg in den gemeinsamen Urlaub mit Pferd und dazu noch die klimafreundlichste Variante bietet ein mehrtägiger Wanderritt (oder eine Wanderung, bei der das Pferd das Gepäck trägt) ab dem Heimatstall. Ideal ist, wenn bei den ersten Erlebnissen ein ruhiger, erfahrener Herdenkumpel mitkommt.

Nimm mich mit auf die Reise ...

Vor dem Strandritt an der Nordsee, dem mehrtägigen Reitlehrgang in einer Spezialdisziplin oder dem Wanderritt im Mittelgebirge erwartet Ihr Pferd eine mehr oder weniger lange Fahrt mit dem Pferdehän-

Ritt durchs Wattenmeer zur Insel Neuwerk

ger. Dabei sollten Sie abwägen, welche Entfernung für den geplanten Zeitraum realistisch ist.

Grundsätzlich gilt:

- Je länger der Urlaub dauert, je weiter kann die gefahrene Strecke sein. Bei mehr als sieben Stunden Fahrtzeit teile ich die Strecke auf zwei Tage auf und buche vorher ein ruhiges Übernachtungsquartier, möglichst auf einer Weide oder wenigstens in einer großen Paddockbox, damit das Pferd sich frei bewegen kann.
- War das Pferd schon öfter auf Lehrgängen und zum Ausreiten in fremdem Gelände unterwegs? Je mehr Erfahrung das Pferd mit neuen Umgebungen und Reisen hat, desto ruhiger bleibt es in der Regel.
- Zu zweit mit einem vertrauten Pferdekumpel ist alles viel entspannter. Also vielleicht den Urlaub zusammen mit einer Reiterfreundin und ihrem Pferd verbringen?
- Hängerfahren ist auch für Menschen anstrengend und braucht viel Konzentration. Umso mehr Übung der Reiter im Hängerfahren hat, umso länger kann die gefahrene Strecke sein.

Wanderritt

Übernachtung auf dem Wanderritt

Das Pferdejahr und seine Herausforderungen

Hilfe, es ist Winter!

Der Winter ist nicht gerade die Lieblingsjahreszeit der meisten Reiter. Kalt, matschig, glatt, dunkel erschweren die tägliche Versorgung und Bewegung unserer Pferde. Dazu kommen viele Fragen zur Pferdegesundheit:

Haben Pferde bei Kälte einen höheren Futterbedarf?
Braucht das Pferd eine Decke oder nicht?
Gesunde Pferde brauchen erst bei zweistelligen Minustemperaturen zusätzliche Energie, um ihre Körpertemperatur zu halten. Fallen die Temperaturen unter -15 Grad, benötigen Pferde mehr Heu für ihren körpereigenen ›Heizofen‹, das Verdauungssystem. Bei der Verdauung von Raufutter entsteht Fermentationswärme.

Für vollblütige Pferdetypen mit dünnem Fell, ältere oder chronisch kranke Pferde reicht eine größere Heuportion oft nicht, sie brauchen zusätzlich ein hochenergetisches Kraftfutter, damit sie nicht abmagern und frieren. Eine gefütterte Thermodecke hilft

Das Fell isoliert so gut, dass der Schnee liegen bleibt

Perfekte Regenableitung im Fell: Die ›Ponyglocke‹ am Schweif hält den Po trocken und warm

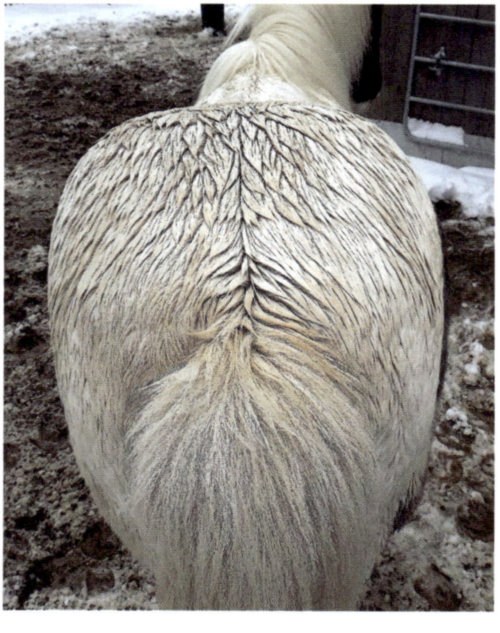

solchen Pferden mit wenig Unterhautfett beim Energie sparen und warm bleiben, auch bei Regen und kaltem Wind. Großflächig geschorene Pferde sollten dauerhaft eingedeckt werden.

Robustrassen wie Isländer, Shetlandponys und Norweger sind mit ihrem langen, dichten Winterfell und einer dicken Unterhautfettschicht an kalte Winter angepasst und brauchen hierzulande meist keine nennenswerte Heuzulage und schon gar kein Kraftfutter und keine Decke, außer zum Abschwitzen nach dem Reiten.

Was ziehe ich an, damit ich nicht friere und mich trotzdem noch bewegen kann? Auch hier hat sich das Zwiebelschalenprinzip bewährt (siehe Reiten im Regen). Für draußen ist das Attribut ›winddicht‹ wichtig, weil man sonst trotz dicker Kleidung durch den sogenannten ›Windchill‹ auskühlt. Eine Thermohose, winddichtes Stirnband oder Helmmütze unter dem Reithelm und bei Minusgraden Wolle als wärmende Zwischenschicht, darüber eine längere winddichte Jacke in Parkaform, die auch den Po bedeckt, haben sich bei uns im Mittelgebirge auf knapp 800 Meter Höhe bewährt.
Bei Schnee und Matsch sind EVA-Gummistiefel mit herausnehmbarem Innenschuh oder nicht zu klobige gefütterte knöchelhohe Stallschuhe mit Gummifuß-

Das Zwiebelschalenprinzip

Hufschuhe mit Stiften

teil auch zum Reiten eine gute Wahl. Die Innenschuhe können Sie täglich auf der Heizung trocknen, dann bleiben die Füße warm. Vorsicht: EVA-Stiefel dürfen nicht auf die Heizung, sonst verformen sie sich! Sicherheitssteigbügel sind generell eine gute Idee, für Stiefel und Schuhe mit grober Profilsohle ein Muss!

Für Wärme von unten sorgt eine kuschelige Schaffellauflage für den Sattel oder gleich ein Fellsattel und gegen kalte Füße helfen Heizsocken und -sohlen mit Akku.

Beim Reiten und Spazierengehen gibt es bei Temperaturen nur knapp unter dem Gefrierpunkt und Pappschnee das Problem des Aufstollens. Für Barhufpferde ist das meistens kein großes Problem und mit intakten Eckstreben sind sie in der Regel auf Schnee auch trittsicher und rutscharm unterwegs. Bei Glatteis sind Barhufe sehr rutschig, daher sollten Sie möglichst zuhause bleiben.

Besonders Hufschuhe aus eher hartem Sohlenmaterial sind bei Schnee ziemlich rutschgefährdet. Bei den meisten Hufschuhmarken können Sie Spikes nachrüsten. In schneereichen Gegenden lohnt es sich, ein Paar extra Winterschuhe mit Stiften und ein Paar Sommerschuhe ohne Stifte zu haben, damit das Pferd nicht das ganze Jahr mit den Spikes laufen muss. Hufschuhe mit Spikes stoppen den Huf beim Aufsetzen auf Teer und ruckeln. Das finde ich nicht gerade gesund für die Gelenke.

Trägt Ihr Pferd Hufeisen, sollten Sie rechtzeitig zum Winteranfang Hufgripp gegen Aufstollen und Widiastifte gegen Rutschen anbringen lassen. Für Extremfälle gibt es abschraubbare Stollen. In der Heimat meiner Vorfahren in Masuren wurden die Pferde im Winter ›scharf beschlagen‹ mit Stollen in H-Form. Damit konnten sie sogar über das Eis der zugefrorenen Seen laufen und dabei einen schweren Wagen oder Schlitten ziehen.

Bei Dunkelheit sicher unterwegs

Die Straßenverkehrsordnung schreibt vor, dass Pferd und Reiter oder Pferdeführer während der Dämmerung, bei Dunkelheit oder schlechten Sichtverhältnissen (zum Beispiel Nebel, Schnee, Regen) ausreichend beleuchtet sein müssen. Als Einzelreiter muss man mindestens ein weißes, nicht blendendes Licht auf der linken Seite nach vorn und hinten gut sichtbar mitführen. Bei mehreren Reitern ist außerdem ein rotes Licht am Ende des Verbandes vorgeschrieben.

Autofahrer sehen diese Minimalbeleuchtung unter Umständen nicht rechtzeitig. Deshalb sind möglichst viele zusätzliche reflektierende und leuchtende Artikel rund um das Pferd und reflektierende Kleidung beim Reiter sehr zu empfehlen: besonders wichtig sind Reflektoren und Leuchten auf Blickhöhe von Autofahrern, zum Beispiel breite Leuchtstreifen oder Leuchtgamaschen an den Pferdebeinen und Steigbügelleuchten, dazu Reflexhalfter, Reflexschabracke oder Nierendecke, LED-Leuchthalsriemen, eine Warnweste und Reflexgerte für den Reiter. Am sichersten sind Sie als ›wandelnder Christbaum‹ unterwegs.

Übrigens: Pferde sehen bei wenig Licht viel besser als wir Menschen. Der Grund dafür ist das Tapetum lucidum – eine reflektierende Schicht im hinteren Bereich des Auges. Das Licht dringt über die Netzhaut ein, wird über das Tapetum lucidum reflektiert und passiert die Netzhaut noch einmal. Pferde können deshalb auch schwache Lichtverhältnisse besser nutzen und Kontraste zwischen Hell und Dunkel genauer erkennen.

Machen Sie sich sichtbar

Silvester besser überstehen

Für viele Haus- und Wildtiere ist Silvester definitiv der schlimmste Tag im Jahr. Bei Pferden reicht das Spektrum von leicht aufgeregt bis zur völligen Panik. Haben Sie nicht gerade einen Stall oder eine Weide weit außerhalb, ohne beliebte Aussichts- und damit Feuerwerkspunkte in der Nähe und am besten durch einen Wald vom nächsten Ort abgeschirmt, sollten Sie rechtzeitig Vorbereitungen treffen. Knalltraining, bei dem die Pferde schon einige Wochen vorher an steigende Reize gewöhnt werden, kann die Aufregung abmildern. Der einfachste Einstieg ist ein Video von einem Silvesterfeuerwerk (zum Beispiel auf YouTube), das auf dem Smartphone läuft, während man den Paddock abmistet oder so weit entfernt vom Pferd steht, wie es die Geräusche noch ertragen kann. Bleibt das Pferd gelassen, während die Heuler- und Knallgeräusche in einiger Entfernung abgespielt werden, kommen

Trotz Knalltraining haben die Pferde Stress

Schlaf nachholen an Neujahr

Sie langsam näher, bis Sie dem Pferd mit dem Smartphone in der Hand und dem laufenden Video ein Leckerli geben können. Je nach Pferd kann das ein paar Tage oder sogar länger dauern.
Den Krach abmildern können Sie mit einem alten Trick aus dem Rennsport: Schaumstoff-Ohrstöpsel für Pferde, die es zum Beispiel von Pomms in zwei Größen für Ponys und Pferde gibt oder als günstige Alternative Spielbällchen für Katzen. Testen Sie schon vor Silvester, ob und wie Sie die Stöpsel in die Pferdeohren und wieder herausbekommen und wie Ihr Pferd sie findet.

Wohin mit dem Pferd an Silvester?

Am besten bleibt es im vertrauten Umfeld, außer der Stall liegt im Epizentrum der Feuerwerksenthusiasten (zum Beispiel neben der Festhalle mit entsprechendem Alkoholkonsum) und Sie finden eine Möglichkeit, es rechtzeitig (mindestens am Tag vorher zur Eingewöhnung) in eine böllerfreie Umgebung umzustellen.
Wissen Sie schon, dass Ihr Pferd sehr gestresst auf Feuerwerk reagiert oder ist das ihr erstes gemeinsames Silvester, können Sie es mit Beruhigungskräutern wie Baldrian, Bachblüten Rescue-Tropfen, einem für Ihr Pferd passenden homöopathischen Mittel oder natürlichen Beruhigungsmitteln wie Zylkene Equine unterstützen.
Eine Strategie für Winterfeste ist, am besten gemeinsam mit anderen Pferdebesitzern und ihren Pferden, rechtzeitig bevor die Knallerei beginnt einen langen Spaziergang in den tiefsten und dunkelsten Wald weit weg von der Zivilisation zu unternehmen und erst lange nach Mitternacht nach Hause zu kommen. Nehmen Sie Thermosflaschen mit warmen Getränken mit und eventuell für jedes Pferd ein kleines Heunetz, das das Pferd an einem Longiergurt angebunden selbst tragen kann.

Viele Besitzer von Boxenpferden schließen alle Paddocktüren, lassen das Licht im Stall eingeschaltet und das Radio in hoher Lautstärke laufen. Auch hier sollten am besten mehrere Personen Wache halten, solange noch geböllert wird. In einem geschlossenen Stall mit Boxen ist die Brandgefahr am höchsten, weil sich die Pferde nicht selbst retten können.
Meine Pferde verbrachten Silvester jahrelang auf einer großen Weide am Ortsrand. Dort konnte sie weit gucken und an die Stelle laufen, wo sie sich am sichersten fühlten. Es gab schon einige Galopps, aber das sind vernünftige Nordponys, die auch mit etwas Panik auf sich aufpassen. Bei hochblütigen Pferden würde ich mich das wahrscheinlich nicht trauen, weil ich Angst hätte, dass sie zu sehr ins Rennen kommen, sich verletzen und im schlimmsten Fall sogar durch den Zaun brechen.
Im Offenstall mitten im Ort ist es auch nicht ideal. Meine sehr ängstliche Islandstute Sída nahm ich in hohem Alter immer ans Halfter und hielt sie fest, das schien ihr etwas Sicherheit zu geben. Das würde ich aber nur tun, wenn Sie Ihr Pferd wirklich gut kennen und wissen, dass es Sie niemals umrennen würde. Zum Glück haben meine Pferde Silvester bisher immer unbeschadet überstanden und am nächsten Tag den fehlenden Schlaf nachgeholt. Trotzdem bin ich jedes Jahr erleichtert, wenn Silvester vorbei ist und hoffe, dass bald ein Feuerwerksverbot für Privatpersonen erlassen wird. Die Böllerei

ist nicht nur massiver Stress mit Verletzungs- und Todesgefahr für alle Haus- und Wildtiere. In der Silvesternacht werden etwa 16 Prozent der gesamten im Straßenverkehr entstehenden Feinstaubmenge innerhalb eines Jahres ausgestoßen und Unmengen giftiger Müll erzeugt. Menschen erleiden schwere Verletzungen und es gibt sogar Todesfälle. Wir Steuerzahler müssen für die Schäden durch Brände, Sachbeschädigungen, Verletzungen und Vorsätzlichkeiten wie das Zünden von Feuerwerkskörpern in Containern und Briefkästen in zweistelliger Millionenhöhe jedes Jahr aufkommen.

Hilfe, es ist Frühling

... und die Pferdehaare sind einfach überall! Sobald die Tage nach der Wintersonnwende spürbar länger werden, macht sich der Pferdeorganismus für den Fellwechsel bereit. Je nach Rasse, Haltung, Felldicke, Alter und Gesundheitszustand beginnt die hauptsächliche Abhaarzeit zwischen Februar und April. Umso wärmer die Temperaturen, desto schneller fallen die Haare; umgekehrt wird der Fellwechsel bei einem Kälteeinbruch fast komplett gestoppt. Alte oder kranke Pferde und Pferde in einem schlechten Futterzustand fangen oft erst sehr spät an abzuhaaren, und der Fellwechsel zieht sich bis Ende Juni hin.

Fellwechselhelfer

Durch kräftiges Schrubben mit den geeigneten Striegeln können wir unseren Pferden helfen, lose Haare und damit Juckreiz und Unwohlsein schneller loszuwerden. Bei meinen Nordponys bürste ich in der Hochphase jeden zweiten Tag einen ganzen

Nachhaltigkeitstipp

*Die ausgestriegelten Haare sammeln wir in einem leeren Futtersack und spenden sie an modus intarsia e. V. (https://www.rohstoffe-retten.de/). Der **modus intarsia e. V.** sammelt ausgekämmte und geschorene Haustierwolle, auch von Hunden und Katzen. Diese Wolle kann der Textilindustrie als nachhaltige Faseralternative zur Verfügung gestellt werden und so klimaschädliche Materialimporte vom anderen Ende der Welt wie auch Massentierhaltung mindern. Auf diese Art trägt der Verein zur Rettung von Ressourcen bei.*

Eimer voll Haare aus. Lustigerweise ist es bei jedem Pferd verschieden, an welchen Stellen zuerst Haare ausfallen. Bei meiner Sída waren es die 15 cm langen ›Federn‹ oben an den Hinterbeinen.
Wenn ein Robustpferd seine Deckhaare verloren hat, bleibt die Unterwolle übrig. Das erkennt man daran, dass das Fell stumpf, glanzlos und fettig aussieht und eine etwas andere Farbe hat, meistens heller als das ursprüngliche Winterfell.

Unsere Pferde lieben ihre Kratzmatte mit Gumminoppen besonders im Fellwechsel. Hier sind täglich selbst herausgeschubbelte Haarteppiche zu finden, die bei Vögeln für den Nestbau sehr beliebt sind. Durch Ponys mit verschiedenen Fellfarben ist für jeden Vogel-Geschmack etwas dabei und so sehen die Nester im Garten alle unterschiedlich aus.

Infos zum Thema Anweiden finden Sie in Kapitel 2.

Vorsicht: Lange Mähnen- und Schweifhaare sollten Sie aus der Kratzmatte entfernen und nicht auf den Misthaufen werfen, sondern außerhalb der Reichweite von Vögeln entsorgen. Werden diese langen, dicken Haare im Nest verbaut, können sich die Jungvögel daran erhängen.

Hilfe, es ist Sommer!

Mit den ersten warmen Sonnenstrahlen kommen leider auch die Stechinsekten, die den Pferden und uns diese schöne Jahreszeit so richtig vermiesen können.

Insektenplage auf der Weide

Auf einer Weide ohne Unterstand mit wirklich dicht überlappenden Fliegenvorhängen sind die Tiere den Plagegeistern schutzlos ausgeliefert und müssen den ganzen Tag verzweifelt versuchen sie zu vertreiben durch Schweifschlagen, Muskelzucken, Schütteln und mit dem Maul verscheuchen. Besonders in der Hochsaison für Bremsen und auf Weiden in Feuchtgebieten werden sie trotzdem schlimm zerstochen und können Schwellungen, Quaddeln und Wunden vor allem an empfindlichen Stellen mit dünner Haut, wie Euter, Schlauch, Bauchnaht und untere Brust bekommen. Die Stiche sind nicht nur lästig, sondern dabei können Viren, Bakterien und Parasiten übertragen werden, zum Beispiel das gefährliche West-Nil-Fieber (siehe auch Kapitel 3).

Bei fast allen Insektenarten stechen nur die Weibchen, die die Blutmahlzeit für die Entwicklung ihrer Eier brauchen.

Gnitzen und Kriebelmücken

Gnitzen und Kriebelmücken legen ihre Eier im Wasser ab, darum sind besonders in Gewässernähe ganze Schwärme unterwegs. Sie fliegen von den ersten wärmeren Tagen im April bis zu den letzten milderen Tagen im Spätherbst und stechen vor allem morgens und abends, bei schwülem und feuchtem Wetter den ganzen Tag über. Da sie nur wenige Millimeter klein sind, suchen sie Stellen mit wenig Haaren wie Ohrmuscheln, Euter, Schlauchtasche und Bauchnaht und wo die Haare senkrecht stehen, wie an den Flankenwirbeln, am Mähnenkamm und an der Schweifrübe. Gnitzen und Kriebelmücken sind die Hauptauslöser von allergischem Sommerekzem. Die Stiche führen aber auch ohne Allergie zu Schwellungen und jucken heftig. Bei starkem Kriebelmückenbefall können Fieber, Kreislaufprobleme und Schwäche und in Extremfällen sogar Herz- und Kreislaufversagen auftreten.

Bremsen

Die Bremsensaison dauert etwa von Anfang Juni bis Ende Juli oder spätestens Mitte August. Die kleineren Arten wie die Gemeine Blindbremse leben länger als die großen Pferdebremsen. Dafür sorgen die

großen Rossbremsen bei manchen Pferden schon beim Anflug mit ihrem tiefen und lauten Brummen für Panik. Sie nutzen den fiesen Trick, sich genau in der Mitte der Kruppe zum Stechen niederzulassen, wo das Pferd weder mit dem Schweif noch mit dem Kopf hinkommt, um sie zu verscheuchen.

Fliegen

Wadenstecher, Augen-, Kopf- und Weidestechfliegen legen gerne ihre Eier in Stallmist, Futterreste oder Kothaufen und sind deshalb besonders im Umfeld von Misthaufen, unsauberen Ställen und nicht abgemisteten Koppeln zu finden. Sie sind etwa fünf bis sieben Millimeter groß, schwarz, mit kurzen Fühlern und setzen sich häufig an die Augen und Nüstern und in offene Wunden.

Stechmücken

Stechmücken legen ihre Eier am liebsten in stehende Gewässer, vom Teich bis zur Regentonne, deshalb sind diese Plagegeister in Wassernähe besonders zahlreich. Wohl jeder kennt das fiese Surren, mit dem diese zierlichen Insekten mit den zwei häutigen Flügeln einem die Nacht zur Hölle machen können.

Pferde werden bevorzugt am Mähnenkamm, an der Brust und am Bauch gestochen. Oft bildet sich eine Quaddel, manchmal auch eine größere Schwellung. Noch schlimmer ist der Juckreiz.

Hirschlausfliegen

Lausfliegen kommen hauptsächlich in Waldnähe vor und ernähren sich von Blut. Ihre Flugzeit geht etwa von August bis Oktober. Sie krallen sich meist an den Schenkelinnenseiten oder am Bauch des Pferdes fest und werfen nach dem Stich ihre Flügel ab, deshalb werden sie manchmal mit Zecken verwechselt. Ihre Stiche sind für Pferde sehr schmerzhaft und führen zu Bein- und Schweifschlagen, im Extremfall auch zu panischen Reaktionen wie Steigen oder sich auf den Boden werfen und wälzen.

Zecken

Zecken lauern hauptsächlich im hohen Gras auf ihre Opfer, die sie an ihrem Buttersäuregeruch im Schweiß und ausgeatmeten Kohlendioxid erkennen. Durch den Klimawandel verbreiten sich hierzulande nicht nur neue Arten, sondern die Zecken sind auch in den frostfreien Wintermonaten aktiv.
Interessante Fakten über Zecken finden Sie hier:
https://www.nabu.de/umwelt-und-ressourcen/oekologisch-leben/gesundheit/zecken/

Erwachsene weibliche Zecken sind zur Fortpflanzung auf Blutmahlzeiten angewiesen, aber auch die frühen Entwicklungsstadien (Larven und Nymphen) und bei manchen Arten die Männchen saugen Blut. Eine Zecke krabbelt zunächst über das Fell und sucht eine passende Stelle zum Zubeißen. Das kann mehrere Stunden dauern. Daher ist beste Vorbeugung gegen Zeckenbisse, sein Pferd nach jedem Ausritt und bei Weidehaltung täglich abzusuchen. Je dunkler und länger das Fell, umso schlechter sind Zecken zu erkennen. Deshalb sollten Sie das Pferd gründlich abbürsten, denn dabei werden noch nicht festgesaugte Zecken fast immer abgestreift. Die gefundenen Zecken zerquetschen Sie am besten gründlich zwischen zwei Steinen oder zünden sie mit einem Feuerzeug an.
Zecken suchen sich zum Blutsaugen eine Stelle mit dünner, weicher Haut und wenig Fell, oft in Hautfalten wie am Ellbogen, Euter, Schlauch, am Kopf und an der Brust. Vor dem Saugen spritzt die Zecke einen Cocktail gegen Blutgerinnung und Juckreiz in die Wunde, dabei können auch Krankheitserreger übertragen werden. Das Infektionsrisiko steigt mit der Saugdauer, darum lohnt sich das möglichst frühe Entfernen. Am besten lassen sie sich mit einer Zeckenzange oder einer Zeckenkarte mit Einkerbungen herausziehen. Bleibt der Kopf trotz aller Vorsicht stecken, können Sie die Stelle erstmal desinfizieren und beobachten. Meist fällt er nach ein paar Tagen von selbst ab.
Wenn die Zecke vollgesaugt und dabei bis zu 200mal schwerer geworden ist, lässt sie sich wieder fallen. Zeckenbisse kann man oft an juckenden Knubbeln oder Schwellungen unter der Haut erkennen, auch wenn der Parasit seinen Wirt schon verlassen hat.

Borreliose wird durch den bakteriellen Erreger Borrelia burgdorferi verursacht. Bei vielen Pferden findet man Antikörper im Blut. Aber nicht alle Pferde, die sich mit Borrelien infiziert und Antikörper entwickelt haben, erkranken auch. Als Symptome können Schwellung an der Einstichstelle, Fieber, Steifheit und Lahmheit, Muskelschmerzen, Leistungsabfall, Ataxie und einige mehr auftreten. Bei rechtzeitiger Behandlung mit Antibiotika sind die Heilungschancen gut. Wird die Infektion zu spät entdeckt, kann chronische Borreliose entstehen und zu Unreitbarkeit oder sogar zum Tod führen. Seit 2015 steht für Pferde ein Impfstoff gegen Borreliose zur Verfügung.

Daneben gibt es noch weitere durch Zeckenbisse auf Pferde übertragbare Krankheiten wie Anaplasmose, FSME und Piroplasmose.

Möglichkeiten zur Insektenabwehr

Fliegenmaske

Eine gut sitzende Fliegenmaske schützt das Pferd vor Augenentzündungen, die durch von Fliegen übertragene Bakterien verursacht werden und verbessert die Lebensqualität massiv, weil es zur Fliegenabwehr nicht ununterbrochen mit dem Kopf schütteln und sich reiben muss.

Nicht jede Maske passt auf jeden Pferdekopf. Vor allem die Form und Dicke der Ganaschen und der Region um die Augen sind die entscheidenden Punkte für guten Sitz. Der Netzstoff sollte über den Augen unbedingt so geschnitten sein, dass ein deutlicher Abstand bleibt. Am besten klappt das mit einem eher steifen Stoff, der von seitlichen Abnähern in Form gehalten wird. Bei einem dicken und vor allem langen Schopf sollten Sie eine Fliegenmaske mit Schopfdurchlass wählen, sonst werden die Schopfhaare in die Augen gedrückt.

Fliegenmaske mit Schopfdurchlass

Fliegendecke

Das wirksamste, auf Dauer günstigste und nicht gesundheitsgefährdende Mittel für den Ganzkörperschutz ist eine bequeme und solide Fliegendecke mit Halsteil und möglichst mit Bauch- und Schweiflatz. Auch sie muss passen und gut sitzen, damit sie nicht verrutscht oder beim Wälzen so weit seitlich herunterrutscht, dass das Pferd drauftreten und sich vielleicht sogar erschreckt und verletzen kann.

Der Stoff sollte nicht zu große Löcher haben und die Öffnungen möglichst dicht schließen. Eine Ekzemerdecke aus elastischem Stoff hat sich auch für Nicht-Ekzemer bewährt, da sie für Dauertragen optimiert ist und im Vergleich zu Decken aus festem Stoff bequemer ist. Ich stelle mir das vor wie den Unterschied zwischen einem dehnbaren, gemütlichen T-Shirt und einer engen Bluse aus festem Stoff.

So lässt es sich aushalten – bequeme Ekzemdecke und Fliegenmaske, Schatten durch große Bäume und umkippsicherer Tränkebottich im Autoreifen

In der Bremsenzeit haben sich eine Ausreitdecke und Fliegenohren mit Fransen oder eine Fliegenmaske bewährt.

Ausreitdecke und Fliegenfransen

Chemische Insektenschutzmittel

Effektive Wirkstoffe sind Icaridin und Diethyltoluamid (DEET), das jedoch Nervenschäden hervorrufen kann. Für Schwangere und Kinder unter drei Jahren ist DEET deshalb nicht zugelassen, und generell sollte es bei Menschen und Pferden nicht großflächig aufgetragen werden.

Insektenschutzmittel mit dem Wirkstoff Permethrin sind nur über den Tierarzt zu bekommen. Permethrin wirkt als Kontakt- und Fraßgift auf das Nervensystem von Insekten. Für Wirbeltiere ist es bei bestimmungsgemäßem Gebrauch ungefährlich. Überdosierungen und Einatmen zum Beispiel von Sprays können zu Vergiftungen führen.

Viele Anbieter von Fliegensprays, Roll-ons oder Lotionen werben dafür, dass ihre Produkte auch für Menschen verwendet werden dürfen. Diese Chemie-Cocktails sind jedoch nicht für alle Tiere und Menschen gut verträglich. Sicherheitshalber sollte man das Mittel zuerst auf nur einer Hautstelle testen und einen Tag abwarten.
Auch die Wirkung der Mittel kann je nach Pferd unterschiedlich sein. Das Insektenschutzmittel vermischt sich mit dem Eigengeruch und dem Schweiß des Pferdes. So kann ein Fliegenspray bei einem Pferd sehr gut wirken, während sein Koppelnachbar weiterhin von den Stechinsekten geplagt wird.

›Natürliche‹ Insektenschutzmittel

Die ätherischen Öle oder Duftstoffe in diesen Fliegenmitteln überdecken den Eigengeruch des Pferdes, so dass Insekten sie nicht mehr als Futterquelle erkennen.
Repellents auf rein biologischer Basis enthalten Pflanzenextrakte wie Geraniol aus der Geranie und/oder ätherische Öle wie Eukalyptus, Zitronella, Minze, Zedernholz, Nelken- oder Lavendelöl, Teebaum-, Neem- oder Kokosöl. Diese Öle riechen angenehm und wirken gut, allerdings nicht so lange wie manche chemischen Mittel, da sie mit der Zeit verdunsten. Daher eignen sich solche Produkte gut für Ausritte. Auch hier sollten Sie vor der großflächigen Anwendung einen Test auf einem kleinen Hautstück machen. Geraniol kann zum Beispiel zu Augen- und Hautreizungen führen und bei manchen Ölen können Kontaktallergien auftreten.

Das ›stinkende Tieröl‹ ist eine aus Tierkadavern gewonnene, braunschwarze, dickliche, ölige und durchdringend ekelhaft riechende Flüssigkeit. Es klebt nicht nur an Pferden wie Pech und hinterlässt wochenlang dunkle Flecken auf Schimmeln und Schecken, sondern ist auch kaum von Fingern und Kleidungsstücken zu entfernen.

Insektenschutz von innen? Vorsicht mit Knoblauch als Futterzusatz!

Knoblauch enthält schwefelhaltige Verbindungen, die den Schweißgeruch verändern. Zusammen mit B-Vitaminen zum Beispiel aus Bierhefe wirkt er noch intensiver. Eine Studie an einer kanadischen Universität hat jedoch ergeben, dass er bei Überdosierung zu Blutarmut führen kann. Bereits weniger

Tipp gegen Einsamkeit

›Natürliche‹ Fliegensprays wirken durch Überdeckung des Eigengeruchs des Pferdes, so dass die Pferde von den Insekten nicht erkannt werden. Ein übler Geruch wie das stinkende Tieröl ist deshalb für Insekten nicht abschreckender als angenehm riechende Fliegenmittel mit ätherischen Ölen wie Lavendel, Nelke, Citronella oder Zedern. Bestialischer Gestank ist also nicht nötig, Hauptsache das Pferd riecht nicht nach Pferd!

als 0,2 Gramm getrockneter Knoblauch pro Kilogramm Körpergewicht können toxisch wirken.

Insektenschutz für Reiter

Auch wenn es noch heiß ist, in Pferdenähe sind Hosen mit langen Beinen, Schuhe mit Socken und Oberteile mindestens mit kurzen Ärmeln angeraten, damit soviel Haut wie möglich mit Stoff bedeckt ist. Helle Kleidung zieht weniger Mücken und Bremsen an als dunkle Stoffe.
Für Extremfälle und gegen Insektenstiche allergische Menschen gibt es stichfeste Kleidung, die so engmaschig gewebt ist, dass Mücken kaum oder gar nicht durchstechen können. Der Nachteil dieser festen Stoffe ist, dass man bei hohen Temperaturen stark schwitzt. Manche sind zusätzlich mit einem chemischen Wirkstoff imprägniert.
Kriebelmücken stechen gerne am Haaransatz, dagegen hilft ein Baseballcap oder ein Schlauchtuch um den Kopf oder ein paar Tropfen meiner selbstgemixten Ekzemlotion (siehe Rezept) oben auf der Stirn am Haaransatz aufgetragen. Viele käufliche Fliegenmittel für Pferde dürfen nach Angabe der Hersteller auch bei Menschen eingesetzt werden. Ich benutze seit Jahrzehnten die Insektenschutz Sprühlotion von Zedan für meine Pferde und mich.

Zeckenschutz

Sind Sie zu Fuß in einer hohen Wiese unterwegs, können Sie zum Schutz vor Zecken die Hosenbeine in die Socken stecken. Nach jedem Aufenthalt in der Natur sollten Sie sich am ganzen Körper auf wandernde Zecken absuchen.
In Risikogebieten wird eine Impfung gegen Hirnhautentzündung (FSME) empfohlen, die alle 4 Jahre aufgefrischt werden muss. Gegen Borreliose ist für Menschen bisher (Stand 2022) noch kein Impfstoff zugelassen, eine Zulassungsstudie ist jedoch bereits gestartet.
Zeckenstiche sollten Sie auch nach dem Abheilen noch ein paar Wochen regelmäßig beobachten. Wanderröte kann ein Anzeichen für eine Borrelioseinfektion sein. Auch bei unspezifischen Symptomen wie Fieber und Gelenkschmerzen sollten Sie vorsichtshalber einen Test auf eine Borrelieninfektion machen lassen. Wird die Infektion rechtzeitig erkannt, reichen meist 14 Tage Antibiotika zum Ausheilen, während eine chronische Borreliose fatale Folgen haben kann.

Fliegenspray selbstgemacht

1 Liter Wasser aufkochen und 6 Gewürznelken oder alternativ 2 Teebeutel Glühweingewürz darin ziehen lassen, bis das Wasser abgekühlt ist. Nelken oder Teebeutel herausnehmen.
30 Tropfen Citronella-Öl (nicht Zitrone) und je 10 Tropfen von zwei bis drei der folgenden Öle dazugeben (zur Auswahl stehen: Nelken-, Zedern-, Melissen-, Lavendel- oder Minzöl). Das Ganze schließlich in eine Sprühflasche umfüllen.

Die Wirkung hält nicht so lange an wie bei manchen gekauften Sprays, dafür ist es unschlagbar günstig und riecht angenehm. Ich sprühe es auf der Weide großzügig auf die Fliegendecken und auf die unbedeckten Pferdebeine und man sieht die abschreckende Wirkung sofort. Auch zum ungestörten Putzen vor dem Reiten oder Hufe-Raspeln zur abendlichen Flugzeit der Kriebelmücken ist es hilfreich. Dazu sprühe ich das ganze Pferd vorher flächig ein.

Rezept für eine selbstgemixte Pflegelotion (nicht nur) für Ekzempferde

Meine Import-Islandstute Sída litt ab 1996 bis zu ihrem Tod 2020 an schwerem Sommerekzem.

Anfangs hatte ich alle möglichen Pflegemittel ausprobiert, die aber alle nur wenig halfen. Manche waren so ölig, dass mir die Zügel aus der Hand rutschten und überall der Dreck klebenblieb. Die meisten waren teuer und die Inhaltsstoffe unklar und potenziell ungesund, da für diese Pflegemittel keine Zulassung als Medizinprodukt erforderlich ist. Nach ausführlichen Recherchen auf dem Neurodermitis-Sektor entwickelte ich eine selbstgemixte Pflegelotion, die Sída viele Jahre gut half und die ich weiterhin für meine jetzigen Nicht-Ekzemerpferde nehme. Auch viele andere Pferdebesitzer benutzen sie mit gutem Erfolg. Die Lotion wirkt hautpflegend, Juckreiz stillend und Fliegen abweisend, enthält keine schädlichen Inhaltsstoffe und ist günstig in der Herstellung. Sie wird großzügig auf die bei Kriebelmücken besonders beliebten Stellen aufgetragen, wo die Haare dünner sind oder leicht hochstehen, wie Euter, Schlauchtasche, Bauchnabel und Bauchnaht, Wirbel an der Brust und den Flanken, die Halsunterseite, in den Ohren, Mähnenkamm und Schweifrübe usw.

Das Rezept

500 ml Körperlotion ohne Paraffinöl (zum Beispiel von Aldi für trockene Haut, damit es nicht zu dickflüssig wird zur Hälfte gemischt mit der Lotion für normale Haut)
20 gr Urea-Granulat (Harnstoff) aus der Apotheke oder zum Beispiel von www.dragonspice.de,
30 Tropfen Citronella-Öl (nicht Zitrone),
je 10 Tropfen von zwei bis drei der folgenden Öle: Nelken-, Zedern-, Melissen-, Lavendel- oder Minzöl
eventuell zusätzlich 20–50 ml Schwarzkümmelöl oder Olivenöl zur Hautpflege,
oder Nachtkerzenöl gegen Juckreiz.
Die Lotion vor jeder Anwendung gut schütteln, damit sich die Inhaltsstoffe vermischen oder alternativ ein paar Tropfen Lösungsvermittler dazugeben.

In der Kombination Ekzemerdecke und Kopfhaube und mit täglichem Einreiben mit dieser Lotion an den kritischen Stellen vor allem außerhalb der Decke lebte meine Sída über 20 Jahre lang rund um die Uhr in der Herde auf der Weide.

Maßnahmen im Stall und auf der Weide

Überlappende Folienstreifen an Offenstall- und Paddockboxentüren, Fliegenschutznetze an Stallfenstern, Windschutznetze an offenen Seiten von Unterständen und dichte Fliegenvorhänge an den Eingängen halten die Mehrzahl der Fluginsekten fern.

Große Papierstreifen mit Leim und Lockstoffen ziehen die lästigen Fliegen an, die gerne an den Augen und auf dem Körper sitzen. An diesen Leimfallen bleibt wirklich alles bombenfest kleben, auch Haare, Haut, Kleidung und natürlich Fell. Deshalb sollten sie nur wirklich sicher außerhalb der Reichweite von Menschen und Tieren aufgehängt werden.

Die schönen Seiten des Sommers

Überlappende Folienstreifen am Eingang

Blutsaugende Mücken lassen sich von solchen Leimfallen nicht anlocken. In Ställen mit Stromanschluss haben sich Geräte zur Mückenabwehr mit kurzwelligem UV-Licht bewährt. Das Britzeln, wenn eine Mücke am Gerät verglüht, ist allerdings gewöhnungsbedürftig!

Die beliebten Bremsenfallen für die Weide mit einem hängenden schwarzen Ball, der den Pferdepo darstellt und damit die Bremsen anlockt und dem umgedrehten weißen Trichter darüber, der die Bremsen am Weiterfliegen hindert und in einen Fangbehälter mündet, werden von Naturschützern kritisch gesehen, da sich auch nützliche Insektenarten wie Schmetterlinge darin verfangen können. Wir nutzen sie momentan noch weiter, da sich wirklich viele Bremsen darin fangen und ich noch nie einen Schmetterling darin gefunden habe. Ich beobachte aber die weiteren Untersuchungen dazu und werde mich in Zukunft ggf. dagegen entscheiden.

Mistgeruch lockt Fliegen und Mücken an, und der Misthaufen ist eine Brutstätte für einige Insektenarten. Weiden und Paddocks sollten daher mindestens einmal täglich abgesammelt werden, und der Mist sollte möglichst weit von den Pferden entfernt gelagert werden. Vermeiden Sie Mücken-Brutstätten wie Pfützen und nie geleerte Regentonnen.

Juhu, es ist Herbst!

Goldener Reiterherbst

Für uns als Reiter ist der Herbst oft die beste Ausreitzeit, so richtig zum Genießen. Es gibt keine oder nur noch wenige Fluginsekten, die unsere Pferde nerven, und die Temperaturen sind angenehm. Der Frühherbst ist die ideale Zeit für längere Ausritte und Wanderritte. Die Pferde sind im Idealfall durch viele Ausritte den ganzen Frühling und Sommer auf Strecke trainiert worden, an Geländeschwierigkeiten gewöhnt und richtig fit. Es wird schon etwas früher dunkel, das sollte man bei der Streckenplanung berücksichtigen.

Für mutige und sportliche Reiter und Pferde ist eine Reitjagd ein spannendes gemeinsames Abenteuer. Für den Anfang kann man im zweiten Feld mitreiten, wo die Sprünge auch umritten werden dürfen.

Besonders die Schleppjagd im traditionellen Stil hinter einer Meute bietet ein wunderschönes Ambiente.

Scheren

Besonders bei Robustpferderassen aus kälteren Ländern ist das Fell im September und Oktober schon viel zu lang und dick für warme Herbsttage in unseren Breiten. An flottes Reiten ist dann nicht zu denken, selbst im Schritt in der Sonne wird es den Pferden viel zu warm. Im Extremfall schwitzen sie schon beim Herumstehen auf der Weide. Scheren schafft Erleichterung!

Schermuster

Vom kleinen Streifen unter der Mähne bis zur Komplettschur gibt es quasi sämtliche Zwischenstadien. Soll das Pferd ohne Decke im Freien gehalten werden, darf man den Rücken nicht scheren, damit es sich nicht erkältet.
Für die Robusthaltung bewährt hat sich dieses Minimal-Schermuster:

- alles unter der Mähne
- die komplette Brust
- die Halsunterseite

Damit sind die Pferde noch komplett ›wasserdicht‹, da das Regenwasser über die Mähne und über das ungeschorene Fell auf der anderen Halsseite abläuft.
Unsere Pferde schlafen draußen auf der Weide, daher schere ich keinen Seitenstreifen am Bauch. Ich stelle mir das unangenehm vor, ohne schützendes Fell auf dem kalten, nassen Boden zu liegen. Ich kenne allerdings einige Isländer in ähnlicher Robusthaltung, die seit Jahren problemlos mit ihrem ›Rallyestreifen‹ klarkommen.

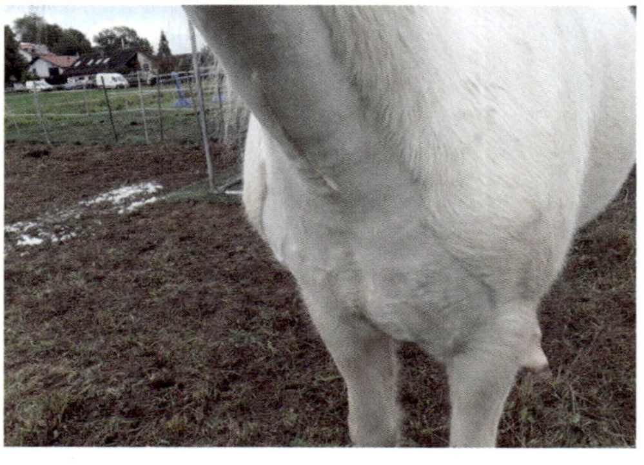

Minimalschur an der Brust und Halsunterseite

Bei Schermaschinen lohnt es sich, in ein hochwertiges und leistungsstarkes Modell zu investieren. Je langhaariger das Pferd, zum Beispiel Isländer, Tinker und ähnliche Rassen und Pferde mit Cushing/ECS und je mehr Fläche man scheren möchte, umso besser muss die Maschine sein. Kleinere Maschinen sind höchstens für die Teilschur bei kurzhaarigen Rassen geeignet.
Akkumaschinen sind ungefährlicher als Netzgeräte, weil das Pferd nicht auf das Kabel treten kann und unkomplizierter, weil man auch ohne Strom am Stall oder auf der Weide scheren kann.

Manche Pferde stört das Schergeräusch von Anfang an überhaupt nicht, andere brauchen etwas Zeit und Übung zur Gewöhnung. Zum Training eignet sich die positive Verstärkung und ein ähnliches Schritt-für-Schritt-Vorgehen wie beim Medical Training.
Auch wir Menschen brauchen etwas Übung beim Scheren, sonst sieht das Ergebnis schnell ziemlich zerrupft aus. Ideal ist, wenn Ihnen jemand Erfahrenes erst einmal das Handling zeigt. Ansonsten nehmen Sie Ihren Mut zusammen und beginnen unter der Mähne. Halten Sie die Scherblätter flach und fast parallel zur Haut und scheren langsam einen Streifen gegen die Haarwuchsrichtung.

Abweiden

Auch der Übergang von Gras zur Winterfütterung mit Heu muss langsam und schrittweise erfolgen, damit sich die Bakterien der Darmflora anpassen können.
Leben die Pferde rund um die Uhr auf großen Weiden, wo noch viel Futter steht, kann das zum Problem werden. Vor vielen Jahren ist uns das bei einem plötzlichen Wintereinbruch passiert. Das schon seit Tagen angebotene Heu hatten die Pferde auf der großen grünen Wiese nicht angerührt. Nachdem über Nacht ein halber Meter Schnee fiel, mussten die Pferde von der weit entfernten Außenweide zurück in den Offenstall ziehen. Auf der Hausweide stand zwar noch Gras, das sie aber unter der dicken Schneedecke nicht freischarrten, sondern lieber das bequem erreichbare Heu fraßen.

Am nächsten Tag bekam unser empfindlichstes Pony Skolli prompt eine Verstopfungskolik. In solchen Fällen kann man zur Vorbeugung Paraffinöl in Mash oder eingeweichten Heucobs geben, damit der Futterbrei im Darm besser rutscht.
Bei den Portionsweiden, die wir normalerweise haben, geht der Übergang problemlos: Hier wird immer weniger weitergesteckt und zusätzlich Heu in steigender Menge gefüttert. Wechseln Sie täglich zwischen Stall und Weidegang, sollten Sie die Weidezeit langsam reduzieren und die Heumenge entsprechend steigern. Nach etwa 14 Tagen hat sich die Darmflora weitgehend an den Futterwechsel angepasst.

Spartipps

Abwasserabsetzung für Vieh

Bei Haltung im eigenen Stall: Werden Ihre Pferde mit Leitungswasser getränkt, können Sie eine festgelegte Wassermenge pro ›Großvieheinheit‹ im Jahr von den Abwassergebühren absetzen (1 Großvieheinheit = 500 kg Lebendgewicht). Die Gemeinden haben dafür in der Regel ein Formular, in dem der Tierhalter detaillierte Angaben zur Anzahl, zum Alter und zur Dauer der Haltung seiner Tiere schriftlich angeben muss (Beispiel siehe unten).

Abwasserabsetzungen für Vieh
Wir bitten hiermit die Tierhalter, uns detaillierte Angaben zur Anzahl, zum Alter und zur Dauer der Haltung ihrer Tiere schriftlich vorzulegen. Die Angaben werden entsprechend des Umrechnungsschlüssels auf Großvieheinheiten umgerechnet und bei den Abwassergebühren abgesetzt. Wir bitten um schriftliche Mitteilung bis spätestens **20. November 2018**

Bürgermeisteramt
- Steueramt -

Name:

Straße:

(Unterschrift des Tierhalters)

Absetzung von Abwassergebühren
Ich/Wir beantrage/n hiermit die Absetzung von Abwassergebühren für:

Tierart:	Vieheinheiten	Stückzahl.:	Dauer d. Haltung:
Pferde unter 3 Jahre	0,70 VE	----------	----------
Pferde 3 Jahre u. älter	1,10 VE	----------	----------
Kälber u. Jungv. unter 1 Jahr	0,30 VE	----------	----------
Jungv. 1 bis 2 Jahre alte	0,70 VE	----------	----------
Zuchtbullen/Zuchtochsen	1,20 VE	----------	----------
Kühe, Färsen, Masttiere	1,00 VE	----------	----------
Schafe unter 1 Jahr	0,05 VE	----------	----------
Schafe 1 Jahr und älter	0,10 VE	----------	----------
Ziegen	0,08 VE	----------	----------
Ferkel	0,02 VE	----------	----------
Läufer	0,06 VE	----------	----------
Zuchtschweine	0,33 VE	----------	----------
Mastschweine	0,16 VE	----------	----------
Legehennen	0,02 VE	----------	----------
Zuchtenten/-puten/-gänse	0,04 VE	----------	----------
Jungmasthühner/-hennen	0,0017 VE	----------	----------
Mastenten	0,0033 VE	----------	----------
Mastputen/-gänsen	0,0067 VE	----------	----------

Die Umrechnungsschlüssel gelten bei 12 monatiger Viehhaltung. Die Absetzung erfolgt erst ab 1 Vieheinheit.

Tipp gegen Futterverschwendung

Der gute alte Jute-Futtersack zum Umhängen hat sich bewährt bei Pferden, die beim Kraftfutter fressen in der Gegend herumschauen und die Hälfte aus dem Maul fallen lassen, für notorische Eimer-Umwerfer und auch für die Kraftfuttergabe im Offenstall, bei der man die Pferde nicht jedes Mal separieren möchte. Diese Methode ist besonders für die Extrafütterung von ranghöheren Pferden in einer friedlichen Herde geeignet, rangniedrige werden samt ihrem umgehängten Futterbeutel manchmal gejagt und sollten deshalb zum Fressen abgetrennt werden.
Für nasses Futter nehmen Sie besser einen Umhängeeimer, der regelmäßig ausgewaschen werden kann. Das Futter darf nicht zu schwer sein, also nicht fünf Kilo eingeweichte Heucobs an einem dünnen Genickriemen am Pferdekopf baumeln lassen.

Bei großen Futtermengen oder schwerem Futter wie eingeweichten Heucobs können Sie den Eimer in einen größeren Bottich stellen, damit das daneben gefallene Futter leicht von einer glatten und sauberen Oberfläche aufgeleckt werden kann.

Weiterbildung

Grundsätzlich gilt: Je mehr Wissen und Können Sie als Pferdebesitzer haben und je mehr Zeit Sie investieren können oder wollen, umso mehr können Sie selbst erledigen und dabei kräftig Geld sparen. Um beispielsweise die Hufe selbst bearbeiten zu können, sollten Sie mindestens einige Kurse zum Thema absolviert haben und sich immer wieder Unterstützung und Feedback von einem erfahrenen Hufbearbeiter holen.

Laufende Fortbildung hat zunächst ihren Preis, macht sich aber über die Jahre durch gesündere Pferde und mehr Freude und Sicherheit im Umgang mit den Pferden und beim Reiten bezahlt. Nach jahrzehntelanger Reiterfahrung reichen beim Reitunterricht vielleicht auch ein, zwei Wochenendkurse pro Jahr, um Korrekturen und neue Anregungen für Ihr Training zu bekommen und ansonsten ein paar Fachbücher zu lesen und sich beim Reiten filmen zu lassen zur Selbstkorrektur.

Weiterbildungen rund ums Pferd werden wie Sand am Meer angeboten, in Präsenz und seit der Corona-Pandemie auch zunehmend in Online-Kursen. Die Spreu vom Weizen zu trennen ist hier nicht so einfach. Ist das ein seriöser Anbieter, welchen Background, welche Ausbildung und wie viel Erfahrung hat er?

Solides Wissen erhalten Sie auf Kursen, die mit einer anerkannten Prüfung enden, zum Beispiel für den Pferdeführerschein Umgang oder Reiten, diverse Reitabzeichen der unterschiedlichen Reitweisen, den Sachkundenachweis Pferdehaltung bis zum Trainerschein.

Lebenslanges Lernen

»Jeder der aufhört zu lernen, ist alt, mag er zwanzig oder achtzig Jahre zählen. Jeder, der weiterlernt, ist jung, mag er zwanzig oder achtzig Jahre alt sein.«

Henry Ford

Buchtipps für jede Reitweise

Urte Biallas
Jungpferde selbst ausbilden
Bodenarbeit · Bodenarbeitskurs

Linda Tellington-Jones
Die Persönlichkeit Ihres Pferdes

Michael Geitner
Equikinetic · Dual-Aktivierung geritten
EquiClassic-Work

Auf www.mueller-rueschlikon.de erfahren Sie alles zu diesen Büchern.

Den richtigen Reitlehrer/Trainer/ Ausbilder finden

Nehmen Sie nicht den erstbesten, nur weil er/sie sowieso am Stall oder im Verein unterrichtet. Fragen Sie gleichgesinnte Reiterfreunde, bei wem sie Unterricht nehmen. Vielleicht können Sie sich beim nächsten Kurstermin anhängen? Lassen Sie sich nicht von einer aufgepimpten Webseite mit populären Worthülsen oder spektakulären Instagram-Fotos blenden. Schauen Sie beim Unterricht mit anderen Reitern zu und zwar nicht nur für einen Moment, und machen Sie sich selbst ein Bild. Habe ich sofort Lust auf eine Reitstunde oder wäre mir eher angst und bange? Korrigiert er freundlich, aber bestimmt und hartnäckig, bis der Sitz oder die Übung wirklich besser werden? Lobt er ehrlich? Erklärt er nachvollziehbar mit inneren Bildern?

Seit der Corona-Pandemie bieten viele Reitlehrer auch Online-Unterricht an. Kommt Ihr Wunsch-Trainer von weiter weg, können Sie damit die Wartezeit bis zum nächsten Kurs überbrücken. Dafür brauchen Sie nur Ihr Smartphone mit mobiler Internetverbindung und ein Headset. Die einfachste Version läuft über ein Videotelefonie-Programm wie Skype und ein Stativ an einer Stelle, wo die Smartphone-Kamera möglichst viel von der Reitbahn aufnehmen kann. Eine sinnvolle Erweiterung ist ein Pivo, ein rotierender Kopf auf dem Stativ, auf den das Smartphone aufgesteckt wird und der sich automatisch mit dem Reiter mitdreht.

Vorsorge – woran keiner denken will und was trotzdem geregelt sein sollte

Was passiert mit dem Pferd, wenn mir etwas passiert? Von einer Woche Grippe, sechs Wochen mit Gipsbein bis zum plötzlichen Unfalltod sollten Sie als verantwortungsbewusster Pferdebesitzer mögliche Lösungen vordenken und entsprechende Regelungen treffen.

Mehr zum Thema Aushilfen für die Pferdeversorgung finden Sie im Kapitel 2, ›Haltung in Eigenregie‹ und weiter vorne in diesem Kapitel unter der Überschrift ›Urlaub als Pferdebesitzer‹.

Testament fürs Pferd

Damit Ihr Pferd keinem ungewissen Schicksal entgegensieht, falls Sie unerwartet sterben, ist es sinnvoll, frühzeitig nach einer guten Lösung zu suchen.

Tiere gelten nach deutschem Recht als Sache und können daher nicht selbst als Erbe eingesetzt werden. Hat der Eigentümer vor seinem Tod nicht schriftlich geregelt, was aus dem Tier werden soll, gehört das Tier automatisch zur Erbmasse. Der oder die Erben entscheiden dann darüber, was mit dem Tier passiert. Haben Sie ein Vertrauensverhältnis zu Ihren Erben, zum Beispiel Ihr Partner oder andere Familienmitglieder, können Sie Ihre Vorstellungen und Möglichkeiten mündlich besprechen. Die Erben sind dann allerdings nicht dazu verpflichtet, das Tier zu behalten oder alles genau nach Ihren Wünschen zu handhaben.

Spätestens als Single ohne nähere Angehörige, die auch Pferdemenschen sind, sollten Sie schriftlich per Testament festlegen, welche Person(en) Ihr Pferd erben. Entweder bleibt das Pferd dort oder sie sind für die Vermittlung in Ihrem Sinne zuständig. Fragen Sie die infrage kommenden Menschen vorher, ob sie bereit sind, diese große Verantwortung zu übernehmen. Vielleicht können Sie sich mit mehreren Freunden auch gegenseitig als Erben Ihrer Pferde einsetzen?

Damit der Unterhalt des Pferdes nicht an finanziellen Dingen scheitert, gibt es die Möglichkeit, einen Erben im Testament zu verpflichten, das Tier bis an sein Lebensende zu pflegen und diese Auflage an einen dafür vererbten Geldbetrag zu knüpfen. Das kann ein einmaliger Betrag sein, wobei die richtige Höhe schwierig abzuschätzen ist oder ein monatlicher Betrag, der aus einem Fonds bis zum Tod des Tieres ausbezahlt wird. Auch die Zahlung der anfallenden Tierarztkosten kann festgelegt werden.

Eine andere Möglichkeit ist, das Pferd nach vorheriger Rücksprache an eine Tierschutzorganisation wie die Pferdeklappe oder einen Gnadenhof wie Gut Aiderbichl zu vererben, die es entweder in passende Hände weitergeben oder bis zum Lebensende pflegen. Wenn Sie die finanziellen Mittel haben, wäre in diesem Fall eine großzügige Summe aus Ihrem Erbe für die Organisation angebracht.

Um sicher zu gehen, dass Ihre Wünsche umgesetzt werden, können Sie einen Testamentsvollstrecker als Kontrollinstanz einsetzen.

Beim Schreiben eines Testaments kann schon ein kleiner Fehler dazu führen, dass es ungültig wird. Zum Beispiel muss es komplett von Hand geschrieben sein und Datum und Unterschrift enthalten. Daher empfehle ich einen Notartermin für eine Beratung. Zusätzlich können Sie überlegen, ob Sie das Testament gegen eine kleine Gebühr beim Nachlassgericht verwahren lassen, damit es auf keinen Fall verloren gehen oder gar unterschlagen werden kann.

> »Es ist nicht genug zu wissen – man muss auch anwenden. Es ist nicht genug zu wollen – man muss auch tun.«
>
> *Johann Wolfgang von Goethe*

Danksagung

Mein herzlicher Dank geht auch bei diesem Buch an alle Menschen und Pferde, die mich tatkräftig dabei unterstützt haben:

Den Fotografen (alphabetisch)
Peter Buchwald
Miriam Carbon
Felix Gottschall
Christin Heinig
Maria Henschel
Christoph Hisserich
Elke Hoffmann
Holger Lange
Yvonne Regler
Joe Schlüter
Julia Siebert
Renate Steinhilber
und einigen ungenannten

Lavena, Skjona, meiner unvergessenen Sída, meinem ersten Pferd Sirky und vielen mehr. Ihr habt mein Leben bereichert und mich zu dem Menschen geformt, der ich jetzt bin.

Den Akteuren (alphabetisch):
Anne Benz mit Duna (Isländer)
Tanja Brändle mit Ida (Shetlandpony)
Karin Groh mit Momo (Haflinger)
Barbara Heilmeyer mit Schaloun (Haflinger)
Verena Hisserich mit Aragon (Isländer)
Ulrike Markert und Holger Lange mit Mashari, Muscat und Quasam (Araber)
Tanya Mayer mit Keni (Shagya Araber)
Yvonne Regler mit Aragon und Skolli (Isländer)
Julia Siebert mit Juke (Fjord-Mix)
Tina Zeller mit Jasmin (Warmblut) und Tahri (Lipizzaner/American Saddlebred)
Cutie und Jacy (Quarter Horses)
Evita, Sída, Sigynn und Skjona (Isländer)
Sirky (Arabo-Haflinger)
und einige andere

Claudia König für ihr kompetentes und geduldiges Lektorat.

Tanja Maletzki für ihre fachkundige Beratung zum Entwurmungsmanagement und besonders zur ZSE.

Urte Biallas, 2023